Decker
Maschinenelemente
Formeln

Decker
Maschinenelemente

Formeln

Bearbeitet von Frank Rieg, Frank Weidermann, Gerhard Engelken,
Reinhard Hackenschmidt, Bettina Alber-Laukant und Stephan Tremmel

9., überarbeitete Auflage

HANSER

Der Autor:
Studiendirektor Dipl.-Ing. Karlheinz Kabus (†), Berlin

Die Bearbeiter:
Prof. Dr.-Ing. Frank Rieg, Universität Bayreuth, Federführender Bearbeiter (Abschnitt 3.1, Abschnitt 3.3, Kapitel 4, Kapitel 15 bis 17, Kapitel 19, Kapitel 20)
Prof. Dr.-Ing. Frank Weidermann, Hochschule Mittweida (Abschnitt 1.4, Abschnitt 3.2, Kapitel 21 bis 24)
Prof. Dr.-Ing. Gerhard Engelken, Hochschule RheinMain (Abschnitt 1.1 bis 1.3, Kapitel 18, Kapitel 25 bis 30)
Dipl.-Wirtsch.-Ing. Reinhard Hackenschmidt, Universität Bayreuth (Abschnitt 1.5, Kapitel 5 bis 13, mit Ausnahme von Kapitel 9)
Dr.-Ing. Bettina Alber-Laukant, Universität Bayreuth (Kapitel 2, Kapitel 14)
Prof. Dr.-Ing. Stephan Tremmel, Universität Bayreuth (Kapitel 9)

Bibliografische Information der deutschen Nationalbibliothek:
Die Deutsche Nationalbibliothek verzeichnet diese Publikation in der Deutschen Nationalbibliografie; detaillierte bibliografische Daten sind im Internet unter *http://dnb.d-nb.de* abrufbar.

www.hanser-fachbuch.de
Lektorat: Julia Stepp
Herstellung: Melanie Zinsler
Titelmotiv: © Schaeffler Technologies AG & Co. KG
Coverkonzept: Marc Müller-Bremer, *www.rebranding.de*, München
Coverrealisation: Max Kostopoulos
Satz: Eberl & Koesel Studio, Kempten
Druck und Bindung: UAB BALTO print, Vilnius (Litauen)

Print-ISBN: 978-3-446-47331-7
E-Book-ISBN: 978-3-446-47450-5

Inhalt

Der Verlag und die Autoren haben sich mit der Problematik einer gendergerechten Sprache intensiv beschäftigt. Um eine optimale Lesbarkeit und Verständlichkeit sicherzustellen, wird in diesem Werk auf Gendersternchen und sonstige Varianten verzichtet; diese Entscheidung basiert auf der Empfehlung des Rates für deutsche Rechtschreibung. Grundsätzlich respektieren der Verlag und die Autoren alle Menschen unabhängig von ihrem Geschlecht, ihrer Sexualität, ihrer Hautfarbe, ihrer Herkunft und ihrer nationalen Zugehörigkeit.

Vorwort

Decker *Maschinenelemente – Formeln* ist eine Ergänzung zum ebenfalls im Carl Hanser Verlag erschienenen Lehrbuchklassiker **Decker *Maschinenelemente***. Die vorliegende 9. Auflage ist umfassend auf die 21. Auflage des Lehrbuchs (ISBN 978-3-446-47230-3) abgestimmt. Sie enthält alle wichtigen Gleichungen zur Berechnung von Maschinenelementen in übersichtlicher Anordnung. Bei der Vielzahl an Formeln für die Bemessung und den Festigkeitsnachweis von Maschinenelementen ist es zweckmäßig, eine Zusammenfassung in kompakter Form zur Verfügung zu haben, was von vielen Benutzern des Lehrbuches gewünscht wurde.

Die Formelsammlung kann auch unabhängig vom Lehrbuch genutzt werden, die Systematik, die Formelnummerierungen und die Bezeichnungen der zu berechnenden Größen stimmen jedoch vollständig mit dem Lehrbuch überein. Ihre Bedeutung ist erläutert und die vorzugsweise anzuwendenden Einheiten sind angegeben. Zum besseren Verständnis der Zusammenhänge wurden Abbildungen eingefügt. Die Angabe von Normen und anderen wichtigen Hinweisen, die beim Berechnen von Maschinenelementen zu beachten sind, ergänzen das Angebot der Berechnungsunterlagen.

An den entsprechenden Stellen wird auf Tabellen und Diagramme verwiesen, die für die Bestimmung der erforderlichen Werte von Festigkeiten, Sicherheiten, zulässigen Spannungen, Berechnungsfaktoren, Reibzahlen, Normteil- und Profilabmessungen, Toleranzen und dergleichen hinzugezogen werden können. All diese für die Berechnungen benötigten Werte sind in **Decker *Maschinenelemente – Tabellen und Diagramme*** zu finden. Der Tabellenband liegt dem Lehrbuch bei.

Mit dieser Formelsammlung liegt eine Arbeitshilfe vor, die eine rationelle Lösung von Aufgabenstellungen zur Berechnung von Maschinenelementen während des Studiums und in der Praxis ermöglicht. Sie ist insbesondere für den Einsatz in Klausuren und Prüfungsarbeiten geeignet. Auch für das Durchrechnen von Übungsaufgaben bietet sie Vorteile, da ein aufwendiges Blättern im Lehrbuch entfällt. In diesem Zusammenhang soll auf **Decker *Maschinenelemente – Aufgaben*** (17. Auflage, ISBN 978-3-446-47332-4) verwiesen werden. Diese Aufgabensammlung mit Übungsaufgaben zur Berechnung von Maschinenelementen ist ebenfalls vollständig auf das Lehrbuch abgestimmt.

Unter *plus.hanser-fachbuch.de* stehen über 100 Excel-Berechnungsprogramme und zahlreiche Videos als ergänzende Arbeitsmaterialien bereit. Hinzu kommt das Programmpaket BayMP (Bayreuther Maschinenelemente-Programme). Die kostenlos unter *www.baymp.de* erhältlichen Programme ermöglichen die Auslegung wichtiger Maschinenelemente (Wellen, Lager, Federn, Getriebe, Kupplungen usw.) – sei es online, computergestützt unter Windows, Linux bzw. macOS oder auf verschiedenen wissenschaftlichen Taschenrechnern.

Die Nutzung der Berechnungssoftware **MDESIGN Student**, die kostenfrei unter *https://mdesign.de/decker* bezogen werden kann, ermöglicht es Studierenden und Auszubildenden, als zukünftige Mitarbeiter in Konstruktion und Entwicklung professionelle Werkzeuge für die Auslegung und Berechnung von Maschinenelementen kennenzulernen und zu nutzen.

Der Verlag und die Verfasser hoffen, dass auch diese Auflage der Formelsammlung allen Benutzerinnen und Benutzern eine wertvolle Hilfe sein wird. An dieser Stelle sei allen Kolleginnen und Kollegen herzlich für ihre Ratschläge gedankt.

Frank Rieg

Frank Weidermann

Gerhard Engelken

Reinhard Hackenschmidt

Bettina Alber-Laukant

Stephan Tremmel

1 Konstruktionstechnik

1

Maße, Abmaße und Toleranzen

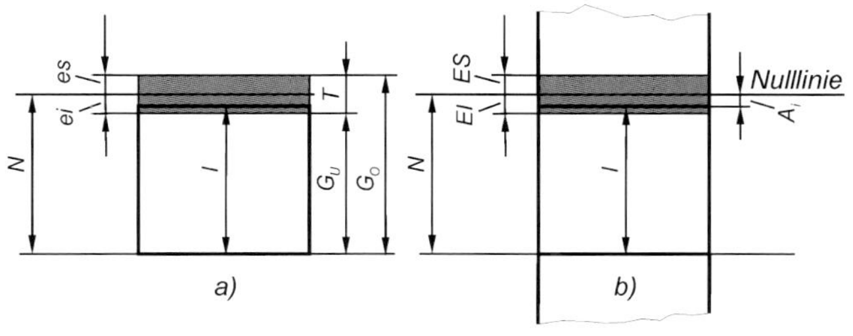

Bild 1.1
Maße und Abmaße
a) an einer Welle,
b) an einer Bohrung

Oberes Abmaß	ES (bzw. es) = $G_o - N$
Unteres Abmaß	EI (bzw. ei) = $G_u - N$
Istabmaß	$A_i = I - N$
Maßtoleranz	$T = G_o - G_u$ oder $T = ES - EI$ (bzw. $es - ei$)

N Nennmaß, I Istmaß, G_o Höchstmaß, G_u Mindestmaß

Allgemeintoleranzen nach DIN ISO 2768-1 (siehe Tabelle 1.7)

ISO-Toleranzsystem

Für die Grundtoleranzgrade IT 5 bis IT 18 und Nennmaße bis 500 mm:

Toleranzfaktor $i = 0{,}45\sqrt[3]{D} + 0{,}001D$ in µm (1.1)

Für Nennmaße über 500 mm bis 3150 mm:

Toleranzfaktor $I = 0{,}004D + 2{,}1$ in µm (1.2)

$D = \sqrt{D_1 \cdot D_2}$ geometrisches Mittel aus den Zahlenwerten der Grenzwerte D_1 und D_2 des Nennmaßbereichs.

Eine *ISO-Grundtoleranz* T ist ein Vielfaches des Toleranzfaktors i bzw. I (siehe Tabelle 1.2). Die errechneten Werte sind nach vorgegebenen Regeln zu runden, und zwar die nach Formel 1.1 bis 100 µm auf 1 µm, bis 200 µm auf 5 µm und bis 500 µm auf 10 µm genau. Verbindliche Werte der Grundtoleranzen bis 3150 mm sind in DIN EN ISO 286-1 angegeben (Auszug siehe Tabelle 1.2). Für Nennmaße über 3150 mm gilt weiterhin DIN 7172.

Passungen

Spielpassung:

Höchstspiel $S_g = ES - ei = G_{oB} - G_{uW}$ (1.3)

Mindestspiel $S_k = EI - es = G_{uB} - G_{oW}$ (1.4)

1

Übermaßpassung:

$$Höchstübermaß\ U_g = es - EI = G_{oW} - G_{uB} \quad (1.5)$$

$$Mindestübermaß\ U_k = ei - ES = G_{uW} - G_{oB} \quad (1.6)$$

Übergangspassung:

Höchstspiel S_g nach Formel 1.3 und *Höchstübermaß* U_g nach Formel 1.5

ES, EI, es, ei oberes und unteres Abmaß der Bohrung bzw. der Welle,
$G_{oB}, G_{uB}, G_{oW}, G_{uW}$ Höchstmaß und Mindestmaß der Bohrung bzw. der Welle.

Toleranz der Passung:

Passtoleranz $T_p = S_g - S_k$ bei Spielpassung (1.7)

$T_p = S_g + U_g$ bei Übergangspassung (1.8)

$T_p = U_g - U_k$ bei Übermaßpassung (1.9)

$T_p = T_B + T_W$ allgemein (1.10)

Zur Auswahl von Passungen siehe Tabelle 1.9.

Rauheit der Oberflächen

Rauheitsmessgrößen:

- *Arithmetischer Mittenrauwert* R_a (kurz Mittenrauwert) = arithmetisches Mittel der absoluten Beträge der Profilabweichungen y von der Mittellinie innerhalb der Gesamtmessstrecke l_n (Bild 1.2a).
- *Gemittelte Rautiefe* $R_z = (Z_1 + Z_2 + Z_3 + Z_4 + Z_5)/5$ als arithmetisches Mittel aus den Einzelrautiefen Z_i fünf aneinander grenzender Einzelmessstrecken l_e (Bild 1.2b).
- *Maximale Rautiefe* R_{max} = größte der auf der Gesamtmessstrecke l_n vorkommenden Einzelrautiefen Z_i, z. B. $R_{max} = Z_5$ in Bild 1.2b.

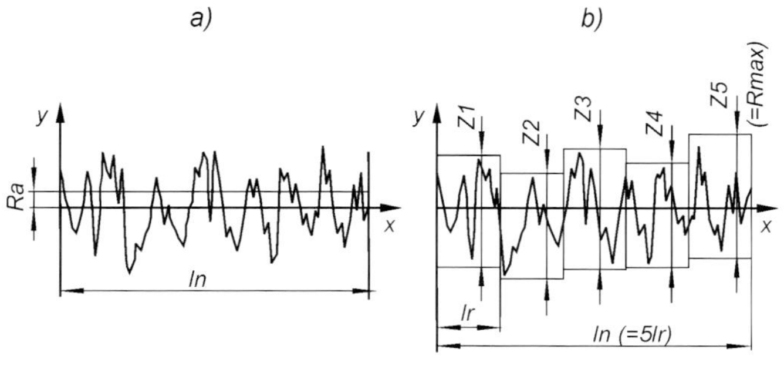

Bild 1.2
Rauheitskenngrößen
a) arithmetischer Mittelrauwert R_a, b) Einzelrautiefen als Grundlage für die Bestimmung der gemittelten Rautiefe R_z und von R_{max}

Näherungsweise gilt $R_a \approx 0{,}1\ R_z$ und $R_z \approx R_{max}$.

3 Festigkeitsberechnungen

Kräfte

Allg. Kraft $$F = m \cdot a \tag{3.1}$$

F in N Kraft,
m in kg Masse,
a in $\frac{\text{m}}{\text{s}^2}$ Beschleunigung.

Mehrere Einzelkräfte können im Spezialfall unter Anwendung des Satzes des Pythagoras zu einer Resultierenden zusammengefasst werden:

$$F_R^2 = F_1^2 + F_2^2 \rightarrow F_R = \sqrt{F_1^2 + F_2^2} \tag{3.2}$$

F in N Kraft.

Momente

Allg. Moment $$M = F \cdot l \tag{3.3}$$

M in Nm Moment,
F in N Kraft,
l in m Hebelarm.

In der Statik können damit sechs Gleichgewichtsbedingungen für den Raum aufgestellt werden.

$$\sum F_X = 0 \quad \sum F_Y = 0 \quad \sum F_Z = 0 \tag{3.4}$$

$$\sum M_X = 0 \quad \sum M_Y = 0 \quad \sum M_Z = 0 \tag{3.5}$$

F_X in N Kraft in x-Richtung,
F_Y in N Kraft in y-Richtung,
F_Z in N Kraft in z-Richtung,
M_X in Nm Moment um x-Achse,
M_Y in Nm Moment um y-Achse,
M_Z in Nm Moment um z-Achse.

Allgemeine Festigkeitsberechnung

Die Spannung σ ist ein Maß für die Beanspruchung:

Spannung $$\sigma = \frac{F}{A} \tag{3.6}$$

σ in $\frac{\text{N}}{\text{mm}^2}$ Spannung,
F in N Kraft,
A in mm^2 beanspruchte Querschnittslänge.

Die Verformung (z. B. Verlängerung eines Stabes infolge einer Zugkraft) bezogen auf den Ausgangszustand (Ausgangslänge des Stabes) liefert ein dimensionsloses Maß für die auftretende Verformung, die sogenannte Dehnung ε:

$$\textit{Dehnung}\ \varepsilon = \frac{\Delta l}{l_0} = \frac{l_1 - l_0}{l_0} \tag{3.7}$$

ε		Dehnung,
Δl	in m	Verlängerung/Verkürzung,
l_0	in m	Ausgangslänge,
l_1	in m	Länge im belasteten Zustand.

Der Zusammenhang zwischen der Beanspruchung, also der inneren Spannung σ, und der Dehnung ε wird durch ein Stoffgesetz beschrieben. Im Falle eines isotropen, linear-elastischen Materials gilt beispielsweise:

$$\sigma = E \cdot \varepsilon \tag{3.8}$$

σ	in $\frac{\text{N}}{\text{mm}^2}$	Spannung,
E	in $\frac{\text{N}}{\text{mm}^2}$	E-Modul,
ε		Dehnung.

Beanspruchungen

Grundbeanspruchungsarten

Zugbeanspruchung: $\sigma_z = \frac{F_z}{A}$

Druckbeanspruchung: $\sigma_D = \frac{F_D}{A}$

$$\textit{Flächenpressung}\quad p = \frac{F}{A}\ \text{bzw.} \tag{3.9}$$

$$p = \frac{F}{A_{proj}}\ (\text{beispielsweise Zapfen in einer Lagerschale}) \tag{3.10}$$

$$\textit{Biegebeanspruchung}\ \sigma_b(z) = \frac{M_b}{I_y} \cdot z \tag{3.11}$$

$$\textit{Maximale Biegespannung}\ \sigma_{b,max} = \frac{M_b}{W_{b,y}} \tag{3.12}$$

$$\textit{Schubbeanspruchung}\ \tau_m = \frac{Q}{A} \tag{3.13}$$

$$\textit{Torsionsbeanspruchung}\ \tau_t(z) = \frac{M_t}{I_t} \cdot z \tag{3.14}$$

3

Maximale Torsionsspannung $\tau_{t,max}\left(z=\frac{D}{2}\right)=\frac{M_t}{I_t}\cdot\frac{D}{2}=\frac{M_t}{W_t}$ (3.15)

F in N Kraft,
A in mm² beanspruchte Querschnittsfläche,
A_{proj} in mm² beanspruchte projizierte Querschnittsfläche (siehe Bild 3.23 in ME),
σ in $\frac{N}{mm^2}$ Spannung,
τ in $\frac{N}{mm^2}$ Spannung,
M_b in Nmm Biegemoment,
I in mm⁴ Flächenträgheitsmoment,
z in mm Randfaserabstand,
W_b in mm³ Biegewiderstandsmoment,
Q in N Querkraft,
M_t in Nmm Torsionsmoment,
I_t in mm⁴ Torsionsflächenträgheitsmoment,
W_t in mm³ Torsionswiderstandsmoment.

Zusammengesetzte Beanspruchungen

Die Hauptspannungen im ebenen Spannungszustand berechnen sich wie folgt:

$$\sigma_1=\frac{\sigma_x+\sigma_y}{2}+\sqrt{\left(\frac{\sigma_x-\sigma_y}{2}\right)^2+\tau_{xy}^2} \quad (3.16)$$

$$\sigma_2=\frac{\sigma_x+\sigma_y}{2}-\sqrt{\left(\frac{\sigma_x-\sigma_y}{2}\right)^2+\tau_{xy}^2} \quad (3.17)$$

Bild 3.1 erläutert die Spannungskomponenten.

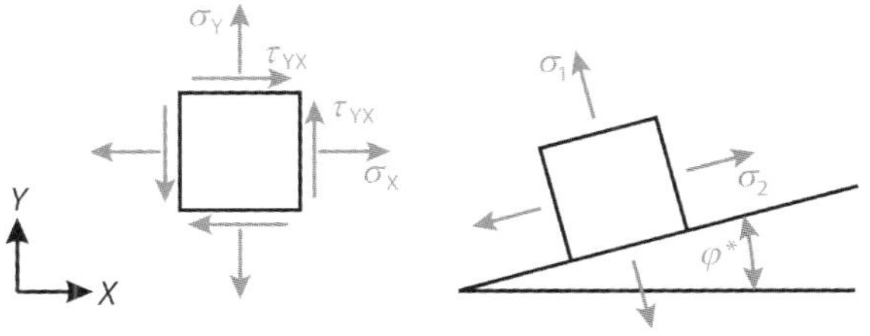

Bild 3.1
Ebener Spannungszustand (links) und Hauptnormalspannungen mit Hauptachsensystem (rechts)

Die Art und Weise der Überführung des mehrachsigen Spannungszustands in den einachsigen ist abhängig von der Richtung der Spannungskomponenten. Sind die Komponenten gleich gerichtet, wie es bei auftretender Zug-/Druckbeanspruchung zusammen mit Biegebeanspruchung der Fall ist, können die Spannungskomponenten mit dem aus der Mechanik bekannten Superpositionsprinzip zusammengefasst werden.

$$\sigma_{max}=\sigma_Z+\sigma_{b,max}$$

$$\sigma_{min}=\sigma_Z-\sigma_{b,max}$$

Zur Überführung in den einachsigen Spannungszustand gibt es grundsätzlich eine Reihe von Festigkeitshypothesen, in der Praxis haben sich jedoch die im Folgenden genannten Hypothesen bewährt.

3

Normalspannungshypothese

Die Hauptspannungen werden nachfolgend mit σ_1, σ_2 und σ_3 bezeichnet und sind absteigend sortiert, sodass σ_1 die größte Hauptspannung darstellt.

$$\textit{Vergleichsspannung}\ \sigma_V = |\sigma_1| < K \tag{3.18}$$

$$\textit{Vergleichsspannung im mehrachsigen Spannungszustand}\ \sigma_V = \sigma_{max} = 2 \cdot \tau_{max} \tag{3.19}$$

σ_V in $\frac{N}{mm^2}$ Spannung,
σ_1 in $\frac{N}{mm^2}$ Spannung,
σ_{max} in $\frac{N}{mm^2}$ Spannung,
τ_{max} in $\frac{N}{mm^2}$ Schubspannung,
K in $\frac{N}{mm^2}$ Werkstoffkennwert.

Gestaltänderungsenergiehypothese

Für den räumlichen Spannungszustand ergibt sich die Vergleichsspannung wie folgt:

$$\sigma_V = \sqrt{\sigma_x^2 + \sigma_y^2 + \sigma_z^2 - \left(\sigma_x \cdot \sigma_y + \sigma_y \cdot \sigma_z + \sigma_x \cdot \sigma_z\right) + 3 \cdot \left(\tau_{xy}^2 + \tau_{yz}^2 + \tau_{zx}^2\right)} \tag{3.20}$$

Die Vergleichsspannung für den zwei- und einachsigen Spannungszustand vereinfacht sich zu folgenden Gleichungen:

$$\sigma_V = \sqrt{\sigma_x^2 + \sigma_y^2 - \sigma_x \cdot \sigma_y + 3 \cdot \tau_{xy}^2} \tag{3.21}$$

$$\sigma_V = \sqrt{\sigma_x^2 + 3 \cdot \tau_{xy}^2} \tag{3.22}$$

Knickung

Knickung kann bei schlanken (wesentlich kleinere Querschnittsfläche im Vergleich zur Stablänge) druck- und/oder torsionsbelasteten Stäben auftreten. Maßgeblich beeinflusst wird die Knickung von der Querschnittsfläche und vom Flächenträgheitsmoment *I*, woraus sich der Trägheitsradius *i* ergibt:

$$\textit{Knickung}\ i = \sqrt{\frac{I}{A}} \tag{3.23}$$

i in mm Trägheitsradius,
I in mm^4 Flächenträgheitsmoment,
A in mm^2 Querschnittsfläche.

$$\textit{Schlankheitsgrad}\ \lambda = \frac{l_K}{i} \tag{3.24}$$

l_K in mm freie Knicklänge nach Bild 3.2,
λ Schlankheitsgrad.

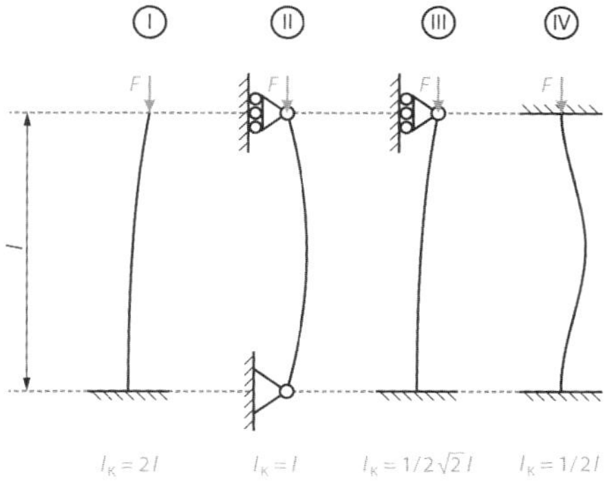

Bild 3.2
Die vier Knickfälle nach *Euler*

Im Anschluss an die Berechnung des Schlankheitsgrads ist zum Vergleich der Grenzschlankheitsgrad λ_{Grenz} zu ermitteln:

$$\textit{Grenzschlankheitsgrad}\ \lambda_{\text{Grenz}} = \pi\sqrt{\frac{E}{\sigma_{\text{p}}}} \quad (3.25)$$

E in $\frac{\text{N}}{\text{mm}^2}$ E-Modul,

σ_{p} in $\frac{\text{N}}{\text{mm}^2}$ Proportionalitätsgrenze.

Unter Verwendung des Schlankheitsgrads λ und des Grenzschlankheitsgrads λ_{Grenz} erfolgt die Differenzierung zwischen der elastischen Knickung nach *Euler* und der unelastischen Knickung nach *Tetmajer*:

$$\lambda < \lambda_{\text{Grenz}}\text{: \textit{Knickung nach Tetmajer}} \quad (3.26)$$

$$\lambda \geq \lambda_{\text{Grenz}}\text{: \textit{Knickung nach Euler}} \quad (3.27)$$

Kann für den vorliegenden Knickfall eine elastische Knickung nach *Euler* angenommen werden, ermittelt sich die Knickspannung (σ_{K}) wie folgt:

$$\textit{Knickspannung}\ \sigma_{\text{K}} = \sigma_{\text{K,Euler}} = \frac{\pi^2 \cdot E}{\lambda^2} \quad (3.28)$$

Im Falle unelastischer Knickung nach *Tetmajer* ergeben sich folgende materialabhängige Zusammenhänge:

$$\sigma_{\text{K}} = \sigma_{\text{K,Tetmajer}} = 310 - 1{,}14 \cdot \lambda \qquad \text{\textit{für Stähle S235J, E335}} \quad (3.29)$$

$$\sigma_{\text{K}} = \sigma_{\text{K,Tetmajer}} = 335 - 0{,}62 \cdot \lambda \qquad \text{\textit{für Federstahl}} \quad (3.30)$$

$$\sigma_{\text{K}} = \sigma_{\text{K,Tetmajer}} = 776 - 12 \cdot \lambda + 0{,}053 \cdot \lambda^2 \qquad \text{\textit{für Grauguss}} \quad (3.31)$$

Die nach einer der vorangegangenen Gleichungen ermittelte Knickspannung σ_{K} dient abschließend dem Knicknachweis:

$$S = \frac{\sigma_{\text{K}}}{\sigma_{\text{vorh}}} = \frac{\sigma_{\text{K}}}{\sigma_{\text{d}}} > \begin{array}{l} 5\ldots10\ \textit{Knickfall nach Euler} \\ 3\ldots8\ \textit{Knickfall nach Tetmajer} \end{array} \quad (3.32)$$

3

Hertz'sche Pressung

Kugel gegen Kugel

Die Abplattung im Kugel-Kugel-Kontakt beschreibt einen Kreis mit dem Radius a als Berührfläche:

$$a = \sqrt[3]{\frac{1{,}5 \cdot F \cdot \left(1-\nu^2\right)}{E \cdot \varrho}} \tag{3.33}$$

Das Maximum $\sigma_{d,max}$ ist mittig in der Berührfläche und wird als p_0 bezeichnet:

$$\sigma_{d,max} = -\varrho_0 = \frac{1}{\pi}\sqrt[3]{\frac{1{,}5 \cdot F \cdot E^2 \cdot \varrho^2}{\left(1-\nu^2\right)^2}} \tag{3.34}$$

$$\textit{Maximum der Abplattung}\ \omega_o = \sqrt[3]{\frac{2{,}25 \cdot F^2 \cdot \left(1-v^2\right)^2 \cdot \varrho}{E^2}} \tag{3.35}$$

a in mm Radius,
F in N Kraft,
v Querkontraktion,
E in $\frac{N}{mm^2}$ E-Modul,
ϱ in mm^{-1} Summe der reziproken Radien,
w_0 in mm Abplattung.

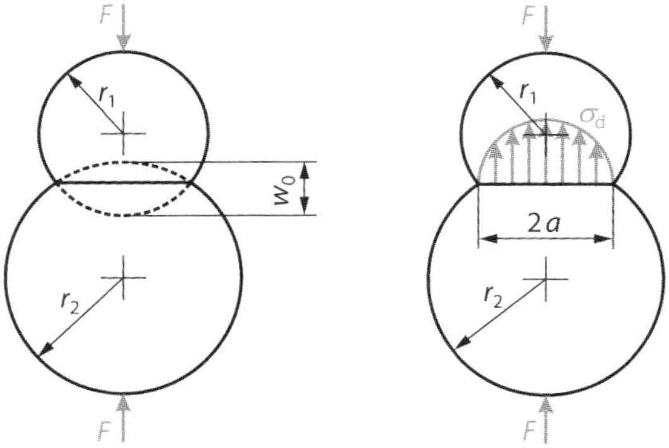

Bild 3.3
Resultierende Spannungsverhältnisse (rechts) infolge Hertz'scher Pressung zwischen zwei Kugeln (links)

Kugel gegen Ebene

Im Falle eines Kugel-Ebene-Kontakts ist lediglich die Krümmung p_2 der Ebenen null zu setzen (eine Ebene besitzt einen unendlich großen Radius).

$$\tau_{max} = 0{,}31 \cdot \sigma_{d,max} \tag{3.36}$$

$$z = 0{,}47 \cdot a \tag{3.37}$$

z in mm Tiefenort des Maximums.

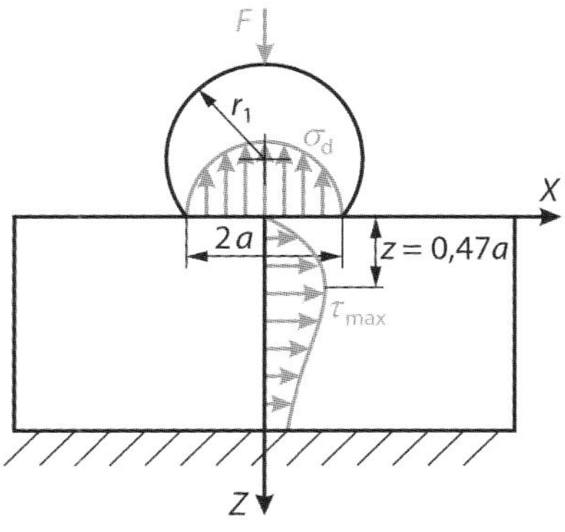

Bild 3.4
Resultierende Spannungsverhältnisse infolge Hertz'scher Pressung zwischen einer Kugel und einer Ebene nach [3.12]

Zylinder gegen Zylinder

Die Breite $2a$ der resultierenden rechteckförmigen Berührfläche lautet formelmäßig:

$$a = \sqrt{\frac{8 \cdot F \cdot \left(1-\nu^2\right)}{\pi \cdot E \cdot l \cdot \varrho}} \tag{3.38}$$

Der Druckspannungsverlauf ist auch beim Zylinder-Zylinder-Kontakt halbkreisförmig. Die maximale Druckspannung $\sigma_{d,max}$ bzw. p_0 bildet sich in der Mitte der Berührfläche aus:

$$\sigma_{d,max} = -p_0 = -\sqrt{\frac{F \cdot E \cdot \varrho}{2 \cdot \pi \cdot l \cdot \left(1-\nu^2\right)}} \tag{3.39}$$

$$z = 0{,}78 \cdot a \tag{3.40}$$

$$\tau_{max} = 0{,}30 \cdot \sigma_{d,max} \tag{3.41}$$

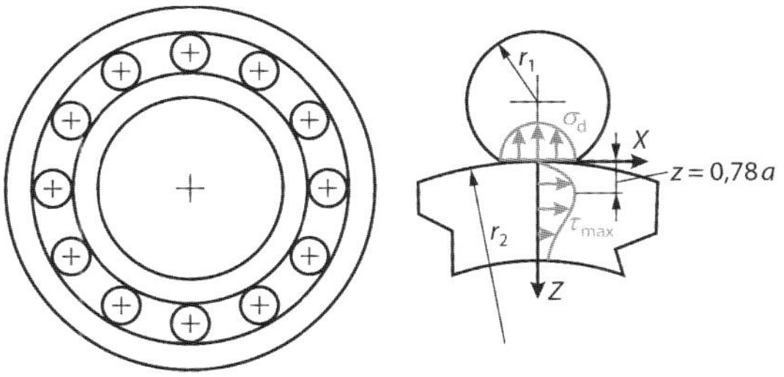

Bild 3.5
Resultierende Spannungsverhältnisse infolge Hertz'scher Pressung zwischen zwei Zylindern am Beispiel eines Wälzlagers

Beanspruchbarkeit

Dynamische Beanspruchung

Die Mittelspannung σ_m sowie die Ausschlagspannung σ_a ist aus der *Oberspannung* σ_o und der *Unterspannung* σ_u berechenbar:

$$\textit{Mittelspannung}\ \sigma_m = \frac{\sigma_o + \sigma_u}{2} \tag{3.42}$$

$$\textit{Ausschlagspannung}\ \sigma_a = \frac{\sigma_o - \sigma_u}{2} \tag{3.43}$$

Sind hingegen die Mittelspannung und die Ausschlagspannung bekannt, ist über folgende Beziehungen die Oberspannung σ_o und die Unterspannung σ_u feststellbar:

$$\textit{Oberspannung}\ \sigma_o = \sigma_m + \sigma_a \tag{3.44}$$

$$\textit{Unterspannung}\ \sigma_u = \sigma_m - \sigma_a \tag{3.45}$$

Eine weitere Kenngröße zur Charakterisierung dynamischer Beanspruchungen stellt das Spannungsverhältnis R dar:

$$\textit{Spannungsverhältnis}\ R = \frac{\sigma_u}{\sigma_o} \tag{3.46}$$

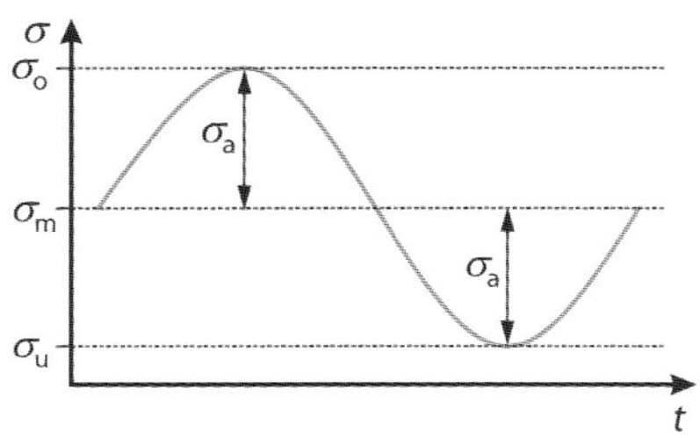

Bild 3.6
Schwingspiel bzw. Lastwechsel

$$\textit{Dauerschwingfestigkeit bzw. Dauerfestigkeit}\ \sigma_D = \sigma_m \pm \sigma_a \tag{3.47}$$

Dauerfestigkeitsschaubild nach Haigh

Das nach B. P. Haigh benannte Dauerfestigkeitsschaubild stellt eine alternative Darstellungsweise zum Smith-Diagramm dar. Es bietet die Möglichkeit, die Ausschlagspannungen σ_a zum einen für den Dauerfestigkeitsbereich, aber zum anderen auch für den Zeitfestigkeitsbereich in Abhängigkeit von der Mittelspannung σ_m und dem Spannungsverhältnis R zu ermitteln. Analog zum Smith-Diagramm liegt beim Haigh-Diagramm die Mittelspannung σ_m auf der Abszisse. Auf der Ordinate ist die Ausschlagspannung σ_a aufgetragen.

$$\tan\alpha = \frac{\sigma_a}{\sigma_m} = \frac{1-R}{1+R} \tag{3.48}$$

$$\sigma_a = \sigma_w \sqrt{1 - \left(\frac{\sigma_m}{R_m}\right)} \tag{3.49}$$

$$\sigma_a = \sigma_w \left(1 - \frac{\sigma_m}{R_m}\right) \tag{3.50}$$

3

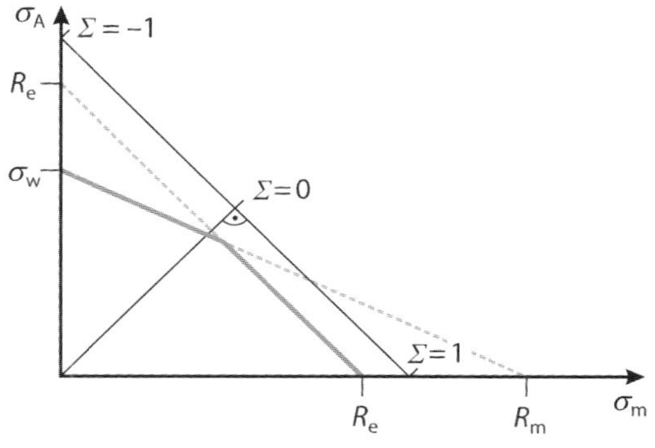

Bild 3.7
Dauerfestigkeitsschaubild nach Haigh

Größeneinfluss

Zur Vereinfachung werden die Größeneinflüsse zusammen im sogenannten Größenbeiwert bzw. Größenfaktor b_2 zusammengefasst, mithilfe dessen die Festigkeitskennwerte korrigiert werden können.

$$\sigma_{\text{Bauteil}} = b_2 \cdot \sigma_{\text{Probe}} \tag{3.51}$$

Oberflächen

Im Vergleich zu den polierten Oberflächen der Prüfkörper weisen reale Bauteile Oberflächenrauheiten auf, welche wie kleine Kerben wirken. Dieses Verfahren korrigiert die zulässige Probenspannung unter Verwendung des Oberflächenbeiwerts bzw. -faktors b_1.

$$\sigma_{\text{Bauteil}} = b_1 \cdot \sigma_{\text{Probe}} \tag{3.52}$$

Kerbwirkung

Formzahl (bei ruhender Beanspruchung)

Die Form- bzw. Kerbzahl α_k beschreibt bei ruhender Beanspruchung den Zusammenhang zwischen der Kerbspannung σ_k und der Nennspannung σ:

$$\textit{Form- bzw. Kerbzahl}\ \sigma_k = \alpha_k \cdot \sigma \tag{3.53}$$

Wirkt auf das Bauteil aufgrund Torsionsbeanspruchung eine Torsionsspannung τ ein, lässt sich dies wie folgt darstellen:

$$\tau_k = \alpha_k \cdot \tau \tag{3.54}$$

Kerbwirkungszahl (bei dynamischer Beanspruchung)

Die Kerbwirkungszahl β_k wird für dynamische Beanspruchung allgemein durch das Verhältnis von der Dauerfestigkeit des ungekerbten Prüfkörpers σ_D zur Dauerfestigkeit des Prüfkörpers mit Kerbe σ_{kD} beschrieben.

$$\textit{Kerbwirkungszahl}\ \beta_k = \frac{\sigma_D}{\sigma_{kD}} \tag{3.55}$$

3

Tabelle 15.6 enthält das bezogene Spannungsgefälle für verschiedene Beanspruchungsarten und Kerbformen nach Siebel. Einen Auszug aus dieser Tabelle zeigen folgende Beziehungen:

Zug-/Druckbeanspruchung $$\chi = \frac{2}{r} \tag{3.56}$$

Biegebeanspruchung $$\chi = \frac{4}{D+d} + \frac{2}{r} \tag{3.57}$$

Torsionsbeanspruchung $$\chi = \frac{4}{D+d} + \frac{1}{r} \tag{3.58}$$

χ in mm^{-1} Spannungsgefälle.

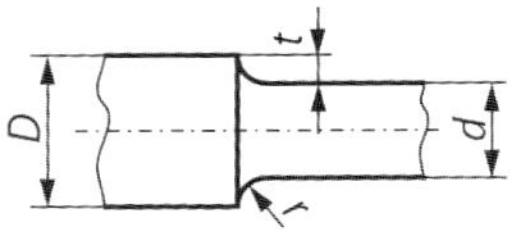

Bild 3.8
Wellenabsatz [3.9]

Nachdem zuvor die Formzahl α_k bereits berechnet wurde, ist die Kerbwirkungszahl β_k jetzt wie folgt zu ermitteln:

$$\beta_k = \frac{\alpha_k}{n_\chi} \tag{3.59}$$

β_k Kerbwirkungszahl,
n_χ dynamische Stützziffer (nach Siebel mittels Diagramm 15.1 zu bestimmen).

Für Spannung unter Berücksichtigung der dynamischen Kerbwirkung gilt:

$$\sigma_k = \beta_k \cdot \sigma \tag{3.60}$$

Unter wirkender Torsionsbeanspruchung gilt entsprechend:

$$\tau_k = \beta_k \cdot \tau \tag{3.61}$$

Auswirkung der Kerbwirkung auf die Festigkeitshypothesen

Die maximal auftretende Spannung σ_{max} einer schwingenden Beanspruchung unter der Berücksichtigung von Kerbwirkung ergibt sich wie folgt:

$$\sigma_{max} = \alpha_k \cdot \sigma_m + \beta_k \cdot \sigma_a \tag{3.62}$$

Im Falle eines mehrachsigen Beanspruchungszustandes ist für die Mittelspannung σ_m die Vergleichsmittelspannung σ_{Vm} unter Berücksichtigung der Gestaltänderungsenergiehypothese zu berechnen.

Vergleichsmittelspannung $$\sigma_{Vm} = \sqrt{\left(\alpha_{kz,d} \cdot \sigma_{zm} + \alpha_{kb} \cdot \sigma_{bm}\right)^2 + 3 \cdot \left(\alpha_{kt} \cdot \tau_{tm}\right)^2} \tag{3.63}$$

Gleiches gilt für die Vergleichsausschlagspannung σ_{Va}, jedoch handelt es sich hierbei um eine dynamische Spannung, sodass die Kerbwirkungszahl anzuwenden ist.

Vergleichsausschlagsspannung $$\sigma_{Va} = \sqrt{\left(\beta_{kz,d} \cdot \sigma_{za} + \beta_{kb} \cdot \sigma_{ba}\right)^2 + 3 \cdot \left(\beta_{kt} \cdot \tau_{ta}\right)^2} \tag{3.64}$$

Die obere Vergleichsspannung σ_{Vo} berechnet sich wie folgt:

Obere Vergleichsspannung $\sigma_{Vo} = \sigma_{Vm} + \sigma_{Va}$ (3.65)

Die Berechnung der Vergleichsspannung ist im Folgenden noch mit der zulässigen Festigkeit des Werkstoffs zu vergleichen. Hierfür ist jedoch die entsprechende Dauerfestigkeit σ_D, welche an glatten und genormten Proben ermittelt wurde, mit dem Größeneinfluss b_2 und dem Oberflächeneinfluss b_1 sowie mit einer Sicherheit S zu korrigieren.

$$\sigma_{Vo} \leq \sigma_{Dzul} = \frac{\sigma_D \cdot b_1 \cdot b_2}{S} = \frac{(\sigma_m + \sigma_A) \cdot b_1 \cdot b_2}{S} \quad (3.66)$$

Alternativ erfolgt der Vergleich mit der Vergleichsausschlagspannung σ_{Va} unter Berücksichtigung des Oberflächen- und Größeneinflusses sowie der Sicherheit.

Vergleichsausschlagsspannung $\sigma_{Va} \leq \sigma_{Azul} = \frac{\sigma_A \cdot b_1 \cdot b_2}{S}$ (3.67)

Am häufigsten wird ein Spannungsnachweis, der die vorhandene Spannung im Bauteil σ_{vorh} bzw. τ_{vorh} mit einer zulässigen Spannung σ_{zul} bzw. τ_{zul} vergleicht, durchgeführt.

$$\sigma_{vorh} \leq \sigma_{zul} \quad \text{bzw.} \quad \tau_{vorh} \leq \tau_{zul} \quad (3.68)$$

Anstelle des Spannungsnachweises kann auch ein Sicherheitsnachweis mit Nennspannungen stattfinden. Dabei erfolgt ein Vergleich der vorhandenen Sicherheit S_{vorh} mit der erforderlichen Sicherheit S_{erf}.

$$S_{vorh} = \frac{K}{\sigma_{vorh}} \geq S_{erf} \quad \text{bzw.} \quad S_{vorh} = \frac{K}{\tau_{vorh}} \geq S_{erf} \quad (3.69)$$

Betriebsfestigkeit nach der FKM-Richtlinie

Ablauf der Berechnung

Für den statischen Festigkeitsnachweis und für den Ermüdungsfestigkeitsnachweis werden ähnliche Berechnungsabläufe vorgeschlagen (siehe Bild 3.9). Weiterhin wird eine Bearbeitungsreihenfolge vorgeschlagen, die eine Umsetzung in Berechnungsprogrammen erleichtert. Um den Festigkeitsnachweis zu erbringen, sind die Spannungskennwerte den Bauteilfestigkeitswerten unter Beachtung erforderlicher Sicherheitsfaktoren gegenüberzustellen. Der Nachweis ist in jedem kritischen Querschnitt neu zu führen. Der Festigkeitsnachweis gemäß der FKM-Richtlinie ist modular aufgebaut. Nur an der Indizierung ist erkennbar, welche Spannungskomponente gerade berechnet wird (zd - Druck/Zug, b - Biegung, s - Schub, t - Torsion).

Die örtlichen Spannungen werden mit σ und t und die Nennspannung mit S und T bezeichnet. Folgerichtig ist die Richtlinie in vier Kapitel mit vergleichbarem Aufbau untergliedert:

- Statischer Festigkeitsnachweis mit Nennspannungen (I)
- Ermüdungsfestigkeitsnachweis mit Nennspannungen (II)
- Statischer Festigkeitsnachweis mit örtlichen Spannungen (III)
- Ermüdungsfestigkeitsnachweis mit örtlichen Spannungen (IV)

In den folgenden Darstellungen werden die römischen Zahlen zur Bezeichnung der Art des Nachweises verwendet. Um eine vertiefende weitere Bearbeitung mit der FKM-Richtlinie zu erleichtern, wurden die dort vorgesehenen Formelzeichen beibehalten. Eventuelle Abweichungen zur sonstigen Darstellung im Buch wurden bewusst in Kauf genommen.

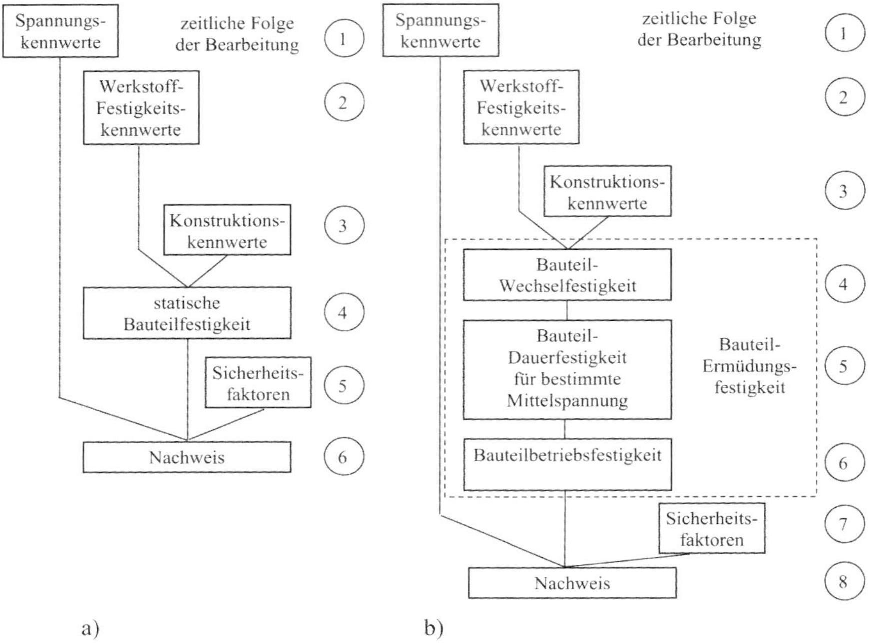

Bild 3.9 Ablauf des Festigkeitsnachweises nach der FKM-Richtlinie [3.17]
a) statischer Betriebsfestigkeitsnachweis, b) Ermüdungsfestigkeitsnachweis

In Bild 3.10, Bild 3.11, Bild 3.13 und Bild 3.14 sowie Bild 3.18 bis Bild 3.20 sind die für den Nachweis erforderlichen Formeln im Einzelnen aufgelistet. Die in Bild 3.9 vergebenen Nummern zur zeitlichen Folge der Bearbeitung finden sich in den Bildunterschriften der genannten Abbildungen wieder. Im Anschluss an die Abbildungen sind die bis dahin benötigten Informationen und Übersichten aufgeführt. Auf eine doppelte Darstellung gleicher Inhalte konnte verzichtet werden, weil analoge Arbeitsschritte immer in einer Abbildung dargestellt sind. In dieser Beziehung weicht die hier gewählte Darstellung von der in der FKM-Richtlinie ab.

Die in Bild 3.10 und Bild 3.11 aufgeführten Spannungen sind zu berechnen.

<table>
<tr><th>Art des Nachweises</th><th></th></tr>
<tr><td rowspan="2">Statischer Festigkeitsnachweis mit Nennspannungen</td><td>Nicht geschweißte Bauteile:
▪ $S_{\text{min, zd}}$, $S_{\text{max, zd}}$ - Zug-/Druckbelastung
▪ $S_{\text{min, by}}$, $S_{\text{max, by}}$ - Biegung um y-Achse
▪ $S_{\text{min, bz}}$, $S_{\text{max, bz}}$ - Biegung um z-Achse
▪ $T_{\text{min, sy}}$, $T_{\text{max, sy}}$ - Schubbelastung, y-Richtung
▪ $T_{\text{min, sz}}$, $T_{\text{max, sz}}$ - Schubbelastung, z-Richtung
▪ $T_{\text{min, t}}$, $T_{\text{max, t}}$ - Torsionsbelastung
Vorzeichen: Zug +, Druck -
Es wird der jeweils betragsmäßig größere Wert berücksichtigt. Zug- und Druckbelastung (auch infolge von Biegung) müssen bei unterschiedlicher Zug-/Druckfestigkeit des Werkstoffs getrennt betrachtet werden.</td></tr>
<tr><td>Geschweißte Bauteile
Grundwerkstoff und Wärmeübergangszone wie nicht geschweißt
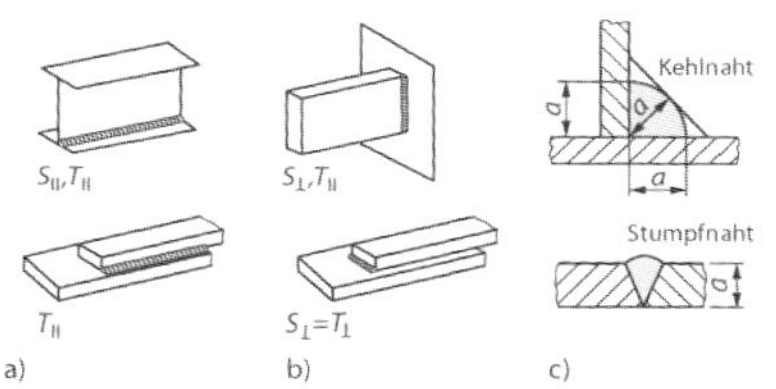

a) Schweißnaht liegt längs zur Stabachse
b) Schweißnaht liegt quer zur Stabachse
c) Querschnittsabmessungen der Schweißnähte
$S_{\perp,\text{by}}$ - Normalspannung senkrecht zur Naht infolge Biegung um y
$S_{\perp,\text{bz}}$ - Normalspannung senkrecht zur Naht infolge Biegung um z
$T_{\|}$ - Schubspannung parallel zur Naht, zusammen aus den Querkräften und dem Torsionsmoment
Berechnung der Spannungen wie bei nicht geschweißtem Bauteil, allerdings mit den Querschnitten der Naht $A = a \cdot l$ (a - siehe Bild und l - Nahtlänge)</td></tr>
<tr><td>Ermüdungsfestigkeitsnachweis mit Nennspannungen</td><td>Nicht geschweißte Bauteile
Die Amplituden und dazugehörenden Mittelwerte für alle auftretenden Spannungen und alle Kollektivstufen i = 1 bis j, sowie die dazugehörenden Zyklenanzahlen n_i:
▪ $S_{\text{a, zd}, i}$, $S_{\text{m, zd}, i}$ - Zug/Druckbelastung
▪ $S_{\text{a, by}, i}$, $S_{\text{m, by}, i}$ - Biegung um y-Achse
▪ $S_{\text{a, bz}, i}$, $S_{\text{m, bz}, i}$ - Biegung um z-Achse
▪ $T_{\text{a, sy}, i}$, $T_{\text{m, sy}, i}$ - Schubbelastung, y-Richtung
▪ $T_{\text{a, sz}, i}$, $T_{\text{m, sz}, i}$ - Schubbelastung, z-Richtung
▪ $T_{\text{a, t}, i}$, $T_{\text{m, t}, i}$ - Torsionsbelastung
Die Spannungsverhältnisse ergeben sich aus $R = (S_m - S_a) / (S_m + S_a)$.</td></tr>
</table>

Bild 3.10 Spannungskennwerte für Nennspannungen: Arbeitsschritt 1 gemäß Bild 3.9a bzw. Bild 3.9b

Art des Nachweises	
	Geschweißte Bauteile Der Nachweis im Bereich des Grundwerkstoffs ist nur erforderlich, wenn die Maximalspannungen nicht in der Schweißnaht auftreten. Die Amplituden und dazugehörenden Mittelwerte für alle auftretenden Spannungen und alle Kollektivstufen i = 1 bis j sowie die dazugehörenden Zyklenanzahlen n_i: $S_{a,\perp,i}$, $S_{m,\perp,i}$, $S_{a,\parallel,i}$, $S_{m,\parallel,i}$, $T_{a,i}$, $T_{m,i}$. (Die Spannungen resultieren aus den 6 Spannungskomponenten, siehe nicht geschweißte Bauteile.) Die Spannungsverhältnisse ergeben sich aus $R = \left(S_m - S_a\right) / \left(S_m + S_a\right)$.

Bild 3.10 Spannungskennwerte für Nennspannungen: Arbeitsschritt 1 gemäß Bild 3.9a bzw. Bild 3.9b *(Fortsetzung)*

Art des Nachweises	
Statischer Festigkeitsnachweis mit örtlichen Spannungen	**Nicht geschweißte Bauteile** Für alle Hauptspannungen sind σ_{min} und σ_{max} vorzeichenbehaftet zu ermitteln. Für duktile Materialien (Bruchdehnung > 6 %) gilt: $\sigma_v = \sqrt{\frac{1}{2}\left[\left(\sigma_1 - \sigma_2\right)^2 + \left(\sigma_2 - \sigma_3\right)^2 + \left(\sigma_3 - \sigma_1\right)^2\right]}, f_\sigma = 1, K_{NL} = 1$ Für semiduktile und spröde Materialien gilt eine kombinierte Festigkeitshypothese: $\bar{\sigma}_i = \frac{\sigma_i}{f_{\sigma,i} \cdot K_{NL,i}}$ mit i = 1, 2, 3, f_σ Druckfestigkeitsfaktor, K_{NL} Graugussfaktor, siehe Tabelle 3.9 $\sigma_{NH,q} = \mathrm{MAX}\left\{\left\|\bar{\sigma}_1\right\|;\left\|\bar{\sigma}_2\right\|;\left\|\bar{\sigma}_3\right\|\right\}$ $\sigma_{GH,q} = \sqrt{\frac{1}{2}\left[\left(\bar{\sigma}_1 - \bar{\sigma}_2\right)^2 + \left(\bar{\sigma}_2 - \bar{\sigma}_3\right)^2 + \left(\bar{\sigma}_3 - \bar{\sigma}_1\right)^2\right]}$ $q = \frac{\sqrt{3} - 1/f_\tau}{\sqrt{3} - 1}$ siehe Tabelle 3.8, f_τ Schubfestigkeitsfaktor $\sigma_v = q \cdot \sigma_{NH,q} + \left(1 - q\right) \cdot \sigma_{GH,q}$ Mehrachsigkeit: $\sigma_H = \frac{1}{3}\left(\sigma_1 + \sigma_2 + \sigma_3\right); h = \frac{\sigma_H}{\sigma_v}$ Mehrachsigkeit tritt auf, wenn alle 3 Hauptspannungen relativ groß sind.
	Geschweißte Bauteile Grundwerkstoff (GW) und Wärmeübergangszone (WEZ) wie nicht geschweißt berechnen Schweißnaht (SN): $\sigma_\parallel$ – Normalspannung parallel (wird nicht verwendet) $\sigma_\perp$ – Normalspannung senkrecht $\tau = \tau_\parallel$ – Schubspannung parallel $\sigma_{vw} = \sqrt{\sigma_\perp^{\ 2} + \tau}$ $\sigma_\perp = \tau_\perp$ – in Kehlnähten

Bild 3.11 Spannungskennwerte für örtliche Spannungen: Arbeitsschritt 1 gemäß Bild 3.9a bzw. Bild 3.9b

Art des Nachweises	
Ermüdungsfestigkeitsnachweis mit örtlichen Spannungen	**Nicht geschweißte Bauteile** Die Amplituden und dazugehörenden Mittelwerte für alle auftretenden Spannungen und alle Kollektivstufen i = 1 bis j sowie die dazugehörenden Zyklenanzahlen n_i: ▪ $\sigma_{a,1\,i}$, $\sigma_{m,1\,i}$ – Hauptspannungen ▪ $\sigma_{a,2\,i}$, $\sigma_{m,2\,i}$ ▪ $\sigma_{a,3\,i}$, $\sigma_{m,3\,i}$ Unabhängig vom Betrag der Hauptspannungen liegen die Richtungen 1 und 2 parallel zur Bauteiloberfläche und die Richtung 3 senkrecht dazu. Die Spannungsverhältnisse ergeben sich aus $R = (\sigma_m - \sigma_a)/(\sigma_m + \sigma_a)$.
	Geschweißte Bauteile Der Nachweis im Bereich des Grundwerkstoffs ist nur erforderlich, wenn die Maximalspannungen nicht in der Schweißnaht auftreten. Die Amplituden und dazugehörenden Mittelwerte für alle auftretenden Spannungen und alle Kollektivstufen i = 1 bis j sowie die dazugehörenden Zyklenanzahlen n_i: ▪ $\sigma_{a,\perp,i}, \sigma_{m,\perp,i}, \sigma_{a,\|,i}, \sigma_{m,\|,i}, \tau_{a,i}, \tau_{m,i}$ (Das Koordinatensystem ist an der Schweißnaht auszurichten.) Die Spannungsverhältnisse ergeben sich aus $R = (S_m - S_a)/(S_m + S_a)$.

Bild 3.11 Spannungskennwerte für örtliche Spannungen: Arbeitsschritt 1 gemäß Bild 3.9a bzw. Bild 3.9b *(Fortsetzung)*

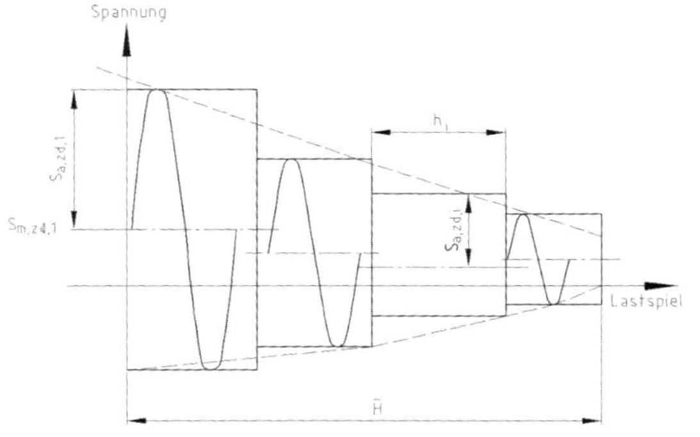

Bild 3.12 Spannungskollektive und deren Kennwerte am Beispiel von Zug-/Druck- und Normalspannungen

$S_{a,zd,1}$ größte Amplitude, i = 1 (Kollektivgrößtwert),
$S_{m,zd,1}$ Mittelwert zu $S_{a,zd,1}$, Stufe 1,
$S_{a,zd,i}$ Amplitude in Stufe i, $S_{a,zd,i} > 0$, $\frac{S_{a,zd,i}+1}{S_{a,zd,i}} \leq 1$
$S_{m,zd,i}$ Mittelwert in Stufe i,
$\bar{N}$ Gesamtzyklenanzahl eines gegebenen Kollektivs, $\bar{N} = N_j = \sum n_i$ (summiert von 1 bis j),
n_i zugehörige Zyklenanzahl in Stufe i,
i Kollektivstufe, i = 1 bis j,
j letzte Kollektivstufe bzw. Anzahl aller Kollektivstufen,
v_{zd} Völligkeitsmaß.

Der zweite Arbeitsschritt ist nun das Bestimmen der *Werkstoffkennwerte*. Hier wird von Normwerten für die Zugfestigkeit und die Fließgrenze ausgegangen. Über Einflussfaktoren werden die Größe des Bauteils, die Temperatur und der Einfluss wechselnder Beanspruchung berücksichtigt. Der Größeneinfluss findet gemäß der in Tabelle 3.25 dargestellten Zusammenhänge

Berücksichtigung, wobei die Größe über einen effektiven Durchmesser d_{eff} definiert wird. Dieser Durchmesser ist unter Berücksichtigung von Tabelle 3.19 zu wählen.

Art des Nachweises	Nicht geschweißte Bauteile	Geschweißte Bauteile
Statische Festigkeitsnachweise	$R_m = K_{d,m} \cdot K_A \cdot R_{m,N}$ $R_p = K_{d,p} \cdot K_A \cdot R_{p,N}$ $K_{d,m}$ und $K_{d,p}$ K_A $R_{m,N}$ und $R_{p,N}$	- technologischer Größeneinflussfaktor siehe Tabelle 3.25 - Anisotropiefaktor siehe Tabelle 3.10 - Halbzeug - zu Normwerten für Zugfestigkeit und Fließgrenze siehe Tabellen in Kapitel 2 (Werkstoffe) in ME
	$R_{m,T} = K_{T,m} \cdot R_m$ $R_{p,T} = K_{T,p} \cdot R_p$ $K_{T,m} = K_{T,p} = 1$ $K_{T,m}$ und $K_{T,p}$	- für normale Temperaturen (siehe Hinweise) - Temperaturfaktoren
	f_σ Druckfestigkeitsfaktor (siehe Tabelle 3.8), f_τ Schubfestigkeitsfaktor (siehe Tabelle 3.8), R_m Zugfestigkeit, R_p Fließgrenze allgemein, $R_{m,T}$ Warmfestigkeit bei T, $R_{p,T}$ 0,2-%-Warmdehngrenze bei T.	
	Hinweis: Für verschiedene Werkstoffe gibt es verschiedene Temperaturbereiche, in denen eine Abminderung aufgrund von Temperatur zu erfolgen hat (Faktoren siehe Tabelle 3.28). Für folgende Temperaturbereiche erfolgt keine Abminderung aufgrund von Temperatur: ▪ Feinkornstahl im Bereich von −40 °C bis +60 °C ▪ anderer Stahl im Bereich von −40 °C bis +100 °C ▪ Eisengusswerkstoff im Bereich von −25 °C bis +100 °C ▪ aushärtbarer Aluminiumwerkstoff im Bereich von −25 °C bis +50 °C ▪ nichtaushärtbarer Aluminiumwerkstoff im Bereich von −25 °C bis +100 °C	
Ermüdungsfestigkeitsnachweise	$\sigma_{W,zd} = f_{W,\sigma} \cdot R_m$ $\tau_{W,s} = f_{W,\tau} \cdot \sigma_{W,zd}$ Werkstoffwechselfestigkeit für Zugdruck und Schub $f_{W,\sigma}$, $f_{W,\tau}$ Zugdruck- und Schubwechselfestigkeitsfaktor, siehe Tabelle 3.13.	Es wird nur zwischen Stahl- und Aluminiumwerkstoffen unterschieden. Es gelten schweißnahtspezifische Wechselfestigkeitskennwerte (siehe Arbeitsschritt 3 und 4).
	$\sigma_{W,zd,T} = K_{T,D} \cdot \sigma_{W,zd}$ und $\tau_{W,s,T} = K_{T,D} \cdot \tau_{W,s}$ mit Temperaturfaktor $K_{T,D}$ (Tabelle 3.28) Bei Temperatureinfluss wird genau wie im statischen Nachweis verfahren (siehe oben).	

Bild 3.13 Werkstoffkennwerte: Arbeitsschritt 2 gemäß Bild 3.9a und Bild 3.9b

Der Druckfestigkeitsfaktor f_σ dient zur Bestimmung der Druckfestigkeit aus der Zugfestigkeit.

Der Schubfestigkeitsfaktor f_τ dient zur Bestimmung der Schubfestigkeit aus der Zugfestigkeit. Die Konstruktionskennwerte sind für geschweißte und nicht geschweißte Bauteile sowie für jede Spannungsart einzeln und getrennt zu berechnen. Konstruktionskennwerte für die statischen Nachweise sind folgende:

- plastische Stückzahl n_{pl}: Ausschöpfung der Traglastreserve nach Überschreiten der elastischen Grenzlast (siehe Bild 3.15)
- Schweißnahtfaktor α_W zur Abminderung der Festigkeit der Schweißnaht im Vergleich zum benachbarten Werkstoff (GW bzw. WEZ)
- effektiver Entfestigungsfaktor p_W zur Erfassung der anteiligen Abminderung in der WEZ

Für die Ermüdungsfestigkeitsnachweise werden die Konstruktionsfaktoren K_{WK} berechnet, die folgende Faktoren enthalten:

- Kerbwirkungszahl K_f
- Schutzschichtfaktor K_S
- Rauheitsfaktor K_{Ro}
- Randschichtfaktor K_V
- Faktor $K_{NL,E}$ zur Berücksichtigung des nichtlinearen Spannungs-Dehnungs-Verhaltens von GJL

Art des Nachweises	Nicht geschweißte Bauteile	Geschweißte Bauteile
Statischer Festigkeitsnachweis mit Nennspannungen	$n_{pl,by} = MN\left(\sqrt{R_{p,max} / R_p};\ K_{p,by}\right)$ $n_{pl,bz} = MN\left(\sqrt{R_{p,max} / R_p};\ K_{p,bz}\right)$ $n_{pl,by} = MN\left(\sqrt{R_{p,max} / R_p};\ K_{p,bt}\right)$ $R_{p,max} = \frac{E \cdot \varepsilon_{ertr}}{K_t^2}$ für $K_t > 3$ K_t Formzahl (siehe Tabelle 3.3), $R_{p,max}$ für $K_t \leq 3$ siehe Tabelle 3.29, ε_{ertr} siehe Tabelle 3.29, $K_{p,b}$; $K_{p,t}$ siehe Erklärungen.	$n_{pl,bz}$; $n_{pl,by}$ – wie nicht geschweißt α_W – Schweißnahtfaktor, siehe Tabelle 3.11 Für entfestigende Aluminiumwerkstoffe ist in der WEZ anteilig ein Entfestigungsfaktor zu berücksichtigen (siehe DIN 4113). Wird eine Wärmebehandlung mit dem Ergebnis der ursprünglichen Festigkeit nach dem Schweißen durchgeführt, gilt: $p_W = 1$ Für alle anderen Werkstoffe gilt: $p_W = 1$
Ermüdungsfestigkeitsnachweis mit Nennspannungen	$K_{WK,...} = \left(K_{f,...} + \frac{1}{K_{R,\sigma}} - 1\right) \cdot \frac{1}{K_V} \cdot \frac{1}{K_{NL}}$ Index ...: zd, b, x, y $K_{WK,...} = \left(K_{f,...} + \frac{1}{K_{R,\tau}} - 1\right) \cdot \frac{1}{K_V}$ Index ...: s, t $K_{f,...} = \frac{K_{t,...}}{n_\sigma(r)}$; Index...: zd, x, y, $K_{f,s} = \frac{K_{t,s}}{n_\tau(r)}$ $K_{f,b} = \frac{K_{t,b}}{n_\sigma(r) \cdot n_\sigma(d)}$, $K_{f,t} = \frac{K_{t,t}}{n_\tau(r) \cdot n_\tau(d)}$ (siehe Bemessung beim Ermüdungsfestigkeitsnachweis) $K_{NL,E}$ = 1 für GJL (siehe Tabelle 3.9), K_S = 1 für alle Werkstoffe außer Aluminium mit Schutzschicht, $K_S = 1 - 0{,}27 \cdot \log(d_s)$ Aluminium mit Schutzschicht, d_s Schichtdicke in µm, K_S Schutzschichtfaktor, K_f Kerbwirkungszahl.	$FAT_{\perp...}$ Bauteilklasse Tabelle 3.14 $f_{FAT\sigma} = 0{,}37$ Umrechnungsfaktor von Bauteilklasse $f_{FAT\tau} = 0{,}23$ auf Bauteilwechselfestigkeit f_t Dickenfaktor $f_t = 1$ für $t \leq 25$ mm $f_t = \left(\frac{25\ \text{mm}}{t}\right)^n$ für $t > 25$ mm $n = 0{,}1$ – blecheben geschliffene Stumpfstöße – längsbeanspruchte Schweißnähte – Anbauteile $n = 0{,}2$ Nahtübergang geschliffen $n = 0{,}3$ alle anderen Fälle

Bild 3.14 Konstruktionskennwerte: Arbeitsschritt 3 gemäß Bild 3.9a und Bild 3.9b

3

Art des Nachweises	Nicht geschweißte Bauteile	Geschweißte Bauteile
Statischer Festigkeitsnachweis mit örtlichen Spannungen	$n_{pl} = \mathrm{MIN}\left(\sqrt{E \cdot \varepsilon_{ertr} / R_p}; K_p\right)$ $\varepsilon_{ertr} = \begin{cases} \varepsilon_{ref} \text{ für } h \leq 1/3 \\ \varepsilon_0 + 0{,}3\left(\frac{\varepsilon_{ref} - \varepsilon_0}{0{,}3}\right)^{3h} & \text{für } h > 1/3 \end{cases}$ h siehe Arbeitsschritt 1, ε_{ref} = A für duktile Werkstoffe, ε_{ref} = 0,4A für semiduktile und spröde Werkstoffe (A Bruchdehnung), K_{NL} = 1 für GJL siehe Tabelle 3.9, Graugussfaktor.	Nachweis mit Strukturspannungen $n_{pl} = \mathrm{MIN}\left(\sqrt{E \cdot \varepsilon_{ertr} / R_p \cdot pw}; K_p\right)$ ε_{ertr} – wie nicht geschweißte Bauteile
Ermüdungsfestigkeitsnachweis mit örtlichen Spannungen	$K_{WK,\sigma} = \frac{1}{n_\sigma}\left[1 + \frac{1}{\tilde{K}_f} \cdot \left(\frac{1}{K_R} - 1\right)\right] \cdot \frac{1}{K_V \cdot K_S \cdot K_{NL,E}}$ $K_{WK,\tau} = \frac{1}{n_\tau}\left[1 + \frac{1}{\tilde{K}_f} \cdot \left(\frac{1}{K_R} - 1\right)\right] \cdot \frac{1}{K_V \cdot K_S}$ n_σ, n_τ Stützzahl (siehe Bemerkungen im Text), $\tilde{K}_f$ Schätzwert der Kerbwirkungszahl (siehe Tabelle 3.18), K_R Rauheitsfaktor (siehe Bemerkungen im Text), K_V Randschichtfaktor (siehe Bemerkungen im Text), K_S = 1 für alle Werkstoffe außer Aluminium mit Schutzschicht, K_S = 1 - 0,27 · $l_g(d_s)$ für Aluminium mit Schutzschicht, d_s Schichtdicke in µm, K_S Schutzschichtfaktor, $K_{NL,E}$ Zug-Druck-Faktor (siehe Tabelle 3.9), ε_0 minimale ertragbare Gesamtdehnung (siehe Tabelle 3.29).	$FAT_{\perp...}$ Bauteilklasse Tabelle 3.14 $f_{FAT\sigma} = 0{,}37$ Umrechnungsfaktor von Bauteilklasse $f_{FAT\tau} = 0{,}23$ auf Bauteilwechselfestigkeit f_t = Dickenfaktor $f_t = 1$ für $t \leq 25$ mm $f_t = \left(\frac{25\text{ mm}}{t}\right)^n$ für $t > 25$ mm n = 0,1 – blecheben geschliffene Stumpfstöße – längsbeanspruchte Schweißnähte – Anbauteile n = 0,2 Nahtübergang geschliffen n = 0,3 alle anderen Fälle

Bild 3.14 Konstruktionskennwerte: Arbeitsschritt 3 gemäß Bild 3.9a und Bild 3.9b *(Fortsetzung)*

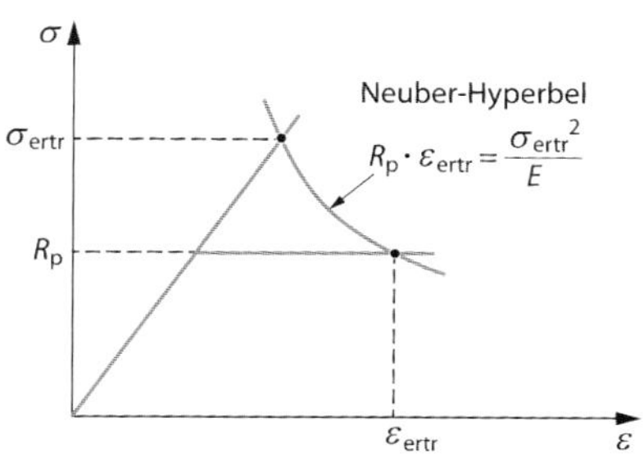

Bild 3.15
Zusammenhänge der Neuber-Hyperbel zur Bestimmung der plastischen Stützzahl

Die **plastische Stützzahl** berücksichtigt die plastische Formzahl K_p und ein Dehnungskriterium. Bei geschweißten Bauteilen ist die Berücksichtigung der plastischen Stützzahl nur im Grundwerkstoff (GW) und in der Wärmeeinflusszone (WEZ) bei durchgeschweißten und querschnittsdeckenden Nähten und nur infolge von Biegung erlaubt.

Die plastischen Stützzahlen n_{pl} sind durch die *plastischen Formzahlen* $K_{p,\sigma}$, $K_{p,\tau}$ begrenzt.

$$K_{p,\sigma}, K_{p,\tau} = \frac{\text{vollplastische Traglast}}{\text{elastische Traglast}}$$

Die elastische Traglast gilt für Fließbeginn unter der Kerbspannung am Nachweispunkt. Die vollplastische Traglast des Bauteils ist durch eine elastisch-plastische FEM-Rechnung unter Ansatz einer idealisierten elastische-idealplastischen Spannungs-Dehnungs-Kurve zu bestimmen.

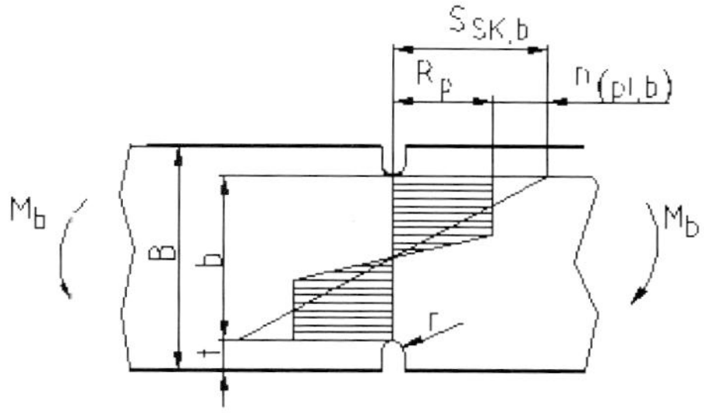

Bild 3.16
Definition der plastischen Stützzahl am Beispiel eines gekerbten Stabes

Für folgende Querschnittsformen können die plastischen Formzahlen wie folgt angesetzt werden:

Rechteck: $K_{p,b} = 1{,}5$

Kreis: $K_{p,b} = 1{,}7$; $K_{p,t} = 1{,}33$

Kreisring: $K_{p,b} = 1{,}27$; $K_{p,t} = 1$

Die *Kerbwirkungszahlen* K_f berechnen sich aus den Formzahlen entsprechend der Bauteilform (siehe Tabelle 3.3) und den Stützzahlen.

Die Stützzahlen nach *Stieler* für Normalspannung, $n_\sigma(r)$ und $n_\sigma(d)$, sind je nach bezogenem Spannungsgefälle $G_\sigma(r)$ bzw. $G_\sigma(d)$ nach folgenden Gleichungen zu berechnen:

Für $G_\sigma \leq 0{,}1\ \text{mm}^{-1}$ gilt: $$n_\sigma = 1 + G_\sigma \cdot \text{mm} \cdot 10^{-\left(a_G - 0{,}5 + \frac{R_m}{b_G \cdot \text{MPa}}\right)}$$

Für $0{,}1\ \text{mm}^{-1} < G_\sigma \leq 1\ \text{mm}^{-1}$ gilt: $$n_\sigma = 1 + \sqrt{G_\sigma \cdot \text{mm}} \cdot 10^{-\left(a_G + \frac{R_m}{b_G \cdot \text{MPa}}\right)}$$

Für $1\ \text{mm}^{-1} < G_\sigma \leq 100\ \text{mm}^{-1}$ gilt: $$n_\sigma = 1 + \sqrt[4]{G_\sigma \cdot \text{mm}} \cdot 10^{-\left(a_G + \frac{R_m}{b_G \cdot \text{MPa}}\right)}$$

a_G und b_G sind Tabelle 3.20 zu entnehmen.

Das bezogene Spannungsgefälle infolge der Konstruktion, $G_\sigma(r)$ und $G_\tau(r)$, ist nach Tabelle 3.21 zu bestimmen.

Im Falle von Bauteilformen, die nach Tabelle 3.21 nicht einordenbar sind, ist das bezogene Spannungsgefälle (siehe Bild 3.17) senkrecht zur Spannungsrichtung wie folgt zu bestimmen:

$$\bar{G}_\sigma = \frac{1}{\sigma_{1a}} \cdot \frac{\Delta\sigma_a}{\Delta s} = \frac{1}{\Delta s} \cdot \left(1 - \frac{\sigma_{2a}}{\sigma_{1a}}\right)$$

$$\bar{G}_\tau = \frac{1}{\tau_{1a}} \cdot \frac{\Delta\tau_a}{\Delta s} = \frac{1}{\Delta s} \cdot \left(1 - \frac{\tau_{2a}}{\tau_{1a}}\right)$$

3

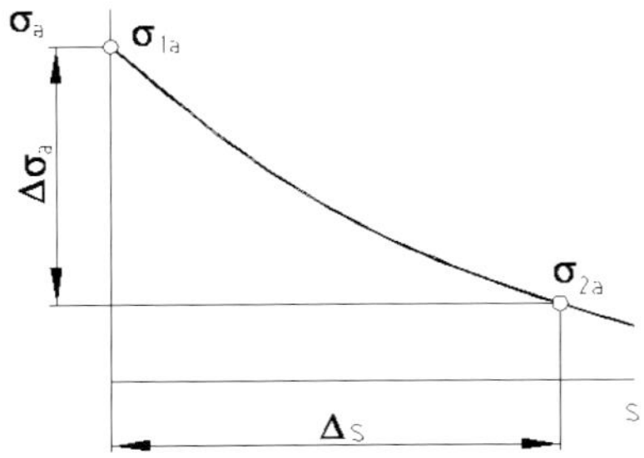

Bild 3.17
Bezogenes Spannungsgefälle

Das bezogene lokale Spannungsgefälle infolge der Belastung (Biegung, Torsion) $G_\sigma(d)$ und $G_\tau(d)$ ist je nach Abmessung d

$$\bar{G}_\sigma(d) = \bar{G}_\tau(d) = \frac{2}{d}$$

Das Gesamt-Spannungsgefälle berechnet sich aus

$$G_\sigma = G_\sigma(d) + G_\sigma(r) \text{ bzw. } G_\tau = G_\tau(d) + G_\tau(r)$$

Die **Stützzahlen** für Schubspannung $n_\tau(r)$ und $n_\tau(d)$ werden mit den gleichen Gleichungen berechnet, wobei R_m zusätzlich mit dem Schubwechselfestigkeitsfaktor $f_{W,s}$ zu multiplizieren ist. Der **Rauheitsfaktor** $K_{R,\sigma}$ bzw. $K_{R,\tau}$ berücksichtigt den Einfluss der Oberflächenrauheit auf die Ermüdungsfestigkeit des Bauteils. Für polierte Bauteile gilt der Rauheitsfaktor

$$K_{R,\sigma} = K_{R,\tau} = 1$$

Für Walzhaut, Schmiedehaut und Gusshaut gilt die mittlere Rauheit R_z = 200 µm. Der Rauheitsfaktor für Normalspannung, und für Schubspannung ist

$$K_{R,\sigma} = 1 - a_{R,\sigma} \cdot \lg\left(\frac{R_z}{\mu m}\right) \cdot \lg\left(\frac{2R_m}{R_{m,N,min}}\right)$$

$$K_{R,\tau} = 1 - f_{W,\tau} \cdot a_{R,\sigma} \cdot \lg\left(\frac{R_z}{\mu m}\right) \cdot \lg\left(\frac{2R_m}{R_{m,N,min}}\right)$$

mit $R_{m,N,min}$ und a_{Rs} entsprechend Tabelle 3.22.

Mit dem **Randschichtfaktor** K_v kann der Einfluss einer Randschicht auf die Ermüdungsfestigkeit des Bauteils berücksichtigt werden. Ohne Randschichtverfestigung ist K_v = 1 zu setzen. Verfahren zur Randschichtverfestigung sind Härten, Nitrieren, Kugelstrahlen und Walzen. Für diese Verfahren liegt der K_v-Faktor bei 1,1 und größer, wobei nur Bereiche angegeben werden und der Anwender selbst wählen muss.

Der **Dickenfaktor** f_t hat einen Einfluss auf die Berechnung der Ermüdungsfestigkeit bei den Nennspannungen von querbelasteten Schweißnähten.

Der Dickenfaktor ist ohne Einfluss, d. h. f_t = 1,

- wenn keine Schweißnaht vorliegt,
- wenn keine querbelastete Schweißnaht vorliegt bzw. für die Blechdicke $t \leq 25$ mm gilt.

Durch die **Bauteilklasse** FAT wird der Formeinfluss des Bauteils und der Schweißnaht berücksichtigt. Bei den Bauteilklassen wird zwischen Nennspannungs- und Strukturspannungsnachweis unterschieden. Eine umfangreiche Darstellung zu den Bauteilklassen ist bei *Hobbacher* und in der FKM-Richtlinie zu finden. In Tabelle 3.14 ist ein Auszug hieraus zu wesentlichen Fällen zu finden.

Der **Mittelspannungsfaktor** $K_{AK,zd}$ ist vom Überlastungsfall abhängig.

Es werden vier Überlastungsfälle F_1 bis F_4 unterschieden:

- F_1 - konstante Mittelspannung S_m
- F_2 - konstantes Spannungsverhältnis R
- F_3 - konstante Minimalspannung S_{min}
- F_4 - konstante Maximalspannung S_{max}

Der Überlastfall F_2 ist für die meisten Anwendungen der am besten geeignete. Um den richtigen Überlastfall zu wählen, ist zu überlegen, welche Bedingung F_1, F_2, F_3 oder F_4 bei einer allgemeinen Überlastung erfüllt ist.

Die **Spannungswerte** $S_{m,zd}$, $S_{min,zd}$ und $S_{max,zd}$ ergeben sich gemäß Bild 3.12. Bei gemischten Spannungswerten ist eine Vergleichsspannung in Analogie zu Arbeitsschritt 6 (statischer Nachweis) zu berechnen.

Der **Eigenspannungsfaktor** $K_{E,\sigma}$ bzw. $K_{E,\tau}$ ist für nicht geschweißte Bauteile gleich 1 und für geschweißte Bauteile entsprechend Tabelle 3.16 zu setzen.

Die **Mittelspannungsempfindlichkeit** M_σ bzw. M_τ berechnet sich für nicht geschweißte Verbindungen gemäß folgender Gleichung. Für geschweißte Verbindungen ist sie Tabelle 3.16 zu entnehmen.

$$M_\sigma = \frac{a_M \cdot 10^{-3} \cdot R_m}{\text{MPa}} + b_M$$

mit $M_\tau = f_{W,\tau} \cdot M_\sigma$, und a_M und b_M gemäß Tabelle 3.23.

Art des Nachweises	Nicht geschweißte Bauteile	Geschweißte Bauteile
Statischer Festigkeitsnachweis mit Nennspannung	$S_{SK,zd} = f_\sigma \cdot R_p$ $S_{SK,by} = f_\sigma \cdot R_p \cdot n_{pl,by}$ $S_{SK,bz} = f_\sigma \cdot R_p \cdot n_{pl,bz}$ $T_{SK,sy} = f_\tau \cdot R_p$ $T_{SK,sz} = f_\tau \cdot R_p$ $T_{SK,t} = f_\tau \cdot R_p \cdot n_{pl,t}$ f_σ Druckfestigkeitsfaktor (Tabelle 3.27), f_τ Schubfestigkeitsfaktor (Tabelle 3.27), R_p Fließgrenze (Arbeitsschritt 2), $n_{pl,...}$ plastische Stützzahlen (Arbeitsschritt 3).	Für Grundwerkstoff (GW) und Wärmeeinflusszonen (WEZ) für alle Werkstoffe außer entfestigende Aluminiumwerkstoffe gilt: $S_{SK,zd} = f_\sigma \cdot R_p$ $S_{SK,by} = f_\sigma \cdot R_p \cdot n_{pl,by}$ $S_{SK,bz} = f_\sigma \cdot R_p \cdot n_{pl,bz}$ $T_{SK,sy} = f_\tau \cdot R_p$ $T_{SK,sz} = f_\tau \cdot R_p$ $T_{SK,t} = f_\tau \cdot R_p$

Bild 3.18 Bauteilfestigkeit: Arbeitsschritt 4 gemäß Bild 3.9a; Bauteilwechselfestigkeit, Bauteil-Dauerfestigkeit mit Mittelspannung und Bauteilbetriebsfestigkeit: Arbeitsschritte 4, 5 und 6 gemäß Bild 3.9b

3

Art des Nachweises	Nicht geschweißte Bauteile	Geschweißte Bauteile
		In der Schweißnaht (SN) gilt für diese Werkstoffe: $S_{SK,\perp zd} = f_\sigma \cdot R_p \cdot \alpha_W$ $S_{SK,\perp by} = f_\sigma \cdot R_p \cdot \alpha_W \cdot n_{pl,by}$ $S_{SK,\perp bz} = f_\sigma \cdot R_p \cdot \alpha_W \cdot n_{pl,bz}$ $T_{SK\|} = R_p \cdot \alpha_W$ α_W Schweißnahtfaktor (Arbeitsschritt 3), f_σ Druckfestigkeitsfaktor (Tabelle 3.27), f_τ Schubfestigkeitsfaktor (Tabelle 3.27), R_p Fließgrenze (Arbeitsschritt 2), $n_{pl,...}$ plastische Stützzahlen (Arbeitsschritt 3).
Ermüdungsfestigkeitsnachweis mit Nennspannung	Bauteilwechselfestigkeit $S_{WK,...} = \sigma_{W,zd} / K_{WK,...}$ Index: zd, by, bz $T_{WK,...} = \tau_{W,s} / K_{WK,...}$ Index: sy, sz, t σ_W, τ_W Werkstoffwechselfestigkeit (Arbeitsschritt 2), $K_{WK...}$ Konstruktionsfaktor (Arbeitsschritt 3).	Bauteilwechselfestigkeit $S_{WK,\|\|} = FAT_{\|\|} \cdot f_{FAT,\sigma} \cdot f_t \cdot K_V \cdot K_{NL,E}$ $S_{WK,\perp} = FAT_\perp \cdot f_{FAT,\sigma} \cdot f_t \cdot K_V \cdot K_{NL,E}$ $T_{WK} = FAT_\tau \cdot f_{FAT,\tau} \cdot f_t \cdot K_V$ FAT..., $f_{FAT...}$, f_t, Arbeitsschritt 3 K_V Randschichtfaktor (siehe Bemerkungen im Text), $K_{NL,E}$ Zug-/Druckfaktor (siehe Tabelle 3.9 für Gusseisen; für alle anderen Materialien $K_{NL,E} = 1$).
	Bauteildauerfestigkeit je nach Mittelspannung $S_{AK,...} = K_{AK,...} \cdot S_{WK,...}$ Index: zd, by, bz $T_{AK,...} = K_{AK,...} \cdot T_{WK,...}$ Index: sy, sz, t $K_{AK,...}$ Mittelspannungsfaktor (siehe Bemerkungen im Text, Tabelle 3.26).	Bauteildauerfestigkeit je nach Mittelspannung $S_{AK,\perp} = K_{AK,\perp} \cdot K_{E,\sigma} \cdot S_{WK,\perp}$ $S_{AK,\|\|} = K_{AK,\|\|} \cdot K_{E,\sigma} \cdot S_{WK,\|\|}$ $T_{AK} = K_{AK,\tau} \cdot K_{E,\tau} \cdot T_{WK}$ $K_{E,...}$ Eigenspannungsfaktor (Tabelle 3.16).
	Bauteilbetriebsfestigkeit $S_{BK,...} = K_{BK,...} \cdot S_{AK,...}$ Index: zd, by, bz $T_{BK,...} = K_{BK,...} \cdot T_{AK,...}$ Index: sy, sz, t $K_{BK,...}$ Betriebsfestigkeitsfaktor $S_{BK,max,zd} = 0{,}75 \cdot R_p$ $S_{BK,max,by} = 0{,}75 \cdot R_p \cdot n_{pl,by}$ $S_{BK,max,bz} = 0{,}75 \cdot R_p \cdot n_{pl,bz}$ $T_{BK,max,bz} = 0{,}75 \cdot f_\tau \cdot R_p$ $T_{BK,max,t} = 0{,}75 \cdot f_\tau \cdot R_p \cdot n_{pl,t}$	Bauteilbetriebsfestigkeit $S_{BK,\perp} = K_{BK,\perp} \cdot S_{AK,\perp}$ $S_{BK,\|\|} = K_{BK,\|\|} \cdot S_{AK,\|\|}$ $T_{BK} = K_{BK,\tau} \cdot T_{AK}$ K_{BK} Betriebsfestigkeitsfaktor (siehe nicht geschweißte Bauteile) $S_{BK,max,\perp} = 0{,}75 \cdot R_p \cdot n_{pl} \cdot \alpha_W \cdot p_{WEZ}$ $S_{BK,max,\|\|} = 0{,}75 \cdot R_p \cdot n_{pl} \cdot \alpha_W \cdot p_{WEZ}$ $T_{BK,max} = 0{,}75 \cdot R_p \cdot \alpha_W \cdot p_{WEZ}$

Bild 3.18 Bauteilfestigkeit: Arbeitsschritt 4 gemäß Bild 3.9a; Bauteilwechselfestigkeit, Bauteil-Dauerfestigkeit mit Mittelspannung und Bauteilbetriebsfestigkeit: Arbeitsschritte 4, 5 und 6 gemäß Bild 3.9b *(Fortsetzung)*

3

Art des Nachweises	Nicht geschweißte Bauteile	Geschweißte Bauteile
	Falls die entsprechenden Werte größer sind, ist mit den Maximalwerten weiterzurechnen. $K_{BK} = \left(\frac{A_{ele} \cdot N_D \cdot D_m}{\overline{N}}\right)^{\frac{1}{k}}$ $\overline{N}$ geforderte Zyklenzahl, N_D Knickpunktzahl der Bauteil-Wöhlerlinie (Tabelle 3.17), A_{ele} Abstand zwischen Lebensdauer- und Wöhlerlinie, D_m effektive Miner-Summe. $D_m = \frac{2}{\sqrt[4]{A_{ele}}}, D_{m,max} = 1$ $D_{m,min}$ = 0,3 (Stahl, GS, Alu), $D_{m,min}$ = 1 (GJS, GJM, GJL). $A_{ele} = \frac{1}{\sum_{i=1}^{j} \frac{n_i}{\overline{N}} \cdot \left(\frac{S_{a,i}}{S_{a,1}}\right)^2}$ n_i Zyklen im i-ten Bereich, k Neigungsexponent der Bauteil-Wöhlerlinie (siehe auch Tabelle 3.17).	
Statischer Festigkeitsnachweis mit örtlichen Spannungen	$\sigma_{SK} = R_p \cdot n_{pl}$ R_p Fließgrenze (Arbeitsschritt 2), n_{pl} plastische Stützzahlen (Arbeitsschritt 3), σ_{SK} statische Bauteilfestigkeit.	Für Grundwerkstoff (GW) und Wärmeeinflusszone (WEZ) für alle Werkstoffe außer für entfestigende Aluminiumwerkstoffe gilt: $\sigma_{SK} = R_p \cdot n_{pl}$ In der Schweißnaht gilt für diese Werkstoffe: $\sigma_{SK,W} = R_p \cdot \alpha_W \cdot n_{pl}$ R_p Fließgrenze (Arbeitsschritt 2), n_{pl} plastische Stützzahlen (Arbeitsschritt 3), α_W Schweißnahtfaktor (siehe Tabelle 3.11).
Ermüdungsfestigkeitsnachweis mit örtlichen Spannungen	Bauteilwechselfestigkeit $\sigma_{WK} = \sigma_{W,zd} / K_{WK}$ $\tau_{WK} = \tau_{W,s} / K_{WK}$ $\sigma_{W,zd}$, $\tau_{W,s}$ Werkstoffwechselfestigkeit (Arbeitsschritt 2), K_{WK} Konstruktionsfaktor (Arbeitsschritt 3).	Bauteilwechselfestigkeit $\sigma_{WK,\parallel} = FAT_{\parallel} \cdot f_{FAT,\sigma} \cdot f_t \cdot K_V \cdot K_{NL,E}$ $\sigma_{WK,\perp} = FAT_{\perp} \cdot f_{FAT,\sigma} \cdot f_t \cdot K_V \cdot K_{NL,E}$ $\tau_{WK} = FAT_{\tau} \cdot f_{FAT,\tau} \cdot f_t \cdot K_V$ FAT…, $\cdot f_{FAT...}, f_t$, Arbeitsschritt 3 K_V Randschichtfaktor (siehe Bemerkungen im Text), $K_{NL,E}$ Zug-/Druckfaktor (siehe Tabelle 3.9).

Bild 3.18 Bauteilfestigkeit: Arbeitsschritt 4 gemäß Bild 3.9a; Bauteilwechselfestigkeit, Bauteil-Dauerfestigkeit mit Mittelspannung und Bauteilbetriebsfestigkeit: Arbeitsschritte 4, 5 und 6 gemäß Bild 3.9b *(Fortsetzung)*

Art des Nachweises	Nicht geschweißte Bauteile	Geschweißte Bauteile
Ermüdungsfestigkeitsnachweis mit örtlichen Spannungen	Bauteildauerfestigkeit je nach Mittelspannung $\sigma_{AK} = K_{AK,\sigma} \cdot \sigma_{WK}$ $\tau_{AK} = K_{AK,\tau} \cdot \tau_{WK}$ K_{AK} Mittelspannungsfaktor (siehe Bemerkung im Text, Tabelle 3.26).	Bauteildauerfestigkeit je nach Mittelspannung $\sigma_{AK,\perp} = K_{AK,\perp} \cdot K_{E,\sigma} \cdot \sigma_{WK,\perp}$ $\sigma_{AK,\parallel} = K_{AK,\parallel} \cdot K_{E,\sigma} \cdot \sigma_{WK,\parallel}$ $\tau_{AK} = K_{AK,\tau} \cdot K_{E,\tau} \cdot \tau_{WK}$ τ_{AK} Mittelspannungsfaktor (siehe Bemerkungen im Text, Tabelle 3.26), $K_{E,...}$ Eigenspannungsfaktor (Tabelle 3.30).
	Bauteilbetriebsfestigkeit $\sigma_{BK} = K_{BK,\sigma} \cdot \sigma_{AK}$ $\tau_{BK} = K_{BK,\tau} \cdot \tau_{AK}$ $K_{BK,...}$ Betriebsfestigkeitsfaktor $\sigma_{BK,max} = 0{,}75 \cdot R_p \cdot n_{pl}$ $\tau_{BK,max} = 0{,}75 \cdot f_\tau \cdot R_p \cdot n_{pl}$ Falls die entsprechenden Werte größer sind, ist mit den Maximalwerten weiterzurechnen.	Bauteilbetriebsfestigkeit $\sigma_{BK,\perp} = K_{BK,\perp} \cdot \sigma_{AK,\perp}$ $\sigma_{BK,\parallel} = K_{BK,\parallel} \cdot \sigma_{AK,\parallel}$ $\tau_{BK} = K_{BK,\tau} \cdot \tau_{AK}$ K_{BK} Betriebsfestigkeitsfaktor $\sigma_{BK,max\perp} = 0{,}75 \cdot R_p \cdot n_{pl} \cdot \alpha_W \cdot p_{WEZ}$ $\sigma_{BK,max\parallel} = 0{,}75 \cdot R_p \cdot n_{pl} \cdot \alpha_W \cdot p_{WEZ}$ $\tau_{BK,max} = 0{,}75 \cdot R_p \cdot \alpha_W \cdot p_{WEZ}$

Bild 3.18 Bauteilfestigkeit: Arbeitsschritt 4 gemäß Bild 3.9a; Bauteilwechselfestigkeit, Bauteil-Dauerfestigkeit mit Mittelspannung und Bauteilbetriebsfestigkeit: Arbeitsschritte 4, 5 und 6 gemäß Bild 3.9b *(Fortsetzung)*

	Geschweißte und nicht geschweißte Bauteile
Statischer Festigkeitsnachweis mit Nennspannungen	$j_{ges} = j_s \cdot j_z \cdot \mathrm{MAX}\left(\frac{j_m}{K_{T,m}} \cdot \frac{R_p}{R_m}; \frac{j_p}{K_{Tp}}; \frac{j_{mt}}{K_{Tt,m}} \cdot \frac{R_p}{R_m}; \frac{j_{pt}}{K_{Tt,p}}\right)$ j_s Lastfaktor; $j_s = 1$, wenn die Last ausreichend sicher angenommen wurde j_p Nachweis gegen Fließen bei normalen und kurzzeitigen hohen Temperaturen gegen die Fließgrenze R_p Bei $R_p/R_m > 0; 75$ entfällt dieser Anteil. j_z zusätzlicher Sicherheitsfaktor für Gussteile und geschweißte Bauteile (siehe Tabelle 3.31) j_m Nachweis gegen Bruch bei normalen und kurzzeitig höheren Temperaturen gegen Zugfestigkeit R_m oder Wärmefestigkeit R_{mt} (siehe Tabelle 3.12) Bei $R_p/R_m \leq 0{,}75$ entfällt dieser Anteil. j_{mt} Nachweis gegen Bruch bei lange wirkenden hohen Temperaturen gegen Zeitstandfestigkeit $R_{m,Tt}$ (siehe Tabelle 3.12) Bei $R_p/R_m \leq 0{,}75$ und normalen Temperaturen entfällt dieser Anteil. j_{pt} Nachweis gegen Fließen bei lange wirkenden hohen Temperaturen gegen Zeitdehngrenze $R_{p,Tt}$ Bei $R_p/R_m > 0{,}75$ und normalen Temperaturen entfällt dieser Anteil.
Ermüdungsfestigkeitsnachweis mit Nennspannungen und Ermüdungsfestigkeitsnachweis mit örtlichen Spannungen	$j_D = j_s \cdot \frac{j_F \cdot j_G}{K_{T,D}}$ $K_{T,D}$ Temperaturfaktor (siehe Tabelle 3.28), j_s Lastfaktor $j = 1$, wenn die Last ausreichend sicher angenommen wurde, j_G Gussfaktor (zerstörungsfrei geprüfte Gussstücke $j_G = 1; 4$, alle anderen Materialien $j_G = 1$), j_F Materialsicherheitsfaktor (siehe Tabelle 3.30).

Bild 3.19 Sicherheitsfaktoren: Arbeitsschritt 5 bzw. 7 gemäß Bild 3.9

	Geschweißte und nicht geschweißte Bauteile
Statischer Festigkeitsnachweis mit örtlichen Spannungen	$j_{ges} = j_s \left[j_z \cdot \mathrm{MAX}\left(\frac{j_m}{K_{T,m}} \cdot \frac{R_p}{R_m}; \frac{j_p}{K_{T,p}}; \frac{j_{mt}}{K_{Tt,m}} \cdot \frac{R_p}{R_m}, \frac{j_{pt}}{K_{Tt,p}} \right) + \Delta j \right]$ Δj Summand für nicht duktile Gussbauteile mit Bruchdehnung $A < 6\%$, $\Delta j = 0{,}5 - \sqrt{A / 24\%}$, alle anderen Faktoren (siehe statischer Festigkeitsnachweis mit Nennspannungen).

Bild 3.19 Sicherheitsfaktoren: Arbeitsschritt 5 bzw. 7 gemäß Bild 3.9 *(Fortsetzung)*

Diese Sicherheitswerte gelten für hohe Schadensfolgen und hohe Wahrscheinlichkeit des Auftretens der Spannungskombination. Folgende Abminderungen sind möglich (auch beide gleichzeitig):

- geringe Wahrscheinlichkeit des Auftretens der Spannungskombination 10 %
- geringe Schadensfolgen 15 %

	Geschweißte und nicht geschweißte Bauteile
Statischer Festigkeitsnachweis mit Nennspannungen	Auslastungsgrad für jede Spannungsart einzeln ermitteln. Bei unterschiedlicher Zug-/Druckfestigkeit ist ein Maximal- und ein Minimalspannungsnachweis erforderlich, ansonsten betragsmäßig mit dem größten Spannungswert rechnen. Für nicht geschweißte Bauteile sowie GW und WEZ: $a_{SK,...} = \left[\frac{S...}{S_{SK,...} / j_{ges}} \right] \leq 1$, Index zd, by, bz; $a_{sk...} = \left[\frac{T...}{T_{SK,...} / j_{ges}} \right] \leq 1$, Index sy, sz, t mit dem Vergleichsauslastungsgrad $a_{SK,Sv} = q \cdot a_{NH} + (1-q) \cdot a_{GH} < 1$ $q = \frac{\sqrt{3} - (1/f_T)}{\sqrt{3} - 1}$ $a_{NH} = \frac{1}{2} - \lvert s \rvert + \sqrt{s^2 + 4t^2}; \quad a_{GH} = \sqrt{s^2 + t^2}$ mit $s = a_{SK,zd} + a_{SK,by} + a_{SK,bz}$ (Vorzeichen beachten) $t = a_{SK,sy} + a_{SK,sz} + a_{SK,bz,t}$ (dünnwandige Profile) $t = \sqrt{a^2_{SK,sy}, a^2_{SK,sz}}, + a_{SK,bz,t}$ (prismatische Querschnitte) Für die Schweißnaht (SN) gilt: $a_{SK\perp zd} = \frac{S_{\perp zd}}{S_{SK\perp zd} / \underbrace{j_{ges}}_{t = a_{SK\parallel}}} \leq 1 \quad s = a_{SK\perp zd} + a_{SK\perp by} + a_{SK\perp bz}$

Bild 3.20 Nachweise mit Auslastungsgraden: Arbeitsschritt 6 bzw. 8 gemäß Bild 3.9 Ablauf des Festigkeitsnachweises nach der FKM-Richtlinie [3.17]9. *s* und *t* entsprechen den Auslastungsgraden der einzelnen Spannungsarten. Es muss zwischen Normal- und Tangentialspannungen unterschieden werden.

3

	Geschweißte und nicht geschweißte Bauteile
	$a_{SK\perp by} = \frac{S_{\perp by}}{S_{SK\perp by} / j_{ges}} \leq 1 \quad a_{SK,SN} = \sqrt{s^2 + t^2} \leq 1$ $a_{SK\perp bz} = \frac{S_{\perp bz}}{S_{SK\perp bz} / j_{ges}} \leq 1$ $a_{SK\parallel} = \frac{T_{\parallel}}{T_{SK\parallel} / j_{ges}} \leq 1$
Ermüdungsfestigkeits-nachweis mit Nennspannungen	Auslastungsgrad für jede Spannungsart einzeln ermitteln. Für nicht geschweißte Bauteile: $a_{BK,...} = \left[\frac{S_{a...,1}}{S_{BK,...} / j_D}\right] \leq 1$, Index zd, by, bz; $a_{BK...} = \left[\frac{T_{a,...,1}}{T_{BK,...} / j_D}\right] \leq 1$, Index sy, sz, t mit dem Vergleichsauslastungsgrad $a_{BK,Sv} = q \cdot a_{NH} + (1-q) \cdot a_{GH} < 1$ $q = \frac{\sqrt{3} - (1 / f_{W,\tau})}{\sqrt{3} - 1}$ $a_{NH} = \frac{1}{2} - \lvert s \rvert + \sqrt{s^2 + 4t^2}; \qquad a_{GH} = \sqrt{s^2 + t^2}$ mit $s = a_{BK,zd} + a_{BK,by} + a_{BK,bz}$ (Vorzeichen beachtzen) $t = a_{BK,sy} + a_{BK,sz} + a_{BK,bz,t}$ (dünnwandige Profile) $t = \sqrt{a_{BK,sy}^2, a_{BK,sz}^2,} + a_{BK,bz,t}$ (prismatische Querschnitte)
Ermüdungsfestigkeits-nachweis mit Nennspannungen	Für geschweißte Bauteile gilt: $a_{BK\perp zd} = \frac{S_{\perp zd}}{S_{SK\perp zd} / j_{ges}} \leq 1 \quad a_{BK\perp bz} = \frac{S_{\perp bz}}{S_{SK\perp bz} / j_{ges}} \leq 1$ $a_{BK\perp by} = \frac{S_{\perp by}}{S_{SK\perp by} / j_{ges}} \leq 1 \quad a_{BK\parallel} = \frac{T_{\parallel}}{T_{SK\parallel} / j_{ges}} \leq 1$ mit $s_{a,\perp} = a_{BK,\perp}, s_{a,\parallel} = a_{BK,\parallel}, ta = a_{BK,\tau}^2$ $a_{BK,SV} = \frac{1}{2} \cdot \left(\lvert s_{a,\perp} + s_{a,\parallel} \rvert + \sqrt{(s_{a,\perp} - s_{a,\parallel})^2 + 4 \cdot ta} \right) \leq 1$ für zusammengesetzte Spannungen

Bild 3.20 Nachweise mit Auslastungsgraden: Arbeitsschritt 6 bzw. 8 gemäß Bild 3.9 Ablauf des Festigkeitsnachweises nach der FKM-Richtlinie [3.17]9. *s* und *t* entsprechen den Auslastungsgraden der einzelnen Spannungsarten. Es muss zwischen Normal- und Tangentialspannungen unterschieden werden. *(Fortsetzung)*

3

	Geschweißte und nicht geschweißte Bauteile
Statischer Festigkeitsnachweis mit örtlichen Spannungen	Für nicht geschweißte Bauteile sowie GW und WEZ: $a_{SK} = \frac{\sigma_V}{\sigma_{SK} / j_{ges}}$ (Mehrachsigkeit, h < 1,333 prüfen, siehe Arbeitsschritt 1, wenn das nicht erfüllt ist, sind weitere Nachweise erforderlich, siehe FKM-Richtlinie) σ_V Vergleichsspannung im Nachweispunkt (Arbeitsschritt 1), σ_{SK} statische Bauteilfestigkeit (Arbeitsschritt 5), j_{ges} Gesamtsicherheitsfaktor. Für die Schweißnaht (SN): $a_{SK,W} = \frac{\sigma_{VW}}{\sigma_{SK,W} / j_{ges}}$
Ermüdungsfestigkeitsnachweis mit örtlichen Spannungen	Die zyklischen Auslastungsgrade sind bei nicht geschweißten Bauteilen für alle Spannungskomponenten zu berechnen: $a_{BK,\sigma} = \frac{\sigma_{a,1}}{\sigma_{BK} / j_D} \leq 1$ $a_{BK,\tau} = \frac{\tau_{a,1}}{\tau_{BK} / j_D} \leq 1$ mit dem Vergleichsauslastungsgrad $a_{BK,Sv} = q \cdot a_{NH} + (1-q) \cdot a_{GH} < 1$ $q = \frac{\sqrt{3} - (1/f_\tau)}{\sqrt{3} - 1}$ $a_{NH} = \text{MAX}\left(\left\|a_{BK,\sigma 1}\right\|, \left\|a_{BK,\sigma 2}\right\|, \left\|a_{BK,\sigma 3}\right\|\right)$ $a_{GH} = \sqrt{\frac{1}{2}\left(a_{BK,\sigma 1} - a_{BK,\sigma 2}\right)^2 + \left(a_{BK,\sigma 2} - a_{BK,\sigma 3}\right)^2 + \left(a_{BK,\sigma 3} - a_{BK,\sigma 1}\right)^2}$ Die zyklischen Auslastungsgrade für geschweißte Bauteile ergeben sich aus $a_{BK\perp} = \frac{\sigma_{a\perp,1}}{\sigma_{BK,\perp} / j_D} \leq 1$; $a_{BK\|} = \frac{\sigma_{a\|,1}}{\sigma_{BK,\perp} / j_D} \leq 1$; $a_{BK\tau} = \frac{\tau_{a,1}}{\tau_{BK,\tau} / j_D} \leq 1$ mit $a_{BK\sigma V} = \frac{1}{2} \cdot \left(\left\| a_{BK,\perp} + a_{BK,\|} \right\| + \sqrt{\left(a_{BK,\perp} - a_{BK,\|}\right)^2 + 4 \cdot a_{BK,\tau}^2} \right) \leq 1$ für zusammengesetzte Spannungen

Bild 3.20 Nachweise mit Auslastungsgraden: Arbeitsschritt 6 bzw. 8 gemäßBild 3.9 Ablauf des Festigkeitsnachweises nach der FKM-Richtlinie [3.17]9. *s* und *t* entsprechen den Auslastungsgraden der einzelnen Spannungsarten. Es muss zwischen Normal- und Tangentialspannungen unterschieden werden. *(Fortsetzung)*

Nachweis mit Auslastungsgraden

Die Nachweise für jede einzelne Spannungsart und für jede zusammengesetzte Spannungsart sind getrennt durchzuführen.

Es ist zwischen den extremen Minimal- und Maximalspannungen bei Zug und Druck bzw. bei Biegung und Biegedruck zu unterscheiden. Es ist immer die betragsmäßig höhere Spannung maßgeblich.

Eine Ausnahme hiervon ist bei Werkstoffen mit unterschiedlicher statischer Zug-/Druckfestigkeit, wie z. B. bei Eisengusswerkstoff, und bei unsymmetrischem Querschnitt zu machen. Der Nachweis erfolgt über die *statischen Auslastungsgrade*. Der **Auslastungsgrad** wird als Quotient aus der vorhandenen externen Spannung und der statisch zulässigen Spannung im Nachweispunkt definiert. Die **statisch zulässige Spannung** wird als der Quotient aus der statisch ertragbaren Spannung und dem erforderlichen Gesamtsicherheitsfaktor definiert. Der statische Auslastungsgrad ist immer positiv.

Für die Auswertung von zusammengesetzten Spannungsarten wird eine *Festigkeitshypothese* verwendet. Diese Festigkeitshypothese setzt sich aus einem Anteil der Normalspannungshypothese und einem Anteil der Gestaltänderungsenergiehypothese zusammen. Beide Anteile werden in Abhängigkeit von der Duktilität des Werkstoffs durch die Konstante q, welche vom Schubfestigkeitsfaktor abhängig ist, getrennt. Für Stahl und Aluminiumknetlegierung ist $q = 0$, sodass die Gestaltänderungsenergiehypothese gilt.

Es gelten folgende **Vorzeichenregeln**: Wenn die einzelnen Spannungsarten im Nachweispunkt gleichsinnig wirken und aus einer einzigen auf das Bauteil wirkenden Belastung stammen, sind die Auslastungsgrade mit gleichen positiven Vorzeichen in der Gleichung einzusetzen. Wenn sie immer gegensinnig wirken, sind sie mit unterschiedlichem Vorzeichen (Subtraktion) in die Gleichung einzusetzen.

4 Schmelzschweißverbindungen

Berechnung der Spannungen in Schweißnähten

Zug- oder Druckbeanspruchung:

$$\textit{Normalspannung} \quad \sigma_w = \frac{F}{A_w} = \frac{F}{\Sigma(a \cdot l)} \tag{4.1}$$

σ_w in N/mm² Zug- oder Druckspannung in der Schweißnaht quer zur Nahtrichtung,
F in N Schnittkraft = Belastungskraft,
A_w in mm² Schweißnahtfläche = $\Sigma(a \cdot l)$.

Schubbeanspruchung:

$$\textit{Schubspannung} \quad \tau_w = \frac{F}{A_w} = \frac{F}{\Sigma(a \cdot l)} \tag{4.2}$$

τ_w in N/mm² Schubspannung in der Schweißnaht,
F in N Schnittkraft = Belastungskraft,
A_w in mm² Schweißnahtfläche = $\Sigma(a \cdot l)$.

Schweißnahtfläche A_w

- nach Bild 4.1a: = $a \cdot l$
- nach Bild 4.1b: = $2a(l_1 + l_2)$
- nach Bild 4.1c: = $a(d + a) \cdot \pi$
- nach Bild 4.1d: = $a(2l_1 + l_2)$

Bei Kehlnähten ist als Nahtlänge l die Wurzellänge maßgebend.

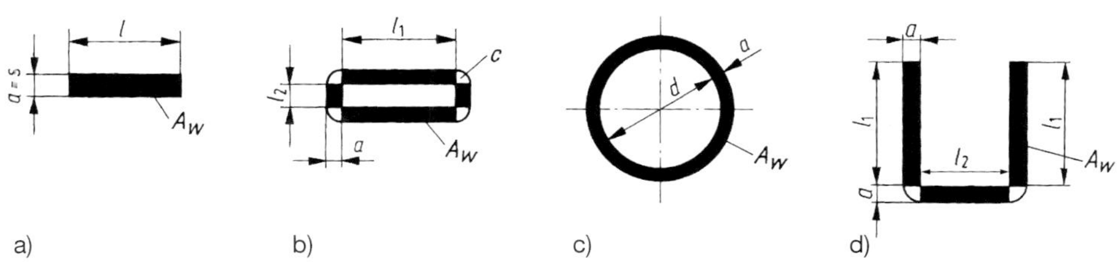

Bild 4.1 Beispiele für Schweißnahtflächen (Kehlnahtflächen in die Anschlußebene geklappt)
a) Stumpfnaht, b) um Flachstab umlaufende Kehlnaht, c) um Rundstab oder Rohr umlaufende Kehlnaht, d) schubbeanspruchte Flankenkehlnähte (Länge l_1) mit Stirnkehlnaht (Länge l_2)

Biegebeanspruchung:

$$\textit{Biegespannung} \quad \sigma_{wb} = \frac{M_{wb}}{I_w} e_w \tag{4.3}$$

σ_{wb} in N/mm² Biegezug- oder Biegedruckspannung in der Schweißnaht im Abstand e_w von der Schwerachse,
M_{wb} in Nmm Biegemoment = $F \cdot L$ auf der Schweißnahtfläche,
I_w in mm⁴ Flächenmoment 2. Grades (früher Flächenträgheitsmoment genannt) der Schweißnahtfläche, bezogen auf deren Schwerachse,
e_w in mm Randabstand der Schweißnahtfläche von ihrer Schwerachse; bei äußeren Kehlnähten der Abstand der Nahtwurzel von dieser Schwerachse.

4

Die *Flächenmomente 2. Grades* betragen für die Anschlüsse

- nach Bild 4.2a: $I_w = \dfrac{a \cdot l^3}{12}$
- nach Bild 4.2b: $I_w = 2\dfrac{a \cdot l^3}{12} + 2\dfrac{a \cdot s \cdot l^2}{4} + 2\dfrac{s \cdot a^3}{12}$
- nach Bild 4.2c: $I_w = \pi \dfrac{(d+2a)^4 - d^4}{64}$

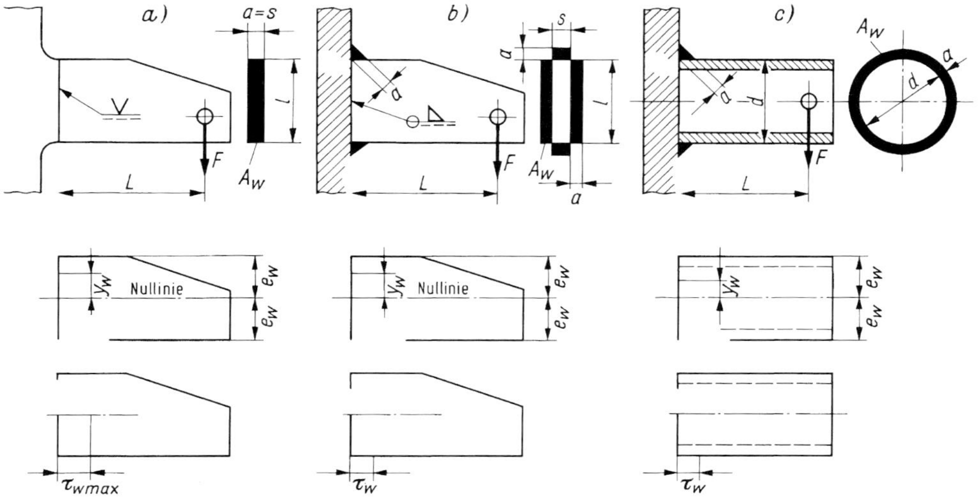

Bild 4.2 Biegebeanspruchte Schweißnähte
a) Stumpfnaht, b) Kehlnaht am Flachstahl, c) Kehlnaht am Rohr

Bei zusammengesetzten Nahtflächen ist es möglich, die Eigenflächenmomente der parallel zur Flächenschwerachse verlaufenden Nahtflächenteile wegen ihres geringen Einflusses zu vernachlässigen und nach dem Steinerschen Satz nur die Verschiebeanteile einzusetzen.

Für eine Spannung im Abstand y_w von der Schwerachse (Nulllinie) ist y_w anstelle von e_w in Formel 4.3 einzusetzen.

Bei Kehlnähten ist die Spannung der Wurzel maßgebend.

Biege- mit Zug- oder Druckbeanspruchung:

Resultierende Normalspannung $\sigma_{wr} = \sigma_{wb} \pm \sigma_w$ (4.4)

σ_{wb} Biegezugspannung σ_{wbz} bzw. Biegedruckspannung σ_{wbd} (Formel 4.3) in der Schweißnaht,
σ_w Zugspannung σ_{wz} bzw. Druckspannung σ_{wd} (Formel 4.1) an demselben Punkt der Schweißnaht.

Normal- mit Schubbeanspruchung:

Vergleichsspannung $\sigma_{wv} = \sqrt{\sigma_w^2 + 1{,}8\tau_w^2}$ (4.5)

σ_w Normalspannung an einem Punkt der Kehlnaht,
τ_w Schubspannung an demselben Punkt der Kehlnaht.

Achtung: In den Fällen, in denen biegebeanspruchte Flach-, Rund- oder Hohlstäbe umlaufend mit Kehlnähten angeschlossen sind, muss mit der Vergleichsspannung gerechnet werden, wobei bei Flachstäben und viereckigen Hohlstäben nur die sogenannten Stegnähte mit der Länge *l* wie in Bild 4.2b als schubbeansprucht gelten. Sind Flachstäbe nur mit Kehlnähten der Länge *l* angeschlossen, d. h. ohne die Stirnnähte der Länge *s*, so entfällt die Vergleichsspannung.

Im Stahlbau gilt Formel 4.5 nicht!

Schubbeanspruchung von Flanken- und Stirnkehlnähten durch ein Drehmoment:

Polare Flächenmomente 2. Grades

nach Bild 4.3b: $$I_{wp} = \frac{a \cdot l}{6}\left(3b^2 + l^2\right) \quad (4.6)$$

nach Bild 4.3c: $$I_{wp} = \frac{a \cdot l}{6}\left(3b^2 + \frac{b^3}{2l} + 4l^2\right) - a(2l + b)c^2 \quad (4.7)$$

Schubspannung $$\tau_w \approx \tau_{wt} + \tau_{wq} = \frac{M_w}{I_{wp}} r + \frac{F_q}{A_w} \quad (4.8)$$

τ_w in N/mm² resultierende Schubspannung in der Schweißnaht,
M_w in Nmm Drehmoment = $F \cdot R$,
I_{wp} in mm⁴ polares Flächenmoment 2. Grades der Schweißnahtfläche zum Schwerpunkt S_0 (Formel 4.6 oder Formel 4.7),
r in mm Abstand des entferntesten Nahtwurzelpunktes vom Schwerpunkt S_0,
F_q in N Querkraft in der Nahtfläche = F,
A_w in mm² *Schweißnahtfläche* = $\Sigma(a \cdot l)$.

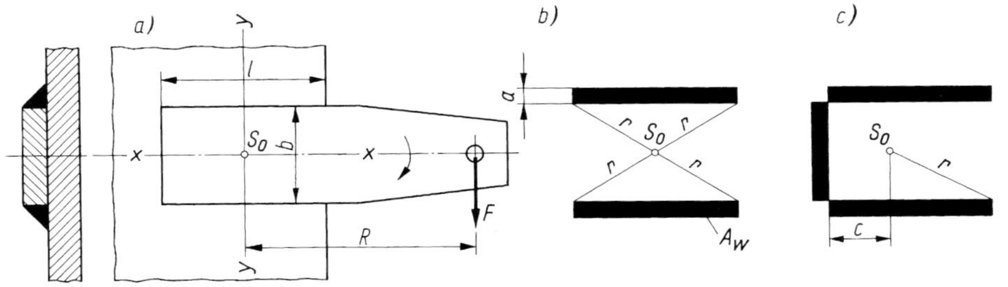

Bild 4.3 Durch ein Drehmoment *M* beanspruchte Flanken- und Stirnkehlnähte
a) Belastetes Bauteil (ohne symbolische Nahtdarstellung), b) Nahtfläche mit Flankenkehlnähten, c) Nahtfläche mit Stirnkehlnaht und Flankenkehlnähten

Normal- und Schubbeanspruchung von Kehlnahtanschlüssen an Biegeträgern:

Schwerachsenabstand $$e_{wd} = \frac{\Sigma\left(A_{wi} \cdot v_i\right)}{\Sigma A_{wi}} \quad (4.9)$$

Flächenmoment 2. Grades $$I_w = I_{wu} - A_w \cdot e_{wd}^2 \quad (4.10)$$

A_{wi} Schweißnaht-Teilflächen (i = 1, 2, 3 …),
v_i Schwerpunkt- bzw. Wurzelabstände der Teilflächen von der Bezugsachse u,
I_{wu} auf die Bezugsachse bezogenes Flächenmoment 2. Grades = ΣI_{wui},
A_w *Schweißnahtfläche* = $\Sigma(a \cdot l)$.

4

Biegespannung σ_{wbd} nach Formel 4.3 mit $e_w = e_{wd}$,

Schubspannung τ_w nach Formel 4.2 mit $F = F_q$ und $A_w = A_{w1} = 2a_1 \cdot l_1$ (nur die Stegnähte einsetzen),

Vergleichsspannung σ_{wv} nach Formel 4.5 mit σ_{wbd} und τ_w bzw. bei zusätzlicher Längskraft mit σ_{wr} nach Formel 4.4 und τ_w.

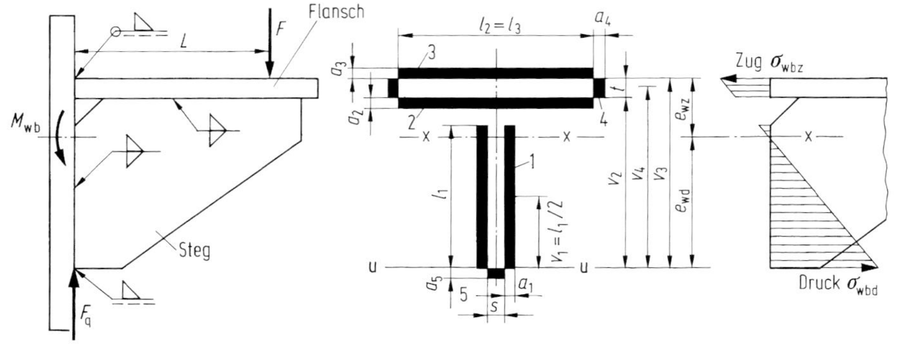

Bild 4.4 Biegesteifer Kehlnahtanschluss

Schubbeanspruchung von Längsnähten in Biegeträgern:

$$\textit{Schubspannung} \quad \tau_w = \frac{F_q \cdot H}{I \cdot \Sigma a} \tag{4.11}$$

τ_w in N/mm² Schubspannung im Längsschnitt der Längsnähte,
F_q in N Querkraft im betreffenden Trägerquerschnitt,
H in mm³ Flächenmoment 1. Grades des Randflächenstückes (bisher statisches Flächenmoment genannt) zur x-Achse (siehe nachfolgende Erläuterung),
I in mm⁴ Flächenmoment 2. Grades des gesamten Trägerquerschnitts zur x-Achse,
Σa in mm Summe der Nahtdicken der Längsnähte im Schweißanschluss.

Das Flächenmoment 1. Grades H bezieht sich nur auf das Querschnittsstück, das sich zum Rand hin oberhalb der Wurzellinien der jeweils betrachteten Längsnähte befindet, und zwar zur x-Achse des Trägerquerschnitts.

Senkrecht zueinander wirkende Schubbeanspruchungen:

$$\textit{Resultierende Schubspannung} \quad \tau_w = \sqrt{\tau_{wl}^2 + \tau_{wq}^2} \tag{4.12}$$

τ_{wl} Schubspannung in Nahtlängsrichtung,
τ_{wq} Schubspannung in Nahtquerrichtung an demselben Nahtpunkt.

Beim Zusammenwirken von Stumpf- und Kehlnähten in einem Anschluss kann

1. entweder mit der Summe der Schweißnahtflächen von Stumpf- und Kehlnähten $A_w = A_{wS} + A_{wK}$ gerechnet werden. Zulässig sind dann die Spannungen für Kehlnähte.
2. oder nur mit dem Stumpfnahtanteil $A_w = A_{wS}$ gerechnet werden. Dann sind die Spannungen für diese Stumpfnähte zulässig.

Schweißverbindungen im Maschinen- und Gerätebau

Belastungsgrößen:

Kraft $F = K_A \cdot F_N$ (4.13a)

Moment $M = K_A \cdot M_N$ (4.13b)

F, M für die Festigkeitsberechnung maßgebende Kraft bzw. maßgebendes Moment (Biege- oder Drehmoment),
K_A Anwendungs- oder Stoßfaktor (Betriebsfaktor) nach Tabelle 23.1,
F_N, M_N Nennkraft bzw. Nennmoment.

Spannungsberechnung mit Formel 4.1 bis Formel 4.12: Zu Anhaltswerten für zulässige Schweißnahtspannungen siehe Tabelle 4.4. Werte für Doppelflachkehlnaht nur bis $s \approx 5a$ mit s als Blechdicke zwischen beiden Kehlnähten. Bei Stumpfnähten entfällt der Nachweis einer Vergleichsspannung.

Bauteil-Anschlussquerschnitte S an Kehlnähten im Abstand a von der Anschlussebene sind ebenfalls auf Festigkeit nachzurechnen (für zulässige Spannungen siehe Tabelle 4.4).

5 Pressschweißverbindungen

5

Punktschweißverbindungen

Berechnung nach DIN 18801

Schweißpunktdurchmesser $d = \sqrt{25\,\text{mm} \cdot s_{\text{min}}}$ (5.1)

s_{min} in mm kleinste Blechdicke am Anschluss.

Mit d ist zu rechnen, wenn der tatsächliche Schweißpunktdurchmesser größer ist.

Scherspannung $\tau_{\text{wa}} = \dfrac{F}{n \cdot m \cdot A_{\text{w}}}$ (5.2)

τ_{wa} in N/mm² Scherspannung in der Schweißlinse,
F in N Schubkraft = Betriebskraft,
n Anzahl der Schweißpunkte im Anschluss,
m Schnittzahl der Verbindung,
A_{w} in mm² Querschnittsfläche einer Schweißlinse = $d^2 \cdot \pi/4$ (ggf. d nach Formel 5.1).

Leibung $\sigma_{\text{wl}} = \dfrac{F}{n \cdot d \cdot s}$ (5.3)

σ_{wl} in N/mm² Leibung oder Leibungsdruck am Schweißpunkt,
d in mm Schweißpunktdurchmesser (ggf. nach Formel 5.1),
s in mm maßgebende Blechdicke. Ist die Summe der Dicken der außen liegenden Teile kleiner als die Dicke des mittleren Teiles, so ist diese Summe für s einzusetzen.

Für übliche Abmessungen siehe Tabelle 5.1 und für zulässige Spannungen siehe Tabelle 5.2.

Berechnung bei gleicher Haltbarkeit wie das Bauteil

Abscherkraft der Schweißverbindung $F_{\text{wB}} = n \cdot m \cdot A_{\text{w}} \cdot \tau_{\text{wB}} \approx S \cdot R_{\text{m}} = F_{\text{B}}$ *Zugbruchkraft des Bauteils* (5.4)

F_{wB} in N Scherbruchkraft aller Schweißlinsen,
F_{B} in N Zugbruchkraft des Bauteils,
$n \cdot m$ Anzahl der Schweißlinsen im Anschluss,
A_{w} in mm² Querschnittsfläche $d^2 \cdot \pi/4$ einer Schweißlinse mit d (ggf. nach Formel 5.1),
S in mm² zugbeanspruchte Querschnittsfläche des Bauteils,
τ_{wB} in N/mm² Scherfestigkeit der Schweißlinsen,
R_{m} in N/mm² Zugfestigkeit des Bauteilwerkstoffs.

Erfahrungsgemäß $\tau_{\text{wB}} \approx 0{,}65\, R_{\text{m}}$, Kontrolle von σ_{wl} mit Formel 5.3 nicht erforderlich.

Berechnung zugbeanspruchter Schweißlinsen

Schubspannung $\tau_{\text{ws}} = \dfrac{F}{n \cdot d \cdot \pi \cdot s}$ (5.5)

F in N Zugkraft,
n Anzahl der Schweißpunkte zur Übertragung der Zugkraft,
d in mm Schweißpunktdurchmesser,
s kleinste Bauteildicke am Anschluss.

Für zulässige Schubspannung siehe Tabelle 5.2 (unterer Teil).

Buckelschweißverbindungen

Festigkeitsberechnung

Wie Punktschweißverbindungen mit m = 1 nach Formel 5.2 bis Formel 5.5. Für zulässige Spannungen siehe Tabelle 5.2 (unterer Teil).

Schweißbuckel-Abmessungen nach Tabelle 5.3, *Querschnittsflächen* bei

- Rundbuckeln: $A_w = d_1^2 \cdot \pi/4$
- Langbuckeln: $A_w \approx (l - 0{,}5\,b)\,b$
- Ringbuckeln: $A_w = \left(d_1^2 - d_2^2\right)\pi/4$

6

6 Lötverbindungen

Berechnung von Lötverbindungen

Lötverbindungen mit gleicher Haltbarkeit wie das Bauteil

$$\textit{Abscherkraft der Lötschicht} \quad F_{lB} = A_l \cdot \tau_{lB} \approx S \cdot R_m = F_B \quad \textit{Zugbruchkraft des Bauteils} \qquad (6.1)$$

F_{lB} in N — Abscherkraft = Scherbruchkraft der Lötschicht,
τ_{lB} in N/mm² — Zugscherfestigkeit des Hartlotes (Tabelle 6.2),
A_l in mm² — Lötfläche,
S in mm² — Querschnittsfläche des Bauteils,
R_m in N/mm² — Zugfestigkeit des Bauteilwerkstoffs,
F_B in N — Zugbruchkraft des Bauteils.

Scherbeanspruchung

$$\textit{Scherspannung} \quad \tau_l = \frac{F}{A_l} \qquad (6.2)$$

τ_l in N/mm² — Scherspannung in der Lötschicht,
F in N — Belastungskraft (Betriebskraft),
A_l in mm² — Lötfläche.

Zugbeanspruchte Hartverlötverbindung

$$\textit{Zugspannung} \quad \sigma_l = \frac{F}{A_l} \qquad (6.3)$$

σ_l in N/mm² — Zugspannung in der Lötschicht,
F in N — Belastungskraft (Betriebskraft),
A_l in mm² — Lötfläche.

Zu Anhaltswerten für zulässige Spannungen siehe Tabelle 6.2.

Weichlötverbindungen verlieren sehr schnell an Festigkeit und sind für schwingende Beanspruchung und für Zugbeanspruchung nicht geeignet. Bei ruhender Beanspruchung soll deren Scherspannung $\tau_l \approx 2 \dots 3$ N/mm² nicht überschreiten.

7 Klebverbindungen

Berechnung von Klebverbindungen

Klebverbindung mit gleicher Haltbarkeit wie das Bauteil

Abscherkraft der Klebschicht $F_{kB} = A_k \cdot \tau_{kB} \approx S \cdot R_m = F_B$ *Zugbruchkraft des Bauteils* (7.1)

F_{kB} in N/mm² Abscherkraft = Scherbruchkraft der Klebschicht,
A_k in mm² Klebfläche,
τ_{kB} in N/mm² Zugscherfestigkeit der Klebschicht (Tabelle 7.1 und Tabelle 7.2),
S in mm² Querschnittsfläche des Bauteils,
R_m in N/mm² Zugfestigkeit des Bauteilwerkstoffs,
F_B in N Zugbruchkraft des Bauteils.

Scherbeanspruchung

Scherspannung $\tau_k = \dfrac{F}{A_k}$ (7.2)

τ_k in N/mm² Scherspannung in der Klebschicht,
F in N Belastungskraft (Betriebskraft),
A_k in mm² Klebfläche.

Zulässige Scherspannung:

- $\tau_{k\,zul} \approx 0{,}2\ \tau_{kB}$ bei wechselnder Beanspruchung
- $\tau_{k\,zul} \approx 0{,}3\ \tau_{kB}$ bei schwellender Beanspruchung
- $\tau_{k\,zul} \approx 0{,}4\ \tau_{kB}$ bei ruhender Beanspruchung

Zugscherfestigkeit τ_{kB} (siehe Tabelle 7.1 und Tabelle 7.2 oder mithilfe von Einflussfaktoren):

Zugscherfestigkeit $\tau_{kB} = \tau_N \cdot f_1 \cdot f_2 \cdot f_3 \cdot f_4 \cdot f_5 \cdot f_6 \cdot f_7 \cdot f_8$ (7.3)

τ_N in N/mm² nominelle Scherfestigkeit der Klebstelle nach Tabelle 7.4,
f_1 Faktor zur Berücksichtigung der Metallart der Werkstücke nach Tabelle 7.5,
f_2 Faktor zur Berücksichtigung der Klebschichtdicke nach Tabelle 7.5,
f_3 Faktor zur Berücksichtigung der Oberflächen nach Tabelle 7.5,
f_4 Faktor zur Berücksichtigung des Verhältnisses b/d (Breite zum Durchmesser) bei Welle-Nabe-Verbindungen und bei ebenen Flächen nach Tabelle 7.5,
f_5 Faktor zur Berücksichtigung der Belastungsrichtung, und zwar nach Tabelle 7.5 bei Umfangsbelastung (Drehmoment). Hierbei ist die kleinere der beiden Rautiefen maßgebend. Bei Axialbelastung ist $f_5 = 1$,
f_6 Faktor zur Berücksichtigung des Lastfalles nach Tabelle 7.5,
f_7 Faktor zur Berücksichtigung der Betriebstemperatur nach Tabelle 7.5,
f_8 Faktor zur Berücksichtigung der Aushärtung des Klebstoffs nach Tabelle 7.5.

Falls die vorhandene Scherspannung τ_k mit Formel 7.2 errechnet wird, ist die Sicherheit gegen Bruch zu prüfen:

Sicherheit gegen Bruch $S_B = \tau_{kB} / \tau_k \geq 2$ (7.4)

τ_{kB} in N/mm² Scherfestigkeit nach Formel 7.3,
τ_k in N/mm² vorhandene Scherspannung nach Formel 7.2.

Da in τ_{kB} bereits der Lastfall berücksichtigt ist, genügt durchwegs eine Sicherheit $S_B = 2$.

Mit Niet- oder Punktschweißverbindungen kombinierte Klebverbindungen

Abscherkraft der Nietverbindung $F_{nB} = n \cdot A_n \cdot \tau_{nB}$ (7.5)

Abscherkraft der Punktschweißverbindung $F_{wB} = n \cdot A_w \cdot \tau_{wB}$ (7.6)

n Anzahl der Niete bzw. Schweißpunkte,
A_n in mm² Querschnitt eines geschlagenen Niets (siehe A in Tabelle 8.1),
A_w in mm² Querschnitt einer Schweißlinse,
τ_{nB} in N/mm² Abscherspannung des Niets ≈ 0,65 R_m,
τ_{wB} in N/mm² Abscherspannung der Schweißlinse ≈ 0,65 R_m,
R_m in N/mm² Zugfestigkeit des Niet- bzw. Schweißteilwerkstoffs.

Zulässige Scherspannung der kombinierten Verbindung $\tau_{kk\,zul} \approx \frac{F_{gB}}{F_{kB}} \tau_{k\,zul}$ (7.7)

$\tau_{kk\,zul}$ in N/mm² zulässige Scherspannung für die kombinierte Verbindung, bezogen auf die Klebverbindung,
F_{gB} in N Gesamtbruchkraft der kombinierten Verbindung = $F_{kB} + F_{nB}$ bzw. $F_{kB} + F_{wB}$,
F_{kB} in N Abscherkraft der Klebverbindung = $A_k \cdot \tau_{kB}$
$\tau_{k\,zul}$ in N/mm² zulässige Scherspannung für die Klebverbindung (siehe die Angaben nach Formel 7.2).

Berechnung auch entsprechend Formel 7.1 möglich (mit F_{gB} anstelle von F_{kB}).

8

8 Nietverbindungen

Berechnung von Nietverbindungen

Scherbeanspruchung

$$\textit{Scherspannung} \quad \tau_a = \frac{F}{n \cdot m \cdot A} = \frac{F_n}{m \cdot A} \tag{8.1}$$

τ_a	in N/mm²	Scherspannung im Nietquerschnitt,
F	in N	Belastungskraft als Zug- oder Druckkraft in den Bauteilen,
n		Anzahl der Niete in einem Anschluss,
m		Schnittzahl = Anzahl der Schnittflächen an einem Nietschaft,
A	in mm²	Querschnitt des geschlagenen Niets (Tabelle 8.1 und Tabelle 8.3),
F_n	in N	von einem Niet aufzunehmende Kraft.

Mit der von einem Niet aufzunehmenden Kraft F_n wird nur dann gerechnet, wenn sich die Belastungskraft F nicht gleichmäßig auf alle Niete verteilt, d. h., wenn die Wirklinie der Kraft F nicht durch den Schwerpunkt der Nietgruppe geht und ein Moment erzeugt.

Leibungsbeanspruchung

$$\textit{Leibung} \quad \sigma_l = \frac{F}{n \cdot d_L \cdot t} = \frac{F_n}{d_L \cdot t} \tag{8.2}$$

σ_l	in N/mm²	Leibungsdruck an Loch und Nietschaft,
d_L	in mm	Nietlochdurchmesser = Durchmesser d_7 des geschlagenen Niets (Tabelle 8.1 und Tabelle 8.3),
t	in mm	maßgebende Bauteildicke. Bei mehrschnittigen Verbindungen ist die Bauteildicke einzusetzen, die die größte Leibung ergibt,
F, F_n, n		siehe Legende zu Formel 8.1.

Zugbeanspruchung

$$\textit{Zugspannung} \quad \sigma_z = \frac{F}{n \cdot A} = \frac{F_z}{A} \tag{8.3}$$

σ_z	in N/mm²	Zugspannung im Nietschaft,
F, F_n, n, A		siehe Legende zu Formel 8.1,
F_z	in N	auf einen Niet wirkende Zugkraft.

Bauteilbeanspruchung

$$\textit{Zugspannung im Bauteilquerschnitt} \quad \sigma = \frac{F}{S_n} \tag{8.4}$$

$$\textit{Druckspannung im Bauteilquerschnitt} \quad \sigma = \frac{F}{S} \tag{8.5}$$

σ	in N/mm²	Zug- bzw. Druckspannung im Bauteilquerschnitt,
F	in N	Belastungskraft (Zug- bzw. Druckkraft),
S_n	in mm²	gefährdeter Querschnitt = Netzquerschnitt des Bauteils als durch die Nietlöcher geschwächter Querschnitt $= S - \Sigma(d_L \cdot t)$,
S	in mm²	Vollquerschnitt des Bauteils.

8

Momentenanschlüsse

Bild 8.1 zeigt einen Anschluss mit zwei Nieten.

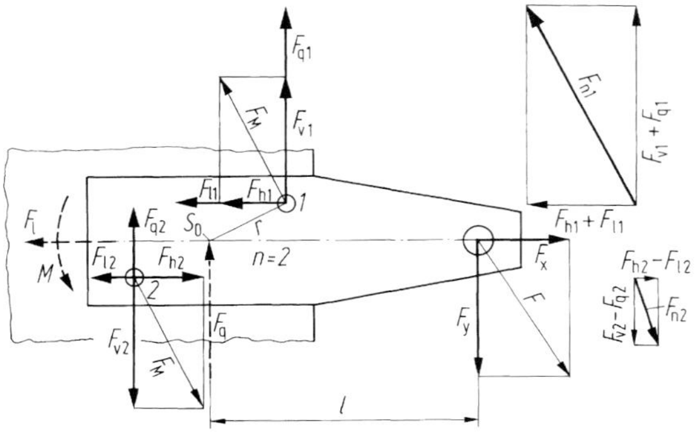

Bild 8.1
Momentenanschluss mit zwei Nieten

$$\text{Größtkraft} \quad F_{n1} = \sqrt{(F_{v1} + F_{q1})^2 + (F_{h1} + F_{l1})^2} \qquad (8.6)$$

F_{v1} in N Vertikalkraft am Niet 1,
F_{q1} in N Querkraft am Niet 1,
F_{h1} in N Horizontalkraft am Niet 1,
F_{l1} in N Längskraft am Niet 1.

Kraftkomponenten nach den Gleichgewichtsbedingungen $\Sigma M = 0$, $\Sigma F_x = 0$, $\Sigma F_y = 0$.

Bild 8.2 zeigt einen Anschluss mit zwei Nietgruppen.

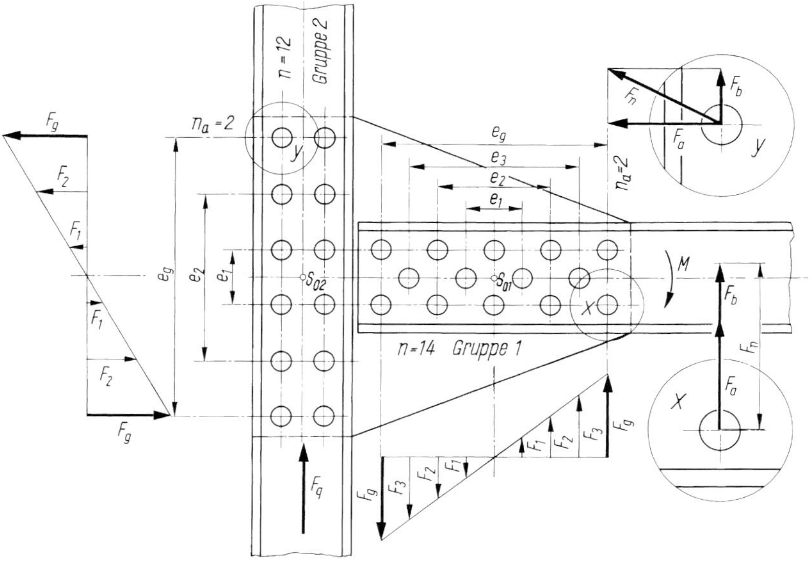

Bild 8.2 Momentenanschluss mit zwei Nietgruppen

Größtkraft $F_g \approx M \dfrac{e_g}{\Sigma e^2}$ (8.7)

F_g in N — von den äußersten Nieten dem Biegemoment entgegengesetzte Reaktionskraft,
M in Nmm — Moment im Schwerpunkt S_0 der betreffenden Nietgruppe,
e in mm — Nietabstände symmetrisch zum Schwerpunkt S_0 der Nietgruppe,
e_g in mm — größter Nietabstand in der Nietgruppe.

Auf einen der äußersten Niete entfallender Kraftanteil $F_a = F_g/n_a$ bei n_a Nieten in dieser Reihe. Wenn wie in Bild 8.2 jedoch $F_3 > F_g/2 = F_g/n_a$, so ist $F_a = F_3 = F_g \cdot e_3/e_g$ zu setzen. Durch die Querkraft F_q bedingter Kraftanteil $F_b = F_q/n$ bei n Nieten in der betreffenden Nietgruppe.

Größtkraft in *Nietgruppe 1*: $F_n = F_a + F_b$ (8.8)

Nietgruppe 2: $F_n = \sqrt{F_a^2 + F_b^2}$ (8.9)

8

Mit F_n sind die Niete auf Abscheren und Lochleibung nach Formel 8.1 und Formel 8.2 zu berechnen. Die gefährdeten Bauteilquerschnitte müssen auf Biegung nachgerechnet werden.

Zulässige Beanspruchungen

Maschinen- und Gerätebau:

Zu Anhaltswerten für zulässige Spannungen siehe Tabelle 8.2.

Leichtmetallbau:

- zulässige Spannungen für Niete nach Tabelle 8.3 und für Bauteile nach Tabelle 8.5
- *Mindestnietdurchmesser* d_1 = 6 mm, *Klemmlänge* $\Sigma t \leq 5d_1$
- Rand- und Lochabstände nach Tabelle 8.4, Knickzahlen ω für Druckstäbe nach Tabelle 8.6

9 Reibschlüssige Welle-Nabe-Verbindungen

Grundlagen der Berechnung zylindrischer Pressverbände

Haftkraft $F_F \geq F \cdot S_H$ (9.1)

F in N — größte zu übertragende Betriebskraft an den Fügeflächen,
S_H — erforderliche Haftsicherheit nach Tabelle 9.1.

Betriebskraft F = Umfangskraft ($F_u = T/r_F = 2T/D_F$) oder F = Längskraft F_l oder F = resultierende Kraft $F_r = \sqrt{F_u^2 + F_l^2}$.

9

Fugenpressung $p_F = \dfrac{F_F}{A_F \cdot \mu} = \dfrac{F_F}{D_F \cdot \pi \cdot l_F \cdot \mu}$ (9.2)

p_F in N/mm² — erforderliche Fugenpressung (Fugendruck p in DIN 7190-1),
F_F in N — erforderliche Haftkraft nach Formel 9.1,
A_F in mm² — Fugenfläche = $D_F \cdot \pi \cdot l_F$,
D_F in mm — Fugendurchmesser,
l_F in mm — Fugenlänge,
μ — Haftbeiwert nach Tabelle 9.1.

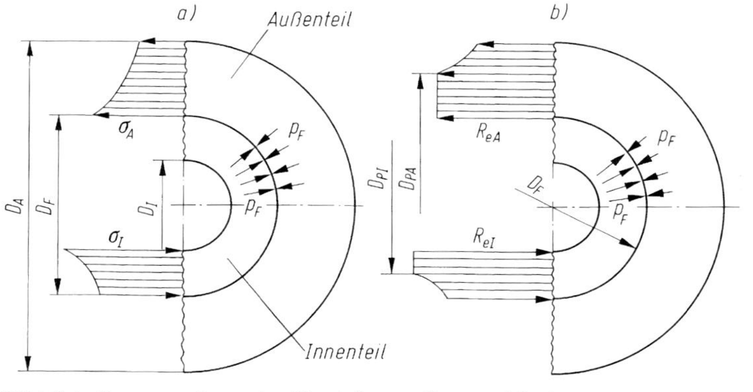

Bild 9.1 Beanspruchung der Fügeteile von Pressverbänden
a) rein elastische Beanspruchung, b) elastisch-plastische Beanspruchung

Durchmesserverhältnisse $Q_A = \dfrac{D_F}{D_A}$ (9.3)

$Q_I = \dfrac{D_I}{D_F}$ (9.4)

D_F Fugendurchmesser,
D_A Außendurchmesser des Außenteils,
D_I Innendurchmesser des Innenteils. Bei Vollwellen ist $D_I = 0$ und somit auch $Q_I = 0$.

Übermaßverlust $U_V = 0{,}4\left(R_{zA} + R_{zI}\right)$ (9.5)

R_{zA} in µm — gemittelte Rautiefe für das Außenteil, R_{zI} in µm für das Innenteil.

Zu erreichbaren Rautiefen in Abhängigkeit vom Fertigungsverfahren siehe Tabelle 3.1.

Wirksames Übermaß $U_w = U - U_V$ (9.6)

Je nach Rechnungsgang ist U_g oder U_k für U einzusetzen. Zu den Größt- und Kleinstübermaßen U_g und U_k verschiedener Presspassungen siehe Tabelle 9.3.

Bezogenes wirksames Übermaß $Z_w = \frac{U_w}{D_F}$ (9.7)

Berechnung bei rein elastischer Beanspruchung

9

Hilfsgrößen

Allgemein:

Hilfsgröße $K = \frac{E_A}{E_I}\left(\frac{1+Q_I^2}{1-Q_I^2} - v_I\right) + \frac{1+Q_A^2}{1-Q_A^2} + v_A$ (9.8)

Bei vollem Innenteil ist $Q_I = 0$. Damit gilt:

Hilfsgröße $K = \frac{E_A}{E_I}(1 - v_I) + \frac{1+Q_A^2}{1-Q_A^2} + v_A$ (9.9)

Sind die Werkstoffe beider Fügeteile gleichartig (z.B. aus Stahl), d.h. Elastizitätsmodul $E = E_A = E_I$ und Querdehnzahl $v = v_A = v_I$, so folgt aus Formel 9.8 für die

Hilfsgröße $K = \frac{\left(1+Q_I^2\right)}{\left(1-Q_I^2\right)} + \frac{\left(1+Q_A^2\right)}{\left(1-Q_A^2\right)}$ (9.10)

E_A, E_I in N/mm² Elastizitätsmoduln von Außen- und Innenteil (Tabelle 9.2),
Q_A, Q_I Durchmesserverhältnisse nach Formel 9.3 und Formel 9.4,
v_A, v_I Querdehnzahlen von Außen- und Innenteilwerkstoffen (Tabelle 9.2).

Ist bei gleichartigen Werkstoffen $Q_I = 0$, braucht K nicht berechnet zu werden (siehe Formel 9.12, Formel 9.17 und Formel 9.18).

Fall A: Rechnungsgang „Passung gesucht"

Bezogenes wirksames Übermaß $Z_w = K\frac{p_F}{E_A}$ (9.11)

Bei vollem Innenteil und gleichartigen Werkstoffen (z.B. Stahl) beider Fügeteile ($E_A = E_I = E$ und $v_A = v_I = v$) folgt für das

kleinste bezogene wirksame Übermaß $Z_w = \frac{2p_F}{\left(1-Q_A^2\right)E}$ (9.12)

p_F in N/mm² erforderliche kleinste Fugenpressung nach Formel 9.2,
E_A, E in N/mm² Elastizitätsmoduln der Fügeteile (Tabelle 9.2),
K Hilfsgröße nach Formel 9.8, Formel 9.9 und Formel 9.10,
Q_A Durchmesserverhältnis nach Formel 9.3.

Mindestübermaß $U_{\min} = U_{w} + U_{V}$ (9.13)

$U_{\min}$	in mm	erforderliches Mindestübermaß,
U_{w}	in mm	kleinstes wirksames Übermaß aus Formel 9.7,
U_{V}	in mm	Übermaßverlust nach Formel 9.5.

Zulässiges bezogenes wirksames Übermaß

für das Außenteil $$Z_{\text{wA zul}} = K \frac{\left(1 - Q_{A}^{2}\right) R_{eA}}{\sqrt{3} \cdot S_{P} \cdot E_{A}} \quad (9.14)$$

für ein hohles Innenteil $$Z_{\text{wI zul}} = K \frac{\left(1 - Q_{I}^{2}\right) R_{eI}}{\sqrt{3} \cdot S_{P} \cdot E_{A}} \quad (9.15)$$

für ein volles Innenteil $$Z_{\text{wI zul}} = K \frac{2 R_{eI}}{\sqrt{3} \cdot S_{P} \cdot E_{A}} \quad (9.16)$$

Wenn bei gleichartigen Werkstoffen für Außen- und Innenteil ($E_{A} = E_{I} = E$ und $\nu_{A} = \nu_{I} = \nu$) $Q_{I} = 0$ ist, so gilt

für das Außenteil $$Z_{\text{wA zul}} = K \frac{2 R_{eA}}{\sqrt{3} \cdot S_{P} \cdot E} \quad (9.17)$$

für das volle Innenteil $$Z_{\text{wI zul}} = \frac{4 R_{eI}}{\sqrt{3} \cdot S_{P} \left(1 - Q_{A}^{2}\right) E} \quad (9.18)$$

K		Hilfsgröße nach Formel 9.8, Formel 9.9 oder Formel 9.10,
Q_{A}, Q_{I}		Durchmesserverhältnisse nach Formel 9.3 und Formel 9.4,
R_{eA}, R_{eI}	in N/mm²	Streckgrenzen von Außen- und Innenteil (Tabelle 1.2, Tabelle 1.5 und Tabelle 1.6), bei Grauguss für $R_{eA} \approx R_{m}/2$ einsetzen,
E_{A}, E	in N/mm²	Elastizitätsmoduln der Fügeteile (Tabelle 9.2),
S_{P}		Sicherheit gegen plastische Verformung ≈ 1,2.

Der jeweils kleinere Wert, $Z_{\text{wA zul}}$ oder $Z_{\text{wI zul}}$, ist dann $Z_{\text{w zul}}$. Damit folgt aus Formel 9.7 das zulässige wirksame Übermaß $U_{\text{w zul}}$ und aus Formel 9.6 das

zulässige Höchstübermaß $U_{\max} = U_{\text{w zul}} + U_{V}$ (9.19)

Nach Tabelle 9.3 wird nun eine Passung gewählt, bei der das Mindestübermaß $U_{k} \geq U_{\min}$ und das Höchstübermaß $U_{g} \leq U_{\max}$ ist.

Bei durch Arme oder Rippen versteiften Fügeteilen (Bild 9.2) ist der Elastizitätsmodul zu erhöhen (um ca. 30 %). Am Außendurchmesser D_{A} dürfen keine Werkstoffunterbrechungen auftreten, deshalb wird bei Zahnrädern der Flußkreisdurchmesser eingesetzt (Bild 9.2b).

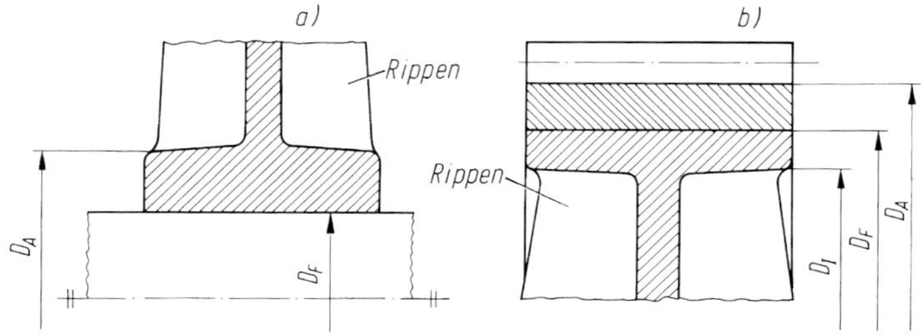

Bild 9.2
Durch Rippen versteifte Fügeteile
a) Außenteil, b) Innenteil

Bild 9.3. zeigt den Ablaufplan für den Rechnungsgang „Passung gesucht".

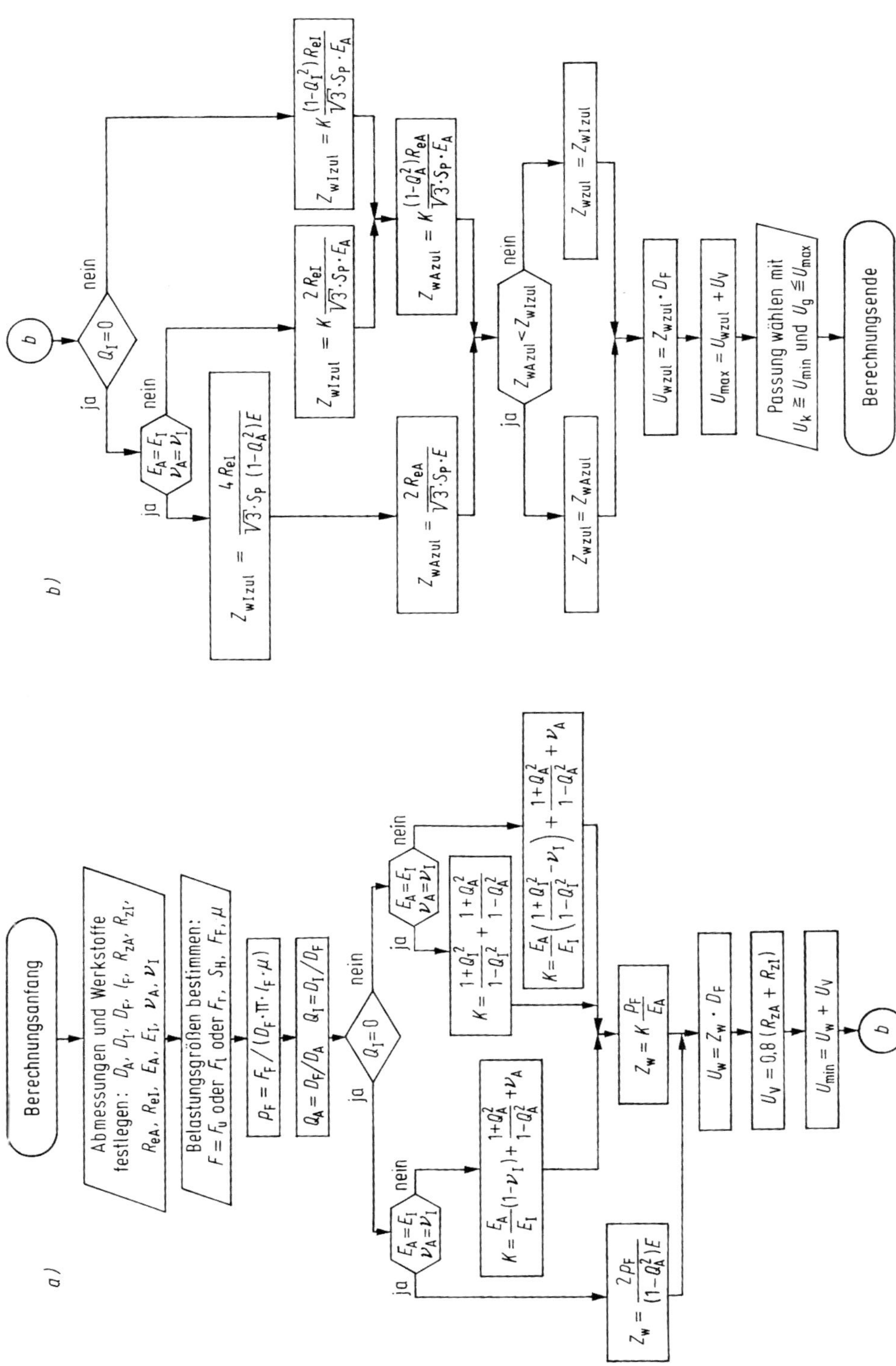

Bild 9.3 Ablaufplan (Flussdiagramm) für den Fall A: Rechnungsgang bei rein **elastischer Beanspruchung**, wenn die **Passung gesucht** ist
a) Ermittlung von U_{min}, b) Ermittlung von U_{max} und Passungswahl

Fall B: Rechnungsgang „Passung gegeben"

Ausgehend vom Mindestübermaß U_k (Tabelle 9.3) und Formel 9.5 bis Formel 9.7 beträgt die kleinste

Fugenpressung $$p_{Fk} = Z_{wk} \frac{E_A}{K} \quad (9.20)$$

Bei vollem Innenteil ($Q_I = 0$) und gleichen elastischen Konstanten für Außen- und Innenteilwerkstoff ($E_A = E_I = E$ und $v_A = v_I = v$) beträgt entsprechend Formel 9.12 die kleinste

Fugenpressung $$p_{Fk} = Z_{wk} \frac{1 - Q_A^2}{2} E \quad (9.21)$$

p_{Fk} in N/mm² kleinste Fugenpressung,
Z_{wk} kleinstes bezogenes wirksames Übermaß nach Formel 9.7,
E_A, E in N/mm² Elastizitätsmoduln der Fügeteile (Tabelle 9.2),
K Hilfsgröße nach Formel 9.8, Formel 9.9 oder Formel 9.10,
Q_A Durchmesserverhältnis nach Formel 9.3.

9

Mit p_{Fk} folgt aus Formel 9.2 die kleinste Haftkraft F_{Fk} und damit aus Formel 9.1 die zulässige Betriebskraft F_{zul}, die mindestens so groß sein muss wie die zu übertragende Betriebskraft F.

Ausgehend vom Höchstübermaß U_g (Tabelle 9.3) sowie Formel 9.6 und Formel 9.7 beträgt die größte

Fugenpressung $$p_{Fg} = Z_{wg} \frac{E_A}{K} \quad (9.22)$$

oder bei $Q_I = 0$ sowie gleichen Werten für E und v beider Fügeteile entsprechend Formel 9.12 beträgt die größte

Fugenpressung $$p_{Fg} = Z_{wg} \frac{1 - Q_A^2}{2} E \quad (9.23)$$

p_{Fg} in N/mm² größte Fugenpressung,
Z_{wg} größtes bezogenes wirksames Übermaß nach Formel 9.7 mit U_{wg} nach Formel 9.6,
E_A, E in N/mm² Elastizitätsmoduln der Fügeteile (Tabelle 9.2),
K Hilfsgröße nach Formel 9.8, Formel 9.9 oder Formel 9.10,
Q_A Durchmesserverhältnis nach Formel 9.3.

Pressungsverhältnis $$\frac{p_{Fg}}{p_{Fk}} = \frac{U_{wg}}{U_{wk}} \quad (9.24)$$

Daraus lässt sich p_{Fg} ebenfalls errechnen.

Zulässige Fugenpressung

für das Außenteil $$p_{A\,zul} = \frac{1 - Q_A^2}{\sqrt{3} \cdot S_P} R_{eA} \geq p_{Fg} \quad (9.25)$$

für ein hohles Innenteil $$p_{I\,zul} = \frac{1 - Q_I^2}{\sqrt{3} \cdot S_P} R_{eI} \geq p_{Fg} \quad (9.26)$$

für ein volles Innenteil $$p_{I\,zul} = \frac{2}{\sqrt{3} \cdot S_P} R_{eI} \geq p_{Fg} \quad (9.27)$$

Q_A, Q_I Durchmesserverhältnisse nach Formel 9.3 und Formel 9.4,
R_{eA}, R_{eI} in N/mm² Streckgrenzen von Außen- und Innenteil (Tabelle 1.2, Tabelle 1.5 und Tabelle 1.6), bei Grauguss für $R_{eA} \approx R_m/2$ einsetzen,
S_P Sicherheit gegen plastische Verformung ≈ 1,2.

Einen Ablaufplan (Flussdiagramm) für diesen Rechnungsgang zeigt Bild 9.4.

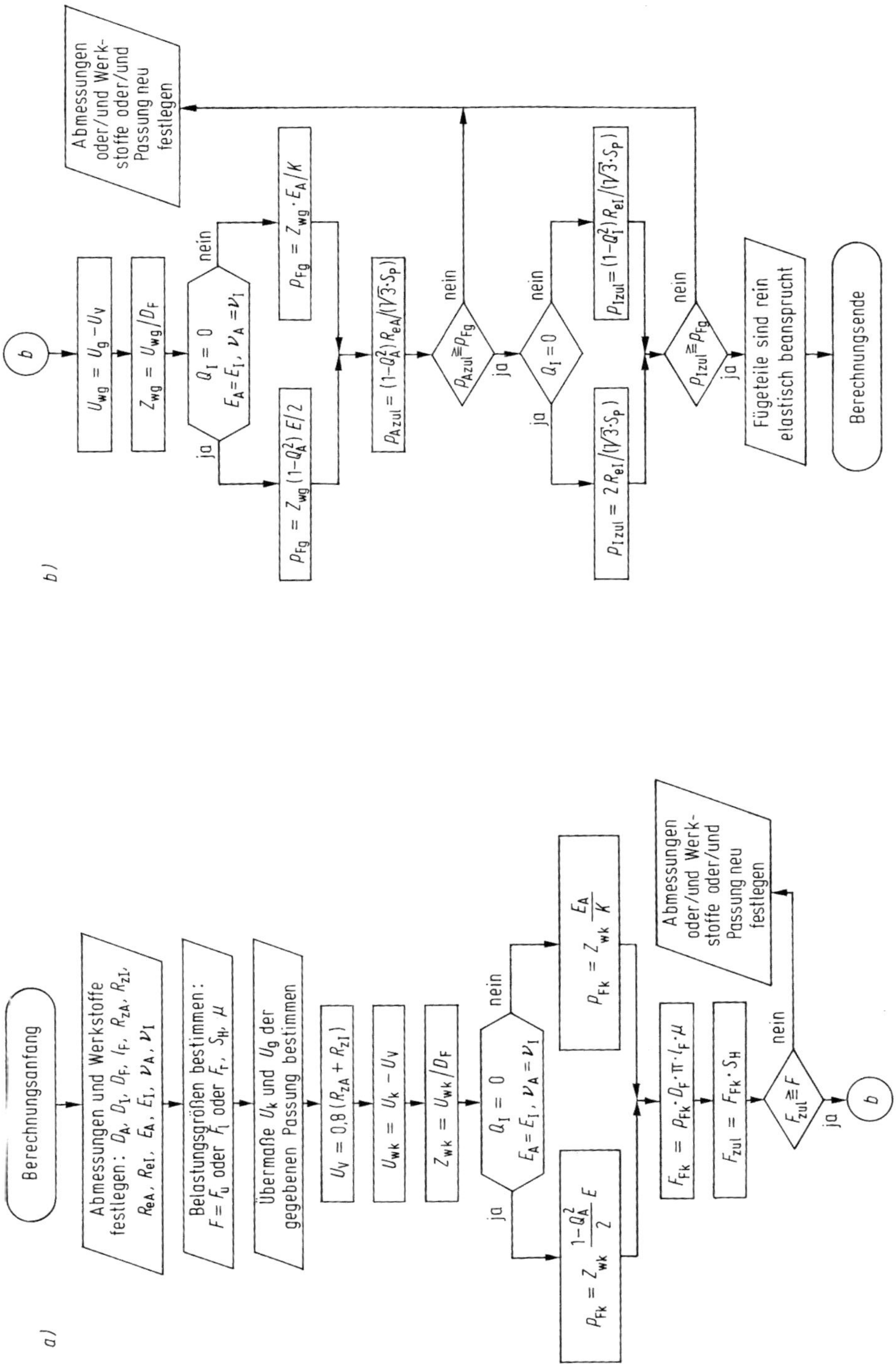

Bild 9.4 Ablaufplan (Flussdiagramm) für den Fall B: Rechnungsgang bei rein **elastischer Beanspruchung**, wenn die **Passung gegeben** ist
a) Kontrolle der Übertragungsfähigkeit, b) Überprüfung der Beanspruchung

Sollte sich $p_{Fg} > p_{zul}$ ergeben, so kann aus der für p_{zul} zutreffenden Gleichung der zulässige Wert für p_{Fg} und damit das Höchstübermaß U_{max} zwecks Wahl einer neuen Passung ermittelt werden. Andererseits lässt sich auch die erforderliche Streckgrenze zur Wahl eines festeren Werkstoffs bestimmen.

Mit dem üblichen Wert für S_P folgt aus Formel 9.27 für volle Innenteile $p_{I\,zul} \approx R_{eI}$. Eine Welle als Innenteil ist zusätzlich auf Gestaltfestigkeit nachzurechnen. Bei Graugussinnenteilen kann wegen der hohen Druckfestigkeit auf die Kontrolle von p_{Fg} verzichtet werden (falls erforderlich $R_{eI} = R_m$ annehmen).

Bei Außenteilen mit Stufen verschiedener Außendurchmesser wird die Haftkraft je Stufe errechnet und diese zur Gesamtkraft addiert.

9

Berechnung bei elastisch-plastischer Beanspruchung

Voraussetzungen für das Berechnungsverfahren

Volles Innenteil ($Q_I = 0$) und gleiche Elastizitätskonstanten ($E_A = E_I = E$, $\nu_A = \nu_I = \nu$). Damit das Innenteil nicht vollplastisch wird, muss $R_{eI} \geq R_{eA}\left(1-Q_A^2\right)/2$ sein.

Fall A: Rechnungsgang „Passung gesucht“

Zulässige Fugenpressung des Außenteils

bei $Q_A \leq 0{,}368$: $$p_{A\,zul} = \frac{2}{\sqrt{3}\cdot S_{PA}} R_{eA} \qquad (9.28)$$

bei $Q_A > 0{,}368$: $$p_{A\,zul} = \frac{2\cdot \ln Q_A}{\sqrt{3}\cdot S_{PA}} R_{eA} \qquad (9.29)$$

R_{eA} in N/mm^2 Streckgrenze des Außenteils (Tabelle 1.2, Tabelle 1.5 und Tabelle 1.6),
Q_A Durchmesserverhältnis nach Formel 9.3,
S_{PA} Sicherheit gegen vollplastische Beanspruchung $\geq 1{,}25$.

Die zulässige Fugenpressung $p_{I\,zul}$ für das volle Innenteil ist nach Formel 9.27 zu berechnen, wobei als Mindestsicherheit $S_{PI} = 1{,}1$ (nach DIN 7190) genügt.

Es muss $p_F \geq p_{A\,zul}$ bzw. $p_{I\,zul}$ (wenn $p_{A\,zul} > p_{I\,zul}$) und außerdem $p_F > R_{eA}\left(1-Q_A^2\right)/\sqrt{3}$ sein, damit im Außenteil elastisch-plastische Beanspruchung auftritt.

Der **bezogene Plastizitätsdurchmesser $\zeta = D_{PA}/D_F$** ist von Q_A und p_F/R_{eA} abhängig und muss der Bedingung $1 \leq \zeta \leq 1/Q_A$ genügen (für Plastizitätsdurchmesser D_{PA} siehe Bild 9.1).

Tabelle 9.4 enthält Anhaltswerte für ζ (Zwischenwerte interpolieren). Damit gilt für das

Querschnittsverhältnis $$q = \frac{\left(\zeta^2-1\right)Q_A^2}{1-Q_A^2} \leq q_{zul} \qquad (9.30)$$

ζ bezogener Plastizitätsdurchmesser (Tabelle 9.4),
Q_A Durchmesserverhältnis nach Formel 9.3,
q_{zul} zulässiges Querschnittsverhältnis, erfahrungsgemäß = 0,3.

Für die Fugenpressung p_F ist das

kleinste bezogene wirksame Übermaß $Z_{wk} = \frac{2}{\sqrt{3}} \cdot \frac{R_{eA}}{E} \zeta^2$ (9.30a)

erforderlich.

Z_{wk} erforderliches bezogenes wirksames Übermaß,
E in N/mm² Elastizitätsmodul beider Fügeteilwerkstoffe (Tabelle 9.2),
ζ siehe Legende zu Formel 9.30,
R_{eA} in N/mm² siehe Legende zu Formel 9.29.

Aus Formel 9.7 ergibt sich damit das erforderliche kleinste wirksame Übermaß U_{wk} und nach Formel 9.13 das erforderliche Mindestübermaß U_{min}, mit dem eine Passung gewählt wird, deren Mindestübermaß $U_k \geq U_{min}$ sein muss. Vom Höchstübermaß U_g der gewählten Passung ausgehend, ist dann das größte bezogene wirksame Übermaß Z_{wg} zu ermitteln (Formel 9.6 und Formel 9.7). Bei $Z_{wg} < 2/\sqrt{3} \cdot R_{eA}/E$ liegt ein rein elastisch beanspruchtes Außenteil vor (Kontrolle nicht erforderlich, da $U_k < U_g$).

Der zulässige bezogene Plastizitätsdurchmesser ζ_{zul} kann Tabelle 9.4 entnommen werden. Er wird bei $p_{I\,zul} \leq p_{A\,zul}$ mit $p_F = p_{I\,zul}$ bestimmt und bei $p_{I\,zul} > p_{A\,zul}$ mit $p_F = p_{A\,zul}$.

Damit die Sicherheit gegen vollplastische Beanspruchung gewährleistet ist, gilt für das

zulässige bezogene wirksame Übermaß $Z_{w\,zul} = \frac{2}{\sqrt{3}} \times \frac{R_{eA}}{E} \zeta_{zul}^2 \geq Z_{wg}$ (9.31)

E in N/mm² Elastizitätsmodul beider Fügeteilwerkstoffe (Tabelle 9.2),
ζ_{zul} zulässiger bezogener Plastizitätsdurchmesser (Tabelle 9.4),
Z_{wg} größtes bezogenes wirksames Übermaß nach Formel 9.7,
R_{eA} in N/mm² siehe Legende zu Formel 9.29.

Bei dem durch die gewählte Passung bedingten Z_{wg} stellt sich der

bezogene Plastizitätsdurchmesser $\zeta_g = \sqrt{\frac{\sqrt{3} \cdot Z_{wg} \cdot E}{2 \cdot R_{eA}}} = 0{,}931\sqrt{\frac{Z_{wg} \cdot E}{R_{eA}}}$ (9.32)

ein. Damit ergibt sich eine

größte Fugenpressung $p_{Fg} = \frac{R_{eA}}{\sqrt{3}}\left[1 + 2\ln\zeta_g - \left(Q_A \cdot \zeta_g\right)^2\right]$ (9.33)

Sie darf $p_{A\,zul}$ und $p_{I\,zul}$ nicht überschreiten. Abschließend ist mit dem bezogenen Plastizitätsdurchmesser ζ_g nach Formel 9.32 das Querschnittsverhältnis q_g nach Formel 9.30 zu überprüfen.

Einpresskraft und Fügetemperaturen

Für das Fügen eines Längspressverbandes erforderliche

Einpresskraft $F_e = p_{Fg} \cdot D_F \cdot \pi \cdot l_F \cdot \mu_e$ (9.34)

F_e in N mindestens erforderliche Presskraft,
p_{Fg} in N/mm² größte Fugenpressung,
D_F in mm Fugendurchmesser,
l_F in mm Fugenlänge,
μ_e Haftbeiwert beim Einpressen.

Falls für den Haftbeiwert μ_e keine Erfahrungswerte vorliegen, können die 1,25-fachen Werte aus Tabelle 9.1 angenommen werden.

Für das Fügen eines Querpressverbandes erforderliche

Erwärmungstemperatur des Außenteils $$t_A = \frac{U_i + S_e}{\alpha_A \cdot D_F} + t \qquad (9.35)$$

Unterkühlungstemperatur des Innenteils $$t_I = \frac{U_i + S_e}{\alpha_I \cdot D_F} + t \qquad (9.36)$$

t_A, t_I	in °C	Fügetemperatur,
U_i	in mm	Istübermaß (ggf. Höchstübermaß U_g),
S_e	in mm	Einführungsspiel ≥ 0,001 D_F,
α_A, α_I	in 1/K	Wärmedehnungsbeiwert (Längenausdehnungskoeffizient) nach Tabelle 9.2,
D_F	in mm	Fugendurchmesser,
t	in °C	Raumtemperatur.

9

Spannelementverbindungen

Ringkegel-Spannelemente

Vorspannkraft $$F_V = \frac{F_0 + c \cdot p_I}{i} \qquad (9.37)$$

F_V	in N	Vorspannkraft einer Spannschraube,
F_0	in N	Längskraft zur Beseitigung des Einbauspiels (Tabelle 9.5),
c	in mm²	wirksame Spannkraftrate (Tabelle 9.5),
p_I	in N/mm²	gewünschte bzw. erforderliche Fugenpressung am ersten Spannelement,
i		Anzahl der Spannschrauben.

Bei dieser Vorspannkraft ergeben sich

übertragbares Drehmoment $$M_F = k \cdot m \cdot p_I \qquad (9.38)$$

übertragbare Längskraft $$F_F = k \cdot f \cdot p_I \qquad (9.39)$$

M_F	in Nm	übertragbares Drehmoment der Verbindung,
F_F	in N	übertragbare Längskraft der Verbindung,
k		Minderungsfaktor bei a hintereinander geschalteten Elementen = 1 bei a = 1, = 1,55 bei a = 2, = 1,86 bei a = 3, = 2 bei a = 4,
m	in m · mm²	Drehmomentrate (Tabelle 9.5),
f	in mm²	Widerstandsrate (Tabelle 9.5).

Die Spannschrauben sollten stets mit einem Drehmomentenschlüssel angezogen werden. Wegen der auch dann noch stark streuenden Schraubenvorspannkraft F_V (Anziehfaktor $\alpha_A \approx 1{,}6$!) legt man das übertragbare Drehmoment $MF \approx 2\,M$ aus, wenn M das Betriebsdrehmoment darstellt. Das gilt sinngemäß auch für die Übertragung einer Betriebslängskraft F_l, d. h. $F_F \approx 2\,F_l$.

Die Spannschrauben sind mit $M_A \leq M_{A\,zul}$ anzuziehen. Unter Berücksichtigung des Setzens ist dann mit einer maximalen Vorspannkraft $F_V \approx 0{,}9\,F_M$ zu rechnen. Anziehdrehmoment $M_{A\,zul}$ und Montagevorspannkraft $F_{M\,zul}$ nach Tabelle 10.8 bei $\mu_G = \mu_K = 0{,}12$. Siehe hierzu auch Beispiel 12.9 in ME.

Mit Formel 9.3, Formel 9.4, Formel 9.25, Formel 9.27 und Formel 9.28 bis Formel 9.30 kann wie bei den Kegelverbindungen (siehe Abschnitt 12.6) kontrolliert werden, ob elastische oder plastische Beanspruchung der Fügeteile gewährleistet ist. Die Pressung der Nabenbohrung beträgt $p_A = p_I \cdot d/D$.

RINGSPANN-Sternscheiben

Vorspannkraft $F_V = a \cdot F_1 / i$ (9.40)

F_V	in N	Vorspannkraft einer Spannschraube,
a		Anzahl der Sternscheiben in der Verbindung,
F_1	in N	Vorspannkraft je Sternscheibe (Tabelle 9.6),
i		Anzahl der Spannschrauben.

Übertragbares Drehmoment $T_F = a \cdot T_1$ (9.41)

T_F	in Nm	Haftmoment infolge des Kraftschlusses,
a		Anzahl der Sternscheiben in der Verbindung,
T_1	in Nm	Haftmoment je Sternscheibe (Tabelle 9.6).

Für die Auslegung der Spannschrauben einer Sternscheiben-Verbindung gelten die Ausführungen für Spannelement-Verbindungen unterhalb von Formel 9.39. Eine Kontrolle auf elastische oder elastisch-plastische Beanspruchung der Fügeteile ist nicht erforderlich, wenn die Streckgrenze des Nabenwerkstoffs $R_{eA} \geq 300\ \text{N/mm}^2$ ist. Anderenfalls ist die Anzahl a der Sternscheiben entsprechend zu erhöhen.

9

Klemmverbindungen

Fugenpressung $p_F \approx K_F \dfrac{F_V \cdot i}{d \cdot l}$ (9.42)

p_F	in N/mm²	Fugenpressung zwischen Nabenbohrung und Welle,
K_F		Formfaktor ≈ 1,2 bei geteilten Naben, ≈ 1,5 bei geschlitzten Naben,
F_V	in N	Vorspannkraft einer Klemmschraube,
i		Anzahl der Klemmschrauben,
d	in mm	Wellendurchmesser,
l	in mm	Traglänge der Klemmverbindung.

Mit der Fugenpressung p_F können Verbindungen wie **Querpressverbindungen** betrachtet werden (Formel 9.1 und Formel 9.2), die bei leicht geölten Fugenflächen ein Haftbeiwert $\mu = 0{,}1 \ldots 0{,}2$ (im Mittel 0,14) ergeben. Die Haftsicherheit ist zweckmäßig mit $S_H \geq 1{,}5$ vorzusehen.

Da die Schrauben meistens gefühlsmäßig von Hand angezogen werden, kann man mit den in Tabelle 10.13 angegebenen mittleren Vorspannungen σ_V im Spannungsquerschnitt rechnen, sodass $F_V = A_S \cdot \sigma_V$ ist (A_S nach Tabelle 10.1). Falls mit einem Drehmomentenschlüssel angezogen wird, kann bis auf $F_V \approx 0{,}9\ F_{M\,zul}$ bei $\mu_G = \mu_K = 0{,}12$ (siehe Tabelle 10.8) gegangen werden.

Bei ungeteilten Naben (siehe Bild 9.5b) sind üblich: $h/d = 1{,}6 \ldots 2$ und $l/d = 0{,}8 \ldots 1$.

Biegespannung $\sigma_b \approx K_N \dfrac{F_V \cdot m \cdot l_S}{W_b}$ (9.43)

σ_b	in N/mm²	Biegezugspannung im kleinsten Nabenquerschnitt,
K_N		Versteifungsfaktor ≈ 0,2 bei geteilten Naben und ≈ 0,3 bei geschlitzten Naben,
F_V	in N	Vorspannkraft einer Klemmschraube,
m		Anzahl der Schrauben im Abstand l_S von der Wellenmitte. Für den Fall nach Bild 9.5a ist $m = i/2 = 2$. Für die Fälle nach Bild 9.5b und Bild 9.5c ist $m = i$,
l_S	in mm	Abstand der Schrauben von der Wellenmitte,
W_b	in mm³	Widerstandsmoment gegen Biegung des kleinsten Nabenquerschnitts = $l \cdot a^2/6$.

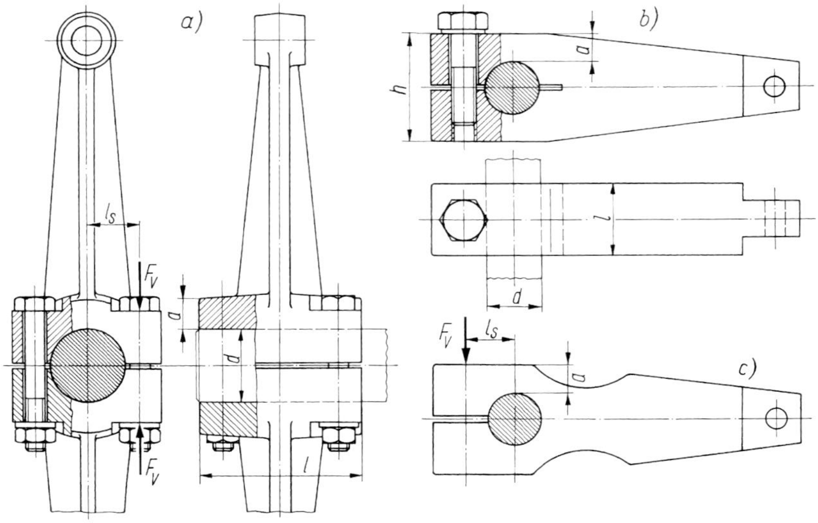

Bild 9.5 Klemmverbindungen
a) mit geteilter Nabe, b) mit geschlitzter Nabe und weitergeführtem Schlitz, c) mit geschlitzter Nabe und Ausnehmungen an der Nabe

Als zulässige Biegespannung kann $\sigma_{b\ zul} \approx 0{,}7\ R_e$ gesetzt werden bzw. $\approx 0{,}5\ R_m$ bei Grauguss (R_e und R_m siehe Tabelle 2.5 und Tabelle 2.6).

10 Befestigungsschrauben

Gewinde

Abmessungen des metrischen ISO-Gewindes nach DIN 13:

d Außen- und Nenndurchmesser
d_2 Flankendurchmesser = $d - 0{,}64952P$
H_1 Gewindetragtiefe = $0{,}54127P$
R Rundungsradius = $0{,}14434P$
β Teilflankenwinkel = 30° (halber Flankenwinkel)
P Steigung
α Steigungswinkel: $\tan \alpha = P/(d_2 \cdot \pi) \approx 0{,}32 \cdot P/d_2$
d_3 Kerndurchmesser = $d - 1{,}22687P$
h_3 Gewindetiefe = $0{,}61343P$
m Mutternhöhe
d_S Spannungsdurchmesser = $0{,}5(d_2 + d_3)$ zur Berechnung des Spannungsquerschnitts
d_T Taillendurchmesser ≈ $0{,}9d_3$

Querschnittsflächen:

Schaftquerschnitt $A = d^2 \cdot \pi/4$

Taillenquerschnitt $A_T = d_T^2 \cdot \pi/4$

Kernquerschnitt $A_K = d_3^2 \cdot \pi/4$

Spannungsquerschnitt $A_S = (d_2 + d_3)^2 \cdot \pi/16$

Zu Abmessungen und Querschnitten für Regelgewinde und Feingewinde siehe Tabelle 10.1 (Kerndurchmesser $d_K = d_3$, Schaftquerschnitt A_T bei Dehnschrauben = Taillenquerschnitt). Zu Anhaltswerten für die erforderliche ***Mindesteinschraubtiefe*** $\boldsymbol{m_{erf}}$ siehe Tabelle 10.5, abhängig von der Schraubenfestigkeitsklasse nach Tabelle 10.2.

Berechnung: Vordimensionierung und Überschlag

Spannungsquerschnitt $$A_S \geq \frac{F_A}{\sigma_{zul}} \qquad (10.1)$$

F_A in N Betriebslängskraft,
σ_{zul} in N/mm² zulässige Betriebsspannung in der Schraube, für die Anhaltswerte in Tabelle 10.13 angegeben sind.

Damit wird aus Tabelle 10.1 ein passendes Gewinde gewählt, dessen Spannungsquerschnitt den errechneten nicht unterschreiten darf.

Die gefühlsmäßig von Hand mit Gabel- oder Ringschlüssel erreichbare

Vorspannkraft $F_V = A_S \cdot \sigma_V$

A_S in mm² Spannungsquerschnitt des Schraubengewindes (Tabelle 10.1),
σ_V in N/mm² mittlere Vorspannung (für Erfahrungswerte siehe Tabelle 10.13).

Mit Stiftschlüsseln für Innensechskantschrauben werden etwa 30% der vorgenannten Spannungen nach Tabelle 10.13 erreicht.

Die **Streckgrenze des Schraubenwerkstoffs** sollte mindestens $R_e = 1{,}5\,\sigma_V$ betragen.

10

Schraubenanziehmoment, Anziehfaktor

Beim Teilflankenwinkel β = 30° betragen

Gewindeanziehmoment $$M_G \approx F_M \left(\frac{0{,}32P}{d_2} + 1{,}16\mu_G \right) \frac{d_2}{2}$$

Montagevorspannung $$\sigma_M = \frac{\sigma_v}{\sqrt{1 + 3\left[\frac{2d_2}{d_0} \left(\frac{0{,}32P}{d_2} + 1{,}16\mu_G \right) \right]^2}} \qquad (10.2)$$

σ_M in N/mm² Zugspannung im maßgebenden Querschnitt der Schraube,
σ_v in N/mm² Vergleichsspannung, die beim Anziehen zugelassen werden soll, in der Regel $\sigma_v = 0{,}9\, R_{p0,2}$ (90 % der 0,2-%-Dehngrenze),
P in mm Steigung des Gewindes (Tabelle 10.1),
d_0 in mm maßgebender Durchmesser = d_S bei Schaftschrauben und d_T bei Taillenschrauben,
d_2 in mm Flankendurchmesser des Gewindes (Tabelle 10.1),
μ_G Reibwert des Gewindes (Tabelle 10.7).

Montagevorspannkraft $$F_M = A_0 \cdot \sigma_M \qquad (10.3)$$

F_M in N Zugkraft in der Schraube beim Anziehen,
σ_M in N/mm² Montagevorspannung nach Formel 10.2,
A_0 in mm² maßgebender Schraubenquerschnitt = A_S bei Schaftschrauben und A_T bei Taillenschrauben (Tabelle 10.1).

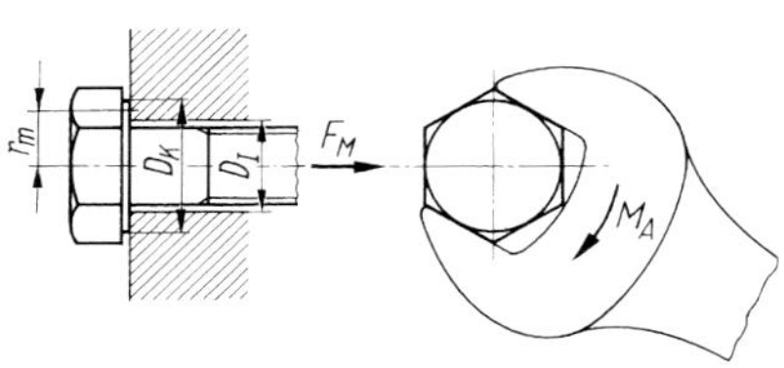

Kopf- bzw. Mutteranziehmoment $M_K = F_M \cdot \mu_K \cdot r_m$

Bild 10.1
Montagevorspannkraft F_M und Schraubenanziehmoment M_A

Um eine Schraubenverbindung auf eine bestimmte Montagevorspannkraft F_M anzuziehen (Bild 10.1), muss insgesamt ein Anziehmoment $M_A = M_G + M_K$ aufgebracht werden:

Schraubenanziehmoment $$M_A \approx F_M \left(0{,}16P + 0{,}58\mu_G \cdot d_2 + \mu_K \cdot r_m \right) \qquad (10.4)$$

M_A in Nmm erforderliches Anziehmoment,
F_M in N Montagevorspannkraft nach Formel 10.3,
P in mm Steigung des Gewindes (Tabelle 10.1),
μ_G Reibzahl im Gewinde (Tabelle 10.7),
d_2 in mm Flankendurchmesser des Gewindes (Tabelle 10.1),
μ_K Reibwert an der Kopf- bzw. Mutterauflagefläche (Tabelle 10.7),
r_m in mm mittlerer Auflageradius = 0,25 ($D_K + D_I$) nach Bild 10.1.

Als Reibzahlen sind in Formel 10.1 und Formel 10.3 die Mindestwerte aus Tabelle 10.7 einzusetzen (fett gedruckt).

Verhältnis der Grenzvorspannkräfte:

Anziehfaktor $$\alpha_A = \frac{F_{M\,max}}{F_{M\,min}} \qquad (10.5)$$

Erfahrungswerte sind in Tabelle 10.6 angegeben. Tabelle 10.8 und Tabelle 10.9 enthalten die zulässigen Montagevorspannkräfte $F_{\mathrm{M\ zul}}$ und die zulässigen Schraubenanziehmomente $M_{\mathrm{A\ zul}}$ bei 90-prozentiger Ausnutzung der 0,2-%-Dehngrenze – und zwar für Schaft- und für Taillenschrauben mit metrischem Regelgewinde M4 bis M36 und Reibwerte von 0,08 bis 0,24. Diese können auch als erster Anhalt für Schrauben mit Feingewinde dienen.

Wenn jedoch μ_G oder/und μ_K nicht bekannt sind, so setze man μ_G = 0,12 bzw. μ_K = 0,12.

Berechnung: Nachgiebigkeit von Schraube und Bauteilen

Nachgiebigkeit der Schraube $$\delta_S = \frac{1}{E_S}\left(\frac{l_1}{A_1} + \frac{l_2}{A_2} + \frac{l_3}{A_3} + \ldots + \frac{l_M}{A}\right) \quad (10.6)$$

δ_S in mm/N Nachgiebigkeit der Schraube,
E_S in N/mm² Elastizitätsmodul des Schraubenwerkstoffs (für Stahlschrauben ≈ 210 000 N/mm²),
l_M in mm Ersatzlänge für die Verformung im Gewinde,
A_i in mm² Querschnittsflächen der Einzelelemente. Für den Fall in Bild 10.2 ist
$A_1 = A$ der Schaftquerschnitt (Nennquerschnitt = $d^2 \cdot \pi/4$),
$A_2 = A_T$ der Taillenquerschnitt (Tabelle 10.1),
$A_3 = A_K$ der Kernquerschnitt (Tabelle 10.1).

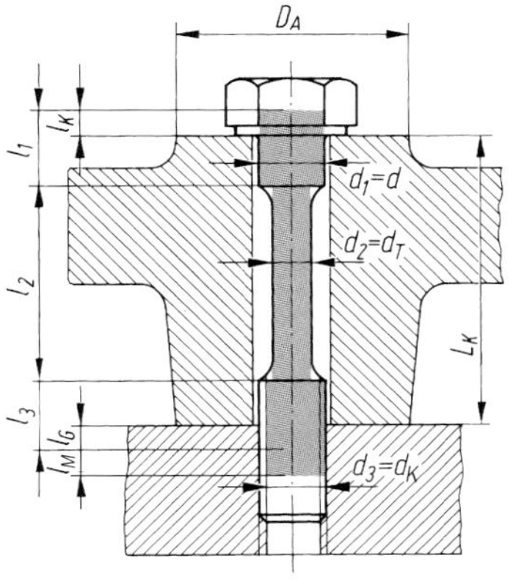

Bild 10.2
Verbindung mit Taillenschraube

Erfahrungswerte für die *Ersatzlängen*:

- Verformung des Schraubenkopfes: $l_K \approx 0{,}4\ d$
- Verformung des Gewindekerns: $l_G \approx 0{,}5\ d$
- Verformung der Gewindegänge: $l_M \approx 0{,}4\ d$

Ersatzquerschnitte

bei $D_A \le D_K$: $$A_B = \frac{\pi}{4}\left(D_A^2 - D_I^2\right) \quad (10.7)$$

bei $D_K < D_A < D_K + L_K$: $$A_B = \frac{\pi}{4}\left(D_K^2 - D_I^2\right) + \frac{\pi}{8} D_K \left(D_A - D_K\right)\left[\left(x_1 + 1\right)^2 - 1\right] \quad (10.8)$$

bei $D_A \geq D_K + L_K$: $$A_B = \frac{\pi}{4}\left(D_K^2 - D_I^2\right) + \frac{\pi}{8} D_K L_K \left[\left(x_2 + 1\right)^2 - 1\right] \quad (10.9)$$

A_B in mm² Querschnittsfläche des Ersatzzylinders für die verschraubten Bauteile,
D_A in mm Außendurchmesser bzw. Breite der Bauteile (siehe Bild 10.3),
D_I in mm Lochdurchmesser (Tabelle 10.3),
D_K in mm Auflagedurchmesser des Schraubenkopfes oder der Mutter an den Bauteilen,
L_K in mm Klemmlänge der Schraubenverbindung (siehe Bild 10.3),
$x_1 = \sqrt[3]{L_K D_K / D_A^2}$,
$x_2 = \sqrt[3]{L_K D_K / (L_K + D_K)^2}$.

Die Gleichungen gelten sowohl für Durchsteck- als auch für Sacklochverschraubungen. Formel 10.8 ist für $D_K < D_A \leq 1{,}5\,D_K$ auf ein Klemmlängenverhältnis $L_K/d \leq 10$ begrenzt.

Sinngemäß zur Nachgiebigkeit der Schraube beträgt die

10

Nachgiebigkeit der Bauteile $$\delta_B \approx \frac{1}{A_B}\left(\frac{L_1}{E_{B1}} + \frac{L_2}{E_{B2}} + \ldots\right) \quad (10.10)$$

δ_B in mm/N Nachgiebigkeit der Bauteile,
L_i in mm Einzeldicken der Bauteile (siehe Bild 10.3),
E_{Bi} in N/mm² Elastizitätsmoduln der einzelnen Bauteilwerkstoffe (siehe Tabelle 9.2),
A_B in mm² Querschnittsfläche des Ersatzzylinders der Bauteile nach Formel 10.6 bis Formel 10.9.

Bild 10.3 zeigt die Darstellung des Druckspannungskörpers in den Bauteilen, den man sich durch einen zylindrischen Körper mit einer Querschnittsfläche A_B ersetzt denkt.

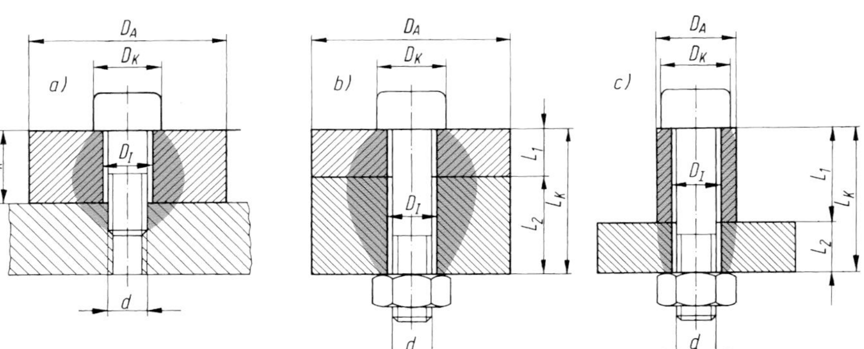

Bild 10.3 Schraubenverbindungen
a) Platte aufgeschraubt, b) Platten miteinander verschraubt, c) Hülse und Platte miteinander verschraubt

Formänderungen beim Anziehen einer Schraubenverbindung:

Verlängerung der Schraube $f_{SM} = F_M \cdot \delta_S$

Dickenabnahme der Bauteile $f_{BM} = F_M \cdot \delta_B$

F_M in N Montagespannkraft,
δ_S in mm/N Nachgiebigkeit der Schraube nach Formel 10.6,
δ_B in mm/N Nachgiebigkeit der Bauteile nach Formel 10.10.

Berechnung: bleibende Verformung durch Setzen

Kraftverhältnis $$\Phi_K = \frac{\delta_B}{\delta_S + \delta_B} \qquad (10.11)$$

δ_B in mm/N Nachgiebigkeit der Bauteile nach Formel 10.10,
δ_S in mm/N Nachgiebigkeit der Schraube nach Formel 10.6.

Mit dem Kraftverhältnis errechnet sich der

Vorspannkraftverlust $$F_Z = \frac{f_Z \cdot \Phi_K}{\delta_B} \qquad (10.12)$$

F_Z in N Vorspannkraftverlust nach der Montage der Schraubenverbindung,
f_Z in mm Setzbetrag (Richtwerte nach Tabelle 10.11),
δ_B in mm/N Nachgiebigkeit der Bauteile nach Formel 10.10.

Damit verbleibt eine

Vorspannkraft $$F_V = F_M - F_Z \qquad (10.13)$$

F_M in N Montagevorspannkraft nach Formel 10.3,
F_Z in N Vorspannkraftverlust nach Formel 10.12.

10

Berechnung: Betriebskräfte Zug, Druck und Schwingungen auf vorgespannte Schraubenverbindungen

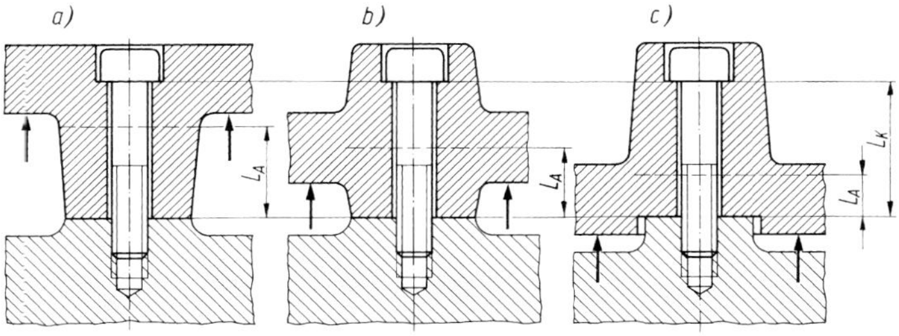

Bild 10.4 Schraubenverbindungen mit verschiedenen Kraftangriffspunkten
a) mit $L_A \approx 0{,}7 L_K$, b) mit $L_A \approx 0{,}5 L_K$, c) mit $L_A \approx 0{,}3 L_K$

Krafteinleitungsfaktor $$n = L_A / L_K \qquad (10.14)$$

Schraubenzusatzkraft in der Schraube $$F_{SA} = n \cdot \Phi_K \cdot F_A \qquad (10.15)$$

F_{SA} in N Kraftdifferenz zwischen der Größtkraft F_S und der Vorspannkraft F_V,
n Krafteinleitungsfaktor nach Formel 10.14,
Φ_K Kraftverhältnis nach Formel 10.11,
F_A in N Betriebslängskraft, die im Abstand L_A innerhalb der Klemmlänge L_K angreift.

Flanschentlastungskraft in den Bauteilen $F_{BA} = F_A - F_{SA} = (1 - n \cdot \Phi_K) F_A$ (10.16)

Größtkraft in der Schraube $F_S = F_V + F_{SA}$ (10.17)

Restklemmkraft der Bauteile $F_K = F_S - F_A$ (10.18)

mit F_V als Vorspannkraft nach Formel 10.13. Aus Sicherheitsgründen ist die Restklemmkraft F_K mit $F_{S\,min}$ zu berechnen.

Montagevorspannkraft $F_{M\,max} = \alpha_A (F_K + F_{BA} + F_Z)$ (10.19)

α_A	Anziehfaktor nach Tabelle 10.6,
F_K in N	erforderliche Mindestklemmkraft der Bauteile,
F_{BA} in N	Flanschentlastungskraft in den Bauteilen nach Formel 10.16,
F_Z in N	Vorspannkraftverlust durch Setzen nach Formel 10.12.

10

Mit $F_{M\,max}$ kann das Schraubenanziehmoment M_A mit Formel 10.4 errechnet und vorgeschrieben werden. M_A darf nicht größer als das zulässige nach Tabelle 10.8 bzw. Tabelle 10.9 sein.

Bei schwingender Betriebskraft

Kraftamplitude $F_a = 0{,}5 n \cdot \Phi_K (F_{Ao} - F_{Au})$ (10.20)

n	Krafteinleitungsfaktor nach Formel 10.14,
Φ_K	Kraftverhältnis nach Formel 10.11,
F_{Ao} in N	Oberkraft des Lastspiels,
F_{Au} in N	Unterkraft des Lastspiels.

Mittelkraft des Lastspiels in der Schraube $F_m = F_S - F_a = F_M - F_Z + 0{,}5 n \cdot \Phi_K (F_{Ao} + F_{Au})$ (10.21)

F_S	in N	Größtkraft in der Schraube = $F_{S\,max}$ nach Formel 10.17,
F_a	in N	Kraftamplitude nach Formel 10.20,
F_M	in N	Montagevorspannkraft = $F_{M\,max}$ nach Formel 10.3 (ggf. nach Formel 10.19),
F_Z	in N	Vorspannkraftverlust nach Formel 10.12,
n, Φ_K, F_{Ao}, F_{Au}		siehe Legende zu Formel 10.20.

Unter einem **Lastspiel** versteht man eine volle Schwingung der Betriebskraft F_A. Ist F_{Au} eine **Druckkraft**, so ist ihr Betrag mit **negativem Vorzeichen** in Formel 10.20 und Formel 10.21 einzusetzen. Bei $F_{Au} = 0$ ist $F_a = 0{,}5\ F_{SA}$.

Greift die Betriebslängskraft F_A **exzentrisch** zur Schraubenachse an, so wird die Schraube zusätzlich auf Biegung beansprucht. Wenn keine genaue Berechnung erforderlich ist, empfiehlt es sich, die Montagevorspannkraft $F_{M\,max}$ und damit das Schraubenanziehmoment M_A um einen gewissen Prozentsatz niedriger anzusetzen, damit Festigkeitsreserve für die Biegebeanspruchung verbleibt.

Haltbarkeit der Schraubenverbindungen

Spannungsdifferenz $\sigma_{sa} = \frac{F_{SA}}{A_0} \leq 0{,}1 R_{p0,2}$ (10.22)

σ_{sa} in N/mm²	Spannungszunahme gegenüber der Vorspannung durch die Betriebslängskraft F_A,
F_{SA} in N	Schraubenzusatzkraft in der Schraube nach Formel 10.15,
A_0 in mm²	maßgebender Schraubenquerschnitt = A_S bei Schaftschrauben und A_T bei Dehnschrauben (Tabelle 10.1).

Bei einer schwingenden Betriebslängskraft F_A besteht die Gefahr eines **Dauerbruchs der Schraube**. Gefährdet sind alle Stellen, an denen stärkere Kerbwirkungen auftreten. Im Allgemeinen ist ein Dauerbruch bei einer hohen, aber nicht zu hohen Vorspannung selten. Die Schwingbeanspruchung wird jedoch bei Verlust der Restklemmkraft oder bei unvorgespannten Schrauben besonders hoch. Der glatte Schaft von Taillenschrauben ist kaum dauerbruchgefährdet und bedarf meistens keiner Nachrechnung. Besonders gefährdet ist der Gewindebolzen an der Übergangsstelle zur Mutter oder zu einem Gewindeloch im Bauteil. Da die Kerbspannungen am Gewindegrund auftreten, ist für die Dauerhaltbarkeit der Kernquerschnitt A_K maßgebend. In diesem beträgt der

Spannungsausschlag $$\sigma_a = \frac{F_a}{A_S} \tag{10.23}$$

σ_a in N/mm² Spannungsausschlag im Schraubenkern bei schwingender Betriebslängskraft F_A,
F_a in N Kraftamplitude nach Formel 10.20,
A_S in mm² Spannungsquerschnitt der Schraube (Tabelle 10.1).

10

Die **Ausschlagsfestigkeit σ_A** des Gewindekerns als Dauerhaltbarkeit ist in Tabelle 10.11 angegeben. Die Tabellenwerte zeigen, dass mit größer werdendem Gewinde die Festigkeit abnimmt. Bei Verwendung von Stulpmuttern sind die Werte um etwa 8 % höher und bei Zugmuttern um etwa 15 %. Bei Feingewinden liegen die Werte für σ_A um etwa 15 % niedriger. Als zulässiger Spannungsausschlag kann $\sigma_{a\,zul} \approx 0{,}9\ \sigma_A$ gesetzt werden. Liegt zusätzlich Biegebeanspruchung, also exzentrischer Kraftangriff, vor, so sind entsprechend niedrigere Werte anzusetzen.

Flächenpressung $$p_B = \frac{F_S}{A_P} \tag{10.24}$$

p_B in N/mm² durch die Größtkraft F_S hervorgerufene Flächenpressung am Bauteil,
F_S in N Größtkraft $F_{S\,max}$ in der Schraube nach Formel 10.17,
A_P in mm² am Bauteil vom Schraubenkopf oder von der Mutter gepresste Fläche.

Bei der Errechnung der gepressten Fläche A_P ist die übliche Lochanfasung zu berücksichtigen. In Tabelle 10.12 sind Richtwerte für die zulässige Flächenpressung $p_{B\,zul}$ einiger Bauteilwerkstoffe angegeben. Sollte die Flächenpressung den zulässigen Wert überschreiten, so müssen Bundschrauben oder -muttern verwendet oder Scheiben untergelegt werden. Für nicht aufgeführte Werkstoffe kann $p_{B\,zul} \approx 1{,}2\ R_e$ gesetzt werden (für Streckgrenzen R_e verschiedener Metalle siehe Tabelle 2.2, Tabelle 2.5 und Tabelle 2.6). Eine nominelle Überschreitung der Streckgrenze schadet nicht, da es sich nicht um Zugbeanspruchung handelt.

Standardisierte Vorgehensweise

Im Folgenden werden die Berechnungsschritte für durch eine Längskraft hoch beanspruchte Verbindungen mit Schrauben ab Festigkeitsklasse 8.8 dargestellt.

Schritt 1

Zunächst wird die die Verbindung beanspruchende Betriebslängskraft F_A ermittelt. Befinden sich in einem Anschluss (Flansch, Deckel und dergleichen) mehrere Schrauben, so muss die gesamte Betriebskraft entsprechend auf die Schrauben aufgeteilt werden. Danach wird die Montagevorspannkraft $F_{M\,max} \approx 2 \ldots 3\ F_A$ abgeschätzt, die Schraubenart (abhängig von der Konstruktion und den Montagemöglichkeiten) und deren Festigkeitsklasse (Tabelle 10.2) gewählt sowie die vorläufige Schraubengröße nach der zulässigen Montagevorspannkraft $F_{M\,zul}$ (Tabelle 10.8 bzw. Tabelle 10.9) ausgewählt.

10

Schritt 2

Bestimmung des Anziehfaktors α_A nach der vorgesehenen Anziehmethode (Tabelle 10.6).

Schritt 3

Falls erforderlich, Bestimmung der Mindestklemmkraft F_K nach den Erfordernissen der Konstruktion.

Schritt 4

Bestimmung der Nachgiebigkeiten δ_S und δ_B von Schraube und Bauteilen nach Formel 10.6 und Formel 10.10 und des Kraftverhältnisses Φ_K nach Formel 10.11, falls dieses nicht aus Erfahrung bekannt ist.

Schritt 5

Bestimmung des Vorspannkraftverlustes F_Z durch Setzen nach Formel 10.12, falls auch für diesen kein Erfahrungswert bekannt ist.

Schritt 6

Bestimmung der erforderlichen Montagevorspannkraft $F_{M\,max}$ nach Formel 10.19. Falls keine Mindestklemmkraft vorgeschrieben ist, also nicht mit Formel 10.19 gerechnet werden muss, Wahl von $F_{M\,max}$ und Kontrolle mit Formel 10.18, ob ein Abheben der Bauteile sicher vermieden wird. Bei zusätzlicher Biegebeanspruchung (exzentrischem Kraftangriff) $F_{M\,max} < F_{M\,zul}$!

Schritt 7

Bestimmung des Schraubenanziehmoments M_A nach Formel 10.4 mit $F_{M\,max}$; es darf das zulässige $M_{A\,zul}$ nach Tabelle 10.8 bzw. Tabelle 10.9 nicht überschreiten!

Schritt 8

Überprüfung der Haltbarkeit der Schraubenverbindung, d. h. Kontrolle nach Formel 10.22 bis Formel 10.24, ob Spannungsdifferenz σ_{sa}, Spannungsausschlag σ_a und Flächenpressung p_B zulässig sind.

Für Schraubenverbindungen, von denen keine hohe Festigkeit verlangt wird, genügen Schrauben unter der Festigkeitsklasse 8.8. Selbstverständlich können auch sie nach der vorhergehend dargelegten Methode berechnet werden. Hierzu kann man sich Tabelle 10.8 bedienen, wenn man die dort angegebenen Montagevorspannkräfte und Schraubenanziehmomente mit dem Streckgrenzenverhältnis multipliziert. Zum Beispiel beträgt für eine Schraube der Festigkeitsklasse 4.8 die zulässige

$$\textit{Montagevorspannkraft}\ F_{M(4.8)} = \frac{F_{M(8.8)}}{R_{p0,2(8.8)}} R_{e(4.8)}$$

Zu den Streckgrenzen R_e bzw. 0,2-%-Dehngrenzen $R_{p0,2}$ siehe Tabelle 10.2. Falls die Reibzahlen im Gewinde und an der Kopfauflagefläche nicht bekannt sind, so setze man $\mu_G = \mu_K = 0{,}12$.

Berechnung querbeanspruchter Schraubenverbindungen

$$\text{Scherspannung} \quad \tau_a = \frac{F_Q}{m \cdot A} \tag{10.25}$$

$$\text{Leibung} \quad \sigma_l = \frac{F_Q}{d \cdot s} \tag{10.26}$$

τ_a in N/mm² Scherspannung im maßgebenden Querschnitt,
F_Q in N Betriebsquerkraft je Schraube bzw. Element,
m Schnittzahl = Anzahl der Schnittflächen,
A in mm² maßgebender, auf Scheren beanspruchter Querschnitt der Schraube oder des Scherelements,
σ_l in N/mm² Leibungsdruck im Bauteilloch bzw. am Schaft des Scherelements,
d in mm Außendurchmesser des tragenden Teils von Schraube oder Scherelement,
s in mm kleinste tragende Länge an Schraube oder Scherelement im Bauteil.

Für den **Maschinenbau** sind in Tabelle 10.14 einige Anhaltswerte für zulässige Scherspannungen $\tau_{a\,zul}$ und zulässige Leibungsspannungen $\sigma_{l\,zul}$ zusammengestellt.

Bei Querkraftübertragung durch **Reibhemmung** erforderliche

$$\text{Haftsicherheit} \quad S_H = \frac{\mu \cdot F_V \cdot m}{F_Q} \tag{10.27}$$

μ Haftreibwert an den Klemmflächen der Bauteile (siehe Tabelle 10.15),
F_V in N Vorspannkraft der Schraube = $F_{V\,min}$ nach Formel 10.13 oder Spannkraft $F_{M\,zul}/\alpha_A$ nach Tabelle 10.8 und Tabelle 10.9 unter Abzug eines geschätzten Vorspannkraftverlustes F_Z,
m Anzahl der Bauteil-Reibflächenpaare = Schnittzahl,
F_Q in N Betriebsquerkraft je Schraube.

Tabelle 10.15 enthält einige Erfahrungswerte für Haftreibwerte und erforderliche Haftsicherheiten.

Wenn Schrauben eine Querkraft F_Q gleitfest aufzunehmen haben und **gleichzeitig durch eine Axialkraft F_A beansprucht werden**, so muss in Formel 10.27 anstelle der Vorspannkraft F_V die Mindestklemmkraft F_K eingesetzt werden. Um diese zu erreichen, ist die Montagevorspannkraft $F_{M\,max}$ nach Formel 10.18 zu errechnen und mit dieser das vorzuschreibende Schraubenanziehmoment M_A nach Formel 10.4 zu bestimmen.

11

11 Bewegungsschrauben

Gewinde, Wirkungsgrad

Gewinde

Für Abmessungen siehe Tabelle 11.1.

Bei einer mehrgängigen Spindel:

Steigung $P_h = P \cdot n$ (11.1)

P in mm Teilung des Gewindes = Steigung eingängiger Gewinde,
n Gangzahl.

Winkel am Gewinde:

$$\tan\alpha = \frac{P_h}{d_2 \cdot \pi} \quad (11.2)$$

$$\tan\beta_N = \tan\beta \cdot \cos\alpha \quad (11.3)$$

$$\tan\varrho_G = \frac{\mu_G}{\cos\beta_N} \quad (11.4)$$

α Steigungswinkel des Gewindes,
P_h Steigung des Gewindes nach Formel 11.11,
d_2 Flankendurchmesser des Gewindes (Tabelle 11.1),
β_N Flankenwinkel im Normalschnitt,
β Flankenwinkel im Achsschnitt = 15° beim Trapezgewinde und = 3° beim Sägengewinde,
ϱ_G Reibwinkel des Gewindes,
μ_G Reibwert im Gewinde.

Tabelle 11.2 enthält Anhaltswerte für Reibwerte im Gewinde bei gut geschmierten und bei fast trockenen Flanken.

Wirkungsgrade und Drehmomente

Wirkungsgrad beim Arbeitshub $\eta_A = \dfrac{\tan\alpha}{\tan(\alpha + \varrho_G)}$ (11.5)

Wirkungsgrad beim Rückhub $\eta_R = \dfrac{\tan(\alpha - \varrho_G)}{\tan\alpha}$ (11.6)

Ist $\varrho_G > \alpha$, dann wird tan $(\alpha - \varrho_G)$ negativ, also auch η_R negativ. Das bedeutet **Selbsthemmung**.

Antriebsdrehmoment $M_A = M_{GA} + M_L = F_A \cdot \tan(\alpha + \varrho_G) \cdot r_2 + F_A \cdot \mu_L \cdot R_L$ (11.7)

M_A in Nmm Antriebsdrehmoment einschließlich Lagerreibung,
F_A in N Betriebslängskraft (Axialkraft),
α in ° Steigungswinkel des Gewindes nach Formel 11.2,
ϱ_G in ° Reibwinkel des Gewindes nach Formel 11.4,
r_2 in mm Flankenradius des Gewindes = $d_2/2$ (Tabelle 11.1),
μ_L Reibwert im Lager (bei Gleitlagerung meistens etwa gleich μ_G),
R_L in mm mittlerer Radius der Lagerstützfläche.

Bei Abstützung der Spindel in einem Wälzlager (beispielsweise Axial-Rillenkugellager) ist die Reibung geringer (siehe Tabelle 11.2). R_L ist der Radius, an dem sich die Wälzkörper befinden.

$$\textit{Rückdrehmoment} \quad M_R = M_L - M_{GR} = F_A \cdot \mu_L \cdot R_L - F_A \cdot \tan(\alpha - \varrho_G) \cdot r_2 \tag{11.8}$$

Wird M_R negativ, so ist F_A allein in der Lage, die Rückwärtsbewegung zu bewerkstelligen. Das System ist dann nicht selbsthemmend.

$$\textit{Gesamtwirkungsgrad} \quad \eta = \frac{P_h}{\tan(\alpha + \varrho_G) \cdot d_2 \cdot \pi + \mu_L \cdot D_L \cdot \pi} \tag{11.9}$$

P_h in mm — Steigung des Gewindes nach Formel 11.1.

Berechnung der Haltbarkeit und der Stabilität

Spannungen

$$\textit{Zug- oder Druckspannung} \quad \sigma = \frac{F_A}{A_K} \tag{11.10}$$

$$\textit{Torsionsspannung} \quad \tau_t = \frac{T}{W_t} \tag{11.11}$$

σ	in N/mm²	Zug- bzw. Druckspannung in der Spindel,
F_A	in N	Betriebslängskraft,
A_K	in mm²	Kernquerschnitt der Spindel = $d_3^2 \cdot \pi/4$ (d_3 nach Tabelle 11.1),
τ_t	in N/mm²	Torsionsspannung in der Spindel,
T	in Nmm	das die Spindel beanspruchende Torsionsmoment = M_A nach Formel 11.7. Wird das Lagerreibmoment nicht über die Spindel geleitet, dann ist $T = M_{GA}$ in Formel 11.7,
W_t	in mm³	Widerstandsmoment des Kernquerschnitts gegen Torsion $\approx 0{,}2d_3^3$.

Beide Beanspruchungen werden zusammengefasst zur

$$\textit{Vergleichsspannung} \quad \sigma_v = \sqrt{\sigma^2 + 3\tau_t^2} \tag{11.12}$$

Für die zulässige Vergleichsspannung $\sigma_{v\,zul}$ sind in Tabelle 11.2 einige Erfahrungswerte angegeben. Sie gelten für den Regelfall. Wegen der gegenüber Trapezgewinde geringeren Kerbwirkung im Sägengewinde (größere Ausrundung des Gewindegrundes) liegen die Werte hierfür um ca. 25 % höher.

Druckbeanspruchte Spindeln

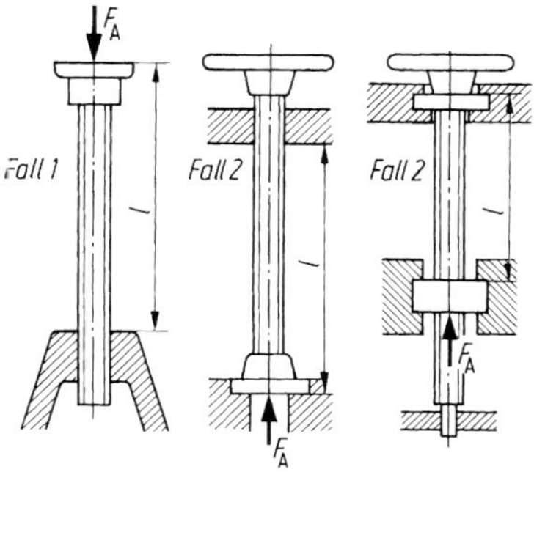

Bild 11.1
Übliche Knickfälle für Schraubenspindeln

bei $\lambda \geq 90$: *Knicksicherheit nach Euler* $S_K = \frac{\pi^2 \cdot E}{\lambda^2 \cdot \sigma} \geq 2{,}6 \ldots 6$ (11.13)

bei $\lambda < 90$: *Knicksicherheit nach Tetmajer* $S_K = \frac{\sigma_0 - \lambda \cdot k}{\sigma} \geq 1{,}7 \ldots 4$ (11.14)

E in N/mm² Elastizitätsmodul des Spindelwerkstoffs ≈ 210 000 N/mm² für Stahl,
λ Schlankheitsgrad der Spindel = $8l/d_3$ bei Knickfall 1 und = $4l/d_3$ bei Knickfall 2 (freie Länge l und Knickfall siehe Bild 11.1),
σ in N/mm² Druckspannung nach Formel 11.10,
σ_0 in N/mm² ideelle Druckfestigkeit ≈ 350 N/mm² für E295 und E335,
k in N/mm² Knickspannungsrate ≈ 0,6 N/mm² für E295 und E335.

Kleine Werte für die Knicksicherheit sind bei seltenem Betrieb und größere Werte bei Dauerbetrieb zu wählen (außerdem zunehmend mit steigendem Schlankheitsgrad λ). Bei $\lambda < 50$ ist eine Berechnung auf Knicksicherheit nicht erforderlich.

11

Beanspruchung der Gewindeflanken

Flankenpressung $p = \frac{F_A \cdot P}{m \cdot d_2 \cdot \pi \cdot H_1 \cdot k}$ (11.15)

p in N/mm² Pressung der Flanken des Gewindes,
F_A in N Betriebslängskraft,
P in mm Teilung des Gewindes (Tabelle 11.1),
m in mm tragende Mutternhöhe,
d_2 in mm Flankendurchmesser des Gewindes (Tabelle 11.1),
H_1 in mm Gewindetragtiefe (siehe Tabelle 11.1),
k Gewindetragfaktor (im Allgemeinen = 0,75).

Für zulässige Flankenpressung p_{zul} siehe Tabelle 11.2. Bei Kunststoffmuttern abhängig von der Gleitgeschwindigkeit $v \approx d \cdot \pi \cdot n$ (Spindelaußendurchmesser d in m, Drehzahl n in min^{-1}).

12 Formschlüssige Welle-Nabe-Verbindungen

Längskeilverbindungen

Flankenpressung $$p \approx \frac{F_u}{t_2 \cdot l_t \cdot i} \tag{12.1}$$

p	in N/mm²	Pressung der Keil- und Nutflanken in der Nabe,
F_u	in N	Umfangskraft an der Welle = T/r = $2T/d$ mit T als zu übertragendes Drehmoment und r als Wellenradius bzw. d als Wellendurchmesser,
t_2	in mm	Nabennuttiefe (Tabelle 12.2),
l_t	in mm	tragende Keillänge,
i		Anzahl der am Umfang angeordneten Keile.

Zu Erfahrungswerten für zulässige Flankenpressungen siehe Tabelle 12.1, Abmessungen der Nutkeile nach Tabelle 12.2.

12

Passfederverbindungen

Flankenpressung $$p \approx \frac{F_u}{(h - t_1) l_t \cdot i \cdot k} \tag{12.2}$$

p	in N/mm²	Pressung der Passfeder- und Nabennutflanken,
F_u	in N	Umfangskraft an der Welle = T/r = 2 T/d = $2T/d$ mit T als zu übertragendes Drehmoment und r als Wellenradius bzw. d als Wellendurchmesser,
h	in mm	Höhe der Passfeder (Tabelle 12.3 und Tabelle 12.4),
t_1	in mm	Wellennuttiefe (Tabelle 12.3 und Tabelle 12.4),
l_t	in mm	tragende Passfederlänge,
i		Anzahl der Passfedern am Umfang = 1 oder = 2,
k		Tragfaktor = 1 bei einer und ≈ 0,75 bei zwei am Umfang angeordneten Passfedern.

Für die rundstirnigen Ausführungen beträgt bei einer Nabenlänge > l die tragende Länge $l_t = l - b$. Nach DIN 6892 leisten Traglängen über $1{,}3d$ keinen nennenswerten Beitrag zur Drehmomentübertragung.

Zu Erfahrungswerten für zulässige Flankenpressungen siehe Tabelle 12.1, Abmessungen der Passfedern niedrige Form nach Tabelle 12.3, hohe Form nach Tabelle 12.4 und Scheibenfedern nach Tabelle 12.5.

Keilwellenverbindungen

Flankenpressung $$p \approx \frac{F_u}{h \cdot l_t \cdot i \cdot k} \tag{12.3}$$

p	in N/mm²	Pressung der Keil- und Nabennutflanken,
F_u	in N	Umfangskraft an der Welle = T/r_m mit T als zu übertragendem Drehmoment und $r_m = 0{,}25\,(d_1 + d_2)$ als mittlerem Radius der Welle (Tabelle 12.6),
h	in mm	Keilhöhe = $0{,}5\,(d_2 - d_1)$ gemäß Tabelle 12.6,
l_t	in mm	Traglänge der Verbindung,
i		Anzahl der Keile am Umfang,
k		Tragfaktor ≈ 0,75 bei Innenzentrierung und ≈ 0,9 bei Flankenzentrierung.

Erfahrungswerte für zulässige Flankenpressungen nach Tabelle 12.1, Abmessungen der Keilwellen nach Tabelle 12.6, Passungen für Keilwellen und Keilnaben je nach deren Funktion nach Tabelle 12.7 und DIN ISO 14.

12

Zahnwellenverbindungen

Flankenpressung $$p \approx \frac{F_u}{h \cdot l_t \cdot z \cdot k} \tag{12.4}$$

p	in N/mm²	Flankenpressung der Zähne,
F_u	in N	Umfangskraft in der Zahnprofilmitte = T/r_m mit T als zu übertragendem Drehmoment und $r_m = 0{,}25\,(d_3 + d_2)$,
h	in mm	tragende Zahnhöhe = $0{,}5\,(d_3 - d_2)$ (Tabelle 12.8 und Tabelle 12.9),
l_t	in mm	Traglänge der Verbindung,
z		Zähnezahl (Tabelle 12.8 und Tabelle 12.9),
k		Tragfaktor ≈ 0,5 bei Kerbverzahnung und ≈ 0,75 bei Evolventenverzahnung.

Erfahrungswerte für zulässige Flankenpressungen nach Tabelle 12.1, Abmessungen der Zahnprofile nach Tabelle 12.8 und Tabelle 12.9.

Polygonwellenverbindungen

Flächenpressung beim P3G-Profil $$p = \frac{T}{l_t\left(2{,}36 \cdot d_1 \cdot e_1 + 0{,}05 d_1^2\right)} \tag{12.5}$$

Flächenpressung beim P4C-Profil $$p = \frac{T}{l_t\left(\pi \cdot d_r \cdot e_r + 0{,}05 d_r^2\right)} \tag{12.6}$$

T	in Nmm	zu übertragendes Drehmoment,
l_t	in mm	Traglänge des Profils,
d_1	in mm	Gleichdickdurchmesser,
d_r	in mm	maßgebender, rechnerischer Durchmesser = $d_2 + 2e$,
e_1, e_r	in mm	Exzentrizität des Profils.

Zu Anhaltswerten für zulässige Flächenpressungen siehe Tabelle 12.1, zu Abmessungen der Profile siehe Tabelle 12.10.

Kegelverbindungen

Mit dem großen Kegeldurchmesser D, dem kleinen Kegeldurchmesser d und der Kegellänge L gilt nach DIN 254:

Kegel $C = \dfrac{D-d}{L}$ und für den Kegelwinkel α: $\tan\dfrac{\alpha}{2} = \dfrac{D-d}{2L} = \dfrac{C}{2}$

Beanspruchung

$$\text{Fugenpressung} \quad p_F \approx \frac{F_V}{D_F \cdot \pi \cdot l_F \cdot \tan(\alpha/2+\varrho)} \tag{12.7}$$

p_F in N/mm² Pressung der Kegelmantelfläche,
F_V in N Vorspannkraft der Schraube (siehe hierzu die nachfolgenden Hinweise),
D_F in mm Fugendurchmesser = mittlerer Kegeldurchmesser = $D - C \cdot L/2$. Beim Kegel 1:10 ist $C = 0{,}1$,
l_F in mm Fugenlänge = Traglänge (in der Regel = L),
ϱ in ° Reibwinkel ($\varrho = \arctan \mu$),
α in ° Kegelwinkel. Beim Kegel 1:10 ist $\alpha = 5{,}724°$.

Beim gefühlsmäßigen Anziehen der Schraubenverbindung von Hand kann man erfahrungsgemäß mit den mittleren Vorspannungen σ_V im Spannungsquerschnitt A_S nach Tabelle 10.13 rechnen, sodass eine Vorspannkraft $F_V \approx A_S \cdot \sigma_V$ zu erwarten ist (für A_S siehe Tabelle 12.11). Beim Anziehen mit dem Drehmomentenschlüssel ist ein Anziehdrehmoment M_A nach Formel 10.3 unter Berücksichtigung des Setzens und der Streuungen beim Anziehen vorzuschreiben.

Abmessungen der kegeligen Wellenenden DIN 1448 nach Tabelle 12.11.

Mit der Fugenpressung p_F, die mit der Vorspannkraft F_V der Schraube nach Formel 12.7 errechnet wurde, kann die Verbindung wie eine **Längspressverbindung** betrachtet werden: Formel 9.1 und Formel 9.2, Haftbeiwert $\mu \approx 0{,}1 \ldots 0{,}12$ entsprechend $\varrho \approx 6 \ldots 7°$. Formel 9.3 und Formel 9.4 sowie Formel 9.25 und Formel 9.27 ermöglichen eine Überprüfung, ob eine elastische Beanspruchung der Fügeteile gewährleistet ist. Wird elastisch-plastische Beanspruchung des Außenteils zugelassen, so ist mit Formel 9.28 bis Formel 9.30 zu rechnen.

12

Andererseits kann auch nach dem zu übertragenden Drehmoment T die erforderliche Vorspannkraft F_V errechnet und danach unter Berücksichtigung des Anziehfaktors α_A das Schraubenanziehmoment M_A ermittelt und vorgeschrieben werden, und zwar mit Formel 9.1, Formel 9.2, Formel 10.3, Formel 10.4 und Formel 12.7.

Selbsthemmung tritt ein, wenn $\alpha/2 < \varrho$ ist. Beim Demontieren würde sich die Kegelverbindung dann nämlich nicht von selbst lösen.

Stirnzahnverbindungen

$$\text{Flankenpressung} \quad p \approx \frac{F_u}{z \cdot b(H-5S)k} \cdot \frac{r_a}{r_m} \tag{12.8}$$

p in N/mm² Pressung der Zahnflanken durch das zu übertragende Drehmoment,
F_u in N Umfangskraft = T/r_m mit T als zu übertragendes Drehmoment und $r_m = 0{,}25\,(D_a + D_i)$ als mittlerem Radius der Verzahnung,
z Zähnezahl (Tabelle 12.12),
b in mm Zahnbreite = $0{,}5\,(D_a - D_i)$,
H in mm Spitzenhöhe der Zähne (Tabelle 12.12),
S in mm Kopfspiel der Verzahnung (Tabelle 12.12),
k Tragfaktor ≈ 0,75,
r_a Außenradius der Verzahnung,
r_m mittlerer Radius der Verzahnung.

Als zulässige Flankenpressung können die Werte nach Tabelle 12.1 (Spalte „Zahnwellen") angenommen werden.

Wird F_A durch Schrauben erzeugt, dann ist die Längsspannkraft $F_A \approx F_u$ festzulegen. Die Vorspannkraft je Schraube ist dann $F_V = F_A/i$ mit i als Anzahl der Spannschrauben. Die Ermittlung der Vorspannkraft F_V bzw. der Schraubengröße erfolgt wie bei den Klemmverbindungen.

13

13 Stift- und Bolzenverbindungen

Gelenkstifte oder Bolzen

Flächenpressungen $$p_a = \frac{F}{2a \cdot d} \tag{13.1}$$

$$p_i = \frac{F}{b \cdot d} \tag{13.2}$$

Scherspannung $$\tau_a = \frac{F}{2A} \tag{13.3}$$

Biegespannung $$\sigma_b \approx \frac{F(a + b/2)}{4W_b} \tag{13.4}$$

p_a, p_i	in N/mm²	Pressung der Lochwände der Bauteile,
F	in N	Belastungskraft der Verbindung,
a, b	in mm	Bauteildicken,
d	in mm	Stift- bzw. Bolzendurchmesser,
τ_a	in N/mm²	Scherspannung im Stift- bzw. Bolzenquerschnitt,
A	in mm²	Stift- bzw. Bolzenquerschnitt,
σ_b	in N/mm²	Biegespannung im Stift- bzw. Bolzenquerschnitt,
W_b	in mm³	Widerstandsmoment gegen Biegung ≈ $0{,}1d^3$ beim Vollquerschnitt.

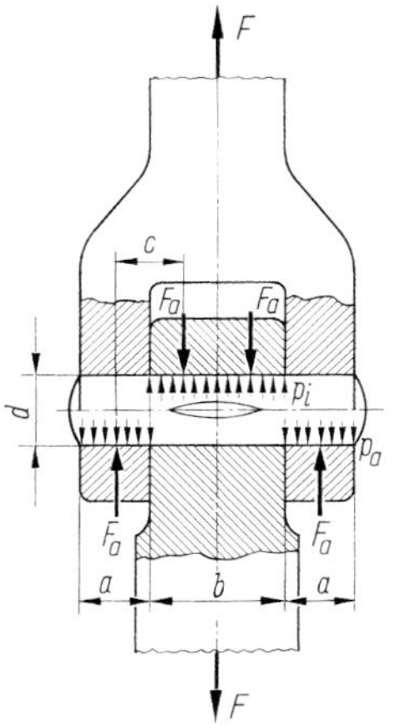

Bild 13.1
Gelenkstift oder -bolzen

Zulässige Beanspruchungen

Für Stift- und Bolzenverbindungen siehe Tabelle 13.1, für genormte Durchmesser d und Längen l siehe Tabelle 13.3.

Steckstifte unter Biegekraft

Flächenpressung $$p = \frac{F}{d \cdot s}\left(1 + 6\frac{L}{s}\right) \tag{13.5}$$

Biegespannung $$\sigma_b = \frac{F \cdot l}{W_b} \tag{13.6}$$

p	in N/mm^2	Flächenpressung der Lochwand im Bauteil,
F	in N	Belastungskraft,
d	in mm	Stiftdurchmesser,
s	in mm	tragende Länge der Lochwand,
L	in mm	Abstand der Kraft F von der Lochwandmitte,
σ_b	in N/mm^2	Biegespannung im Stiftquerschnitt. **Als zulässig können die 0,7-fachen Werte aus Tabelle 13.1 angenommen werden.**
l	in mm	Abstand der Kraft F vom biegebeanspruchten Stiftquerschnitt,
W_b	in mm^3	Widerstandsmoment gegen Biegung $\approx 0{,}1d^3$ beim Vollquerschnitt.

Bei sehr kurzem Abstand l ist eine Kontrolle der Scherspannung im Stift sinnvoll, da diese gefährlicher als die Biegespannung sein kann.

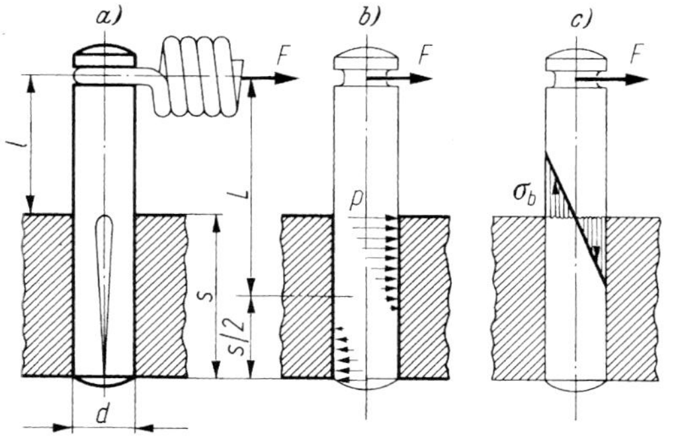

Bild 13.2
Steckstift unter Biegekraft
a) Stift mit eingehängter Zugfeder,
b) Flächenpressung im Bauteil,
c) Biegebeanspruchung des Stifts

Querstifte unter Drehmoment

Flächenpressungen $$p_a = \frac{4T}{\left(D_a^2 - D_i^2\right)d} \tag{13.7}$$

$$p_i = \frac{6T}{D_i^2 \cdot d} \tag{13.8}$$

Scherspannung $$\tau_a = \frac{T}{D_i \cdot A} \tag{13.9}$$

p_a, p_i	in N/mm^2	Flächenpressung der Lochwände in den Bauteilen,
T	in Nmm	zu übertragendes Drehmoment,
D_a, D_i	in mm	Naben- und Wellendurchmesser,
d	in mm	Stiftdurchmesser,
τ_a	in N/mm^2	Scherspannung im Stiftquerschnitt,
S	in mm^2	Stiftquerschnitt.

13

Längsstifte unter Drehmoment

$$\text{Flächenpressung} \quad p \approx \frac{4T}{D \cdot d \cdot l} \tag{13.10}$$

$$\text{Scherspannung} \quad \tau_a = \frac{2T}{D \cdot d \cdot l} = 0{,}5p \tag{13.11}$$

p	in N/mm²	Flächenpressung der Lochwände in den Bauteilen,
T	in Nmm	zu übertragendes Drehmoment,
D	in mm	Wellendurchmesser,
d	in mm	Stiftdurchmesser,
l	in mm	tragende Stiftlänge,
τ_a	in N/mm²	Scherspannung im Stiftlängsschnitt.

Es empfiehlt sich, diese Verbindungen mit den halben zulässigen Beanspruchungen aus Tabelle 13.1 zu berechnen.

Die Berechnung von Verbindungen mit **Spannstiften** DIN EN ISO 8752 und DIN EN ISO 13337 sowie mit **Spiral-Spannstiften** DIN ISO 8748 und 8750 ist ebenso mit Formel 13.1 bis Formel 13.11 durchzuführen. Es sind lediglich als Widerstandsmoment gegen Biegung $W_b \approx 0{,}785\,(d - s)^2 \cdot s$ und als Querschnitt $A \approx \pi\,(d - s) \cdot s$ zu setzen, wobei s die Wanddicke des Stifts bedeutet. Als zulässige Beanspruchung können die doppelten Werte aus Tabelle 13.1 für σ_b und τ_a beim Presssitz glatter Stifte angenommen werden.

14 Federn

Federsteifigkeit, Federarbeit, Schwingverhalten

Federn mit linearer Kennlinie

Federsteifigkeit bei Zug-, Druck- und Biegefedern $c = \frac{F}{s}$ (14.1)

Federsteifigkeit bei Drehfedern $c_t = \frac{M_t}{\varphi}$ (14.2)

c in N/mm,
c_t in Nmm/rad,
s in mm,
M_t in Nmm,
φ in rad.

Die Benennung der Federrate ist uneinheitlich. In manchen Federnormen heißt sie R, in anderen, z. B. DIN 2095, jedoch c. Da sich im allgemeinen technisch-physikalischen Gebrauch der Buchstabe c durchgesetzt hat, wird hier c bzw. c_t verwendet (wie auch in DIN 740). Es sei aber ausdrücklich darauf hingewiesen, dass in manchen DIN-Normen auch R bzw. R_t benutzt wird.

14

Federn mit nichtlinearer Kennlinie

Bei nichtlinearen Federkennlinien gilt:

$$c = \frac{dF}{ds}, \quad c_t = \frac{dM_t}{d\varphi}$$

Gegebenenfalls wird die Federkennlinie abschnittsweise berechnet. Der Kehrwert der Federsteifigkeit (auch Federrate genannt) heißt **Federnachgiebigkeit δ**. Es gilt:

$$\delta = \frac{1}{c} \quad (14.1a)$$

bzw.

$$\delta_t = \frac{1}{c_t} \quad (14.2a)$$

Federarbeit bei linearer Kennlinie

Federarbeit von Zug-, Druck- und Biegefedern $W = \frac{F}{2} s$ (14.3)

Federarbeit von Drehfedern $W_t = \frac{M_t}{2} \varphi$ (14.4)

W, W_t in Nmm Federarbeit,
F in N Federkraft,
s in mm Federweg,
M_t in Nmm Federdrehmoment,
φ in rad Federdrehwinkel.

Allgemein gilt für die Federarbeit:

$$W = \int_0^{s_{max}} F \cdot \mathrm{d}s \; bzw. \; W_t = \int_0^{\varphi_{max}} M_t \cdot \mathrm{d}\varphi$$

Federschwingsysteme

Eigenfrequenz eines Schwingsystems mit Zug-, Druck- oder Biegefeder $f_e = \frac{1}{2\pi}\sqrt{\frac{c}{m}}$ (14.5)

f_e in s^{-1} = Hz Eigenfrequenz des Federschwingsystems (Hz = Hertz),
c in N/m Federsteifigkeit,
m in kg abgefederte Masse.

Eigenfrequenz eines Schwingsystems mit Drehfeder $f_e = \frac{1}{2\pi}\sqrt{\frac{c_t}{J}}$ (14.6)

c_t in Nm/rad Federrate = Federkonstante,
J in kg · m^2 Drehmasse oder Trägheitsmoment der abgefederten Masse zur Drehachse.

Zusammenwirken mehrerer Federn

14

Parallelschaltung von Federn (Bild 14.1a)

Gesamtfedersteifigkeit $c_{ges} = c_1 + c_2 + c_3 + \ldots$ (14.7)

Es addieren sich also die Federsteifigkeiten.

Hintereinanderschaltung von Federn (Bild 14.1b)

Gesamtfedernachgiebigkeit $\delta_{ges} = \delta_1 + \delta_2 + \delta_3 + \ldots$ (14.8)

Es addieren sich also die Federnachgiebigkeiten.

Mischschaltung von Federn (Bild 14.1c)

$$c_{ges} = \frac{1}{\frac{1}{c_1 + c_2} + \frac{1}{c_3 + c_4}} \quad (14.9)$$

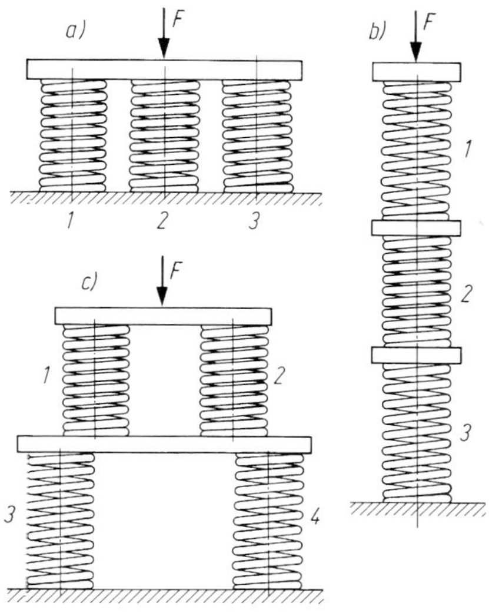

Bild 14.1
Zusammenwirken mehrerer Federn
a) Parallelschaltung, b) Hintereinanderschaltung,
c) Mischschaltung

Zylindrische Schraubenfedern aus runden Drähten oder Stäben

Druckfedern

Mit n als Anzahl der federnden Windungen (wirksamen Windungen) beträgt bei **kaltgeformten Druckfedern** aus runden Drähten entsprechend Bild 14.2 die

Gesamtwindungszahl $n_t = n + 2$, d. h. $n = n_t - 2$

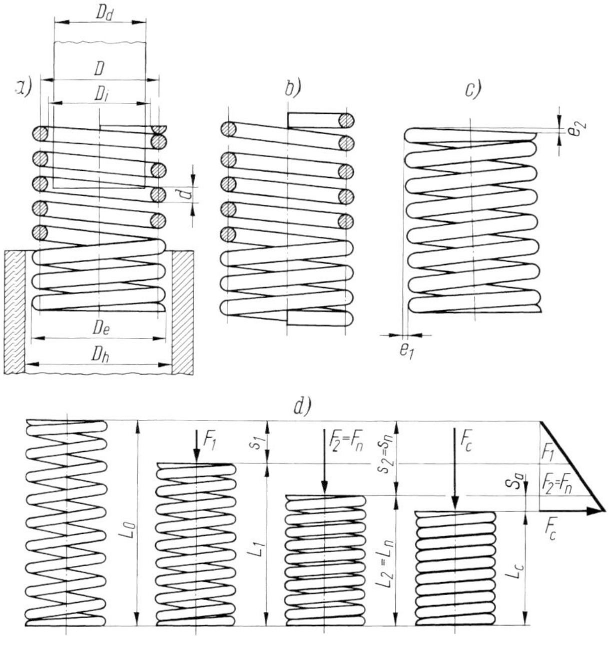

Bild 14.2
Kaltgeformte Druckfedern nach DIN EN 15800
a) Endwindungen angelegt und geschliffen, b) Endwindungen angelegt, c) Formabweichungen, d) Kräfte und Federlängen

14

Bei **warmgeformten Druckfedern** aus runden Stäben beträgt entsprechend Bild 14.3 die

Gesamtwindungszahl $n_t = n + 1{,}5$, d. h. $n = n_t - 1{,}5$

Die Gesamtwindungszahl einer Druckfeder soll auf 0,5 enden (n_t = 5,5, 6,5, 7,5 usw.).

Bei der kleinsten, zulässigen Federlänge $L_n = L_c + S_a$ soll die *Summe der lichten Mindestabstände zwischen den einzelnen wirksamen Windungen* für

$$\text{kaltgeformte Federn} \quad S_a = \left(0{,}0015\frac{D^2}{d} + 0{,}1d\right)n \qquad (14.10)$$

und für

$$\text{warmgeformte Federn} \quad S_a = 0{,}02(D + d)n \qquad (14.11)$$

betragen.

D in mm mittlerer Windungsdurchmesser,
d in mm Drahtdurchmesser,
n Anzahl der wirksamen Windungen.

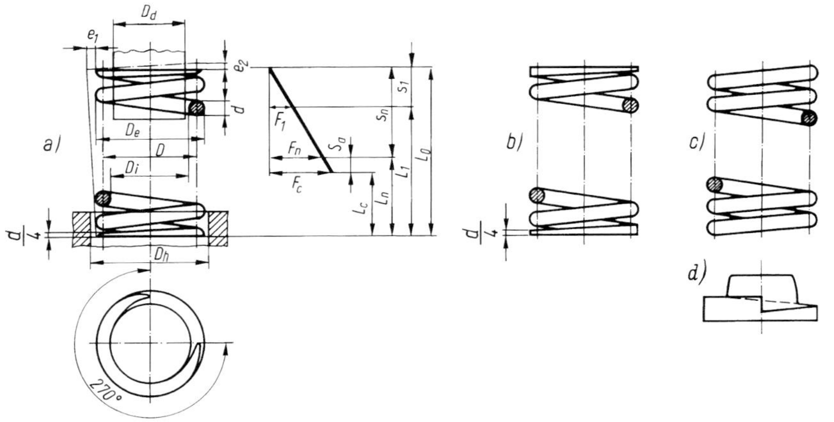

Bild 14.3 Warmgeformte Druckfedern aus Rundstäben nach DIN 2096
a) Federenden angelegt und aus dem Vollen geschliffen, b) Federenden angelegt, geschmiedet und geschliffen, c) Federenden unbearbeitet, d) Steigungsteller

Bei dynamischer Beanspruchung der Federn ist der **S_a-Wert** bei warmgeformten Federn zu **verdoppeln** und bei kaltgeformten Federn muss er **das 1,5-Fache** betragen.

Im zusammengedrückten Zustand, wenn alle Windungen aneinander liegen, beträgt die

$$\text{größtmögliche Blocklänge der Druckfeder} \quad L_c = k_n \cdot d_{max} \qquad (14.12)$$

k_n Windungszahlbeiwert
bei kaltgeformten Federn mit angelegten, geschliffenen Federenden = n_t,
bei kaltgeformten Federn mit angelegten, unbearbeiteten Federenden = n_t + 1,5,
bei warmgeformten Federn mit angelegten, planbearbeiteten Federenden = n_t – 0,3,
bei warmgeformten Federn mit unbearbeiteten Federenden = n_t + 1,1.
n_t Gesamtzahl der Windungen.
d_{max} in mm Nennmaß des Draht- bzw. Stabdurchmessers (Tabelle 14.4 bis Tabelle 14.6), vermehrt um das obere Abmaß (Tabelle 14.13).

Damit beträgt die

kleinste zulässige Länge der mit F_n belasteten Druckfeder $L_n = L_c + S_a$ (14.13)

Beim Zusammendrücken einer Schraubendruckfeder wird der Windungsdurchmesser geringfügig größer. Bei der Blocklänge L_c und freier Lagerung der Federenden beträgt die

Vergrößerung des äußeren Windungsdurchmessers $\Delta D_e = 0{,}1\dfrac{m^2 - 0{,}8m \cdot d - 0{,}2d^2}{D}$ (14.14)

m	in mm	Windungsabstand (Steigung) für Federn mit angelegten, planbearbeiteten Enden $= \dfrac{L_0 - d}{n}$, für Federn mit unbearbeiteten Enden $= \dfrac{L_0 - 2{,}5\,d}{n}$,
L_0	in mm	Länge der ungespannten Feder,
n		Anzahl der wirksamen Windungen,
d, D		siehe Legende zu Formel 14.11.

Zugfedern

Abstand der Öseninnenkante vom Federkörper $L_H = k_H \cdot D_i$ (14.15)

k_H		Hakenbeiwert (siehe Legende zu Bild 14.5),
D_i	in mm	Innendurchmesser der Feder.

Bei den Federn nach Bild 14.5a bis Bild 14.5h ist die Anzahl der Gesamtwindungen n_t gleich der Anzahl der federnden Windungen n, also $n_t = n$, bei den anderen $n_t = n + n_s$ mit n_s als Anzahl der durch Einschrauben nicht federnden Windungen.

14

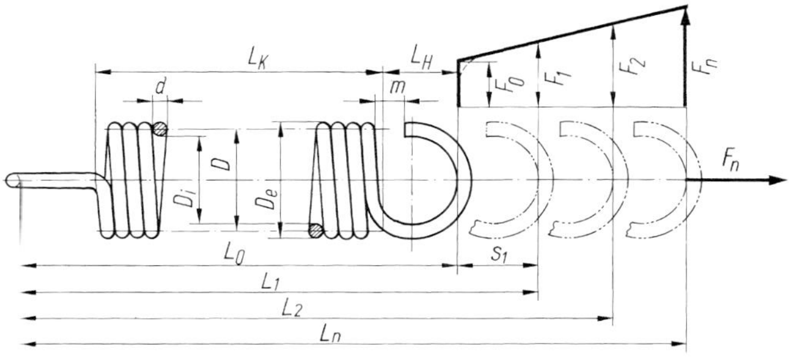

Bild 14.4 Zylindrische Schraubenzugfeder aus Runddraht mit eingewundener Vorspannung nach DIN 2097

Warmgeformte Zugfedern lassen sich nicht mit innerer Vorspannkraft herstellen.

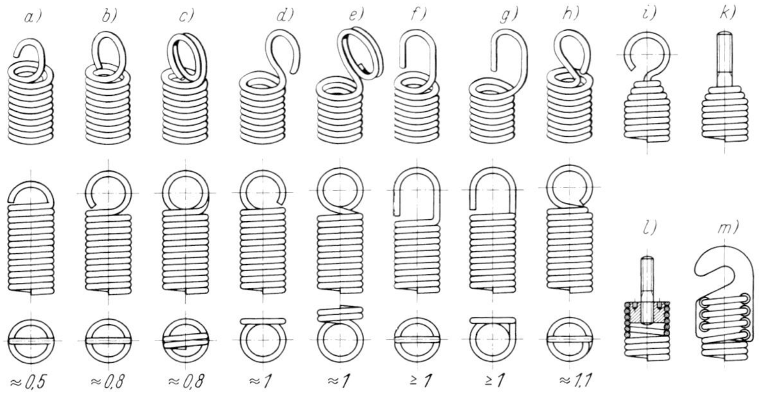

Bild 14.5 Ösenformen und Anschlusselemente von zylindrischen Schraubenzugfedern aus runden Drähten nach DIN 2097
a) halbe deutsche Öse, k_H = 0,55 ... 0,8, b) ganze deutsche Öse, k_H = 0,8 ... 1,1, c) doppelte deutsche Öse, k_H = 0,8 ... 1,1, d) ganze deutsche Öse seitlich hochgestellt, $k_H \approx 1$, e) doppelte deutsche Öse seitlich hochgestellt, $k_H \approx 1$, f) Hakenöse, $k_H \approx 1$, g) Hakenöse seitlich hochgestellt, $k_H \approx 1$, h) englische Öse, $k_H \approx 1,1$, i) Haken eingerollt, k) Gewindebolzen eingerollt, l) Gewindestopfen eingeschraubt, n_s = 2 ... 4, m) Lasche eingeschraubt, n_s = 2 ... 4

14

Wenn die Windungen im unbelasteten Zustand der Feder aneinander liegen, ist die

Länge des Federkörpers $L_k \le (n_t + 1) d_{max}$ (14.16)

Länge der unbelasteten Feder $L_0 = L_K + 2L_H$ (14.17)

n_t	Anzahl der Gesamtwindungen,
d_{max} in mm	Nennmaß des Draht- bzw. Stabdurchmessers (Tabelle 14.4 bis Tabelle 14.6), vermehrt um das obere Abmaß (Tabelle 14.13),
L_H in mm	Abstand der Öseninnenkante vom Federkörper nach Formel 14.15.

Für die Prüfkraft F_p (das kann F_1, F_n oder eine andere sein), sind je nach Gütegrad die folgenden *Abweichungen* A_F in N zulässig:

Für kaltgeformte Druck- oder Zugfedern $A_F = \pm(a_F \cdot k_f + 0{,}015 F_p) Q$ (14.18)

Für warmgeformte Druckfedern $A_F = \pm f (L_0 + s_p)(2/n + 1) c$ (14.19)

$$k_f = -\frac{1}{3 \cdot n^2} + \frac{8}{5 \cdot n} + 0{,}803$$

$$a_F = 65{,}92 \cdot \frac{d^{3,3}}{D^{1,6}} \cdot \left[-0{,}84 \cdot \left(\frac{w}{10}\right)^3 + 3{,}781 \cdot \left(\frac{w}{10}\right)^2 - 4{,}244 \cdot \frac{w}{10} + 2{,}274 \right] \text{ in N}$$

$$w = \frac{D}{d}$$

F_p in N	Prüfkraft,
f	Kraftbeiwerte
	= 0,015 bei Federn aus gewalzten Stäben,
	= 0,012 bei Federn aus spanend gefertigten Stäben (z. B. geschliffenen),

L_0 in mm Länge der unbelasteten Feder,
s_p in mm Federweg, zugeordnet der Prüfkraft (siehe Formel 14.23),
n Anzahl der federnden Windungen,
c in N/mm Federsteifigkeit (siehe Formel 14.22).
w Wickelverhältnis.

Für die Anwendung dieser Formeln muss das Wickelverhältnis $4 \leq w \leq 20$ betragen. $Q = 0{,}63$ bei Gütegrad 1, $Q = 1{,}00$ bei Gütegrad 2, $Q = 1{,}60$ bei Gütegrad 3.

Beanspruchung

Schubspannung $$\tau_t = \frac{8}{\pi} \cdot \frac{D}{d^3} F \tag{14.20}$$

D in mm mittlerer Windungsdurchmesser der Feder,
D in mm Draht- bzw. Stabdurchmesser,
F in N Federkraft.

Infolge der Drahtkrümmung verteilt sich die Schubspannung aber nicht gleichmäßig über den Drahtumfang. An der Innenseite der Windung ist sie größer als an der Außenseite:

Größte Schubspannung $$\tau_k = k \cdot \tau_t \tag{14.21}$$

τ_k in N/mm² Schubspannung an der Innenseite der Windung,
k Beiwert zur Berücksichtigung der Drahtkrümmung $\approx \frac{w + 0{,}5}{w - 0{,}75}$ mit $w = D/d$,
τ_t in N/mm² Schubspannung nach Formel 14.20.

14

Federsteifigkeit, Federwege

Federsteifigkeit $$c = \frac{G \cdot d^4}{8D^3 \cdot n} = \frac{F}{s} \tag{14.22}$$

c in N/mm Federsteifigkeit,
G in N/mm² Schubmodul des Federwerkstoffs (Tabelle 14.8 und Tabelle 14.9),
d in mm Draht- bzw. Stabdurchmesser,
n Anzahl der federnden Windungen,
F in N Federkraft,
s in mm Federweg.

Federweg von Druckfedern und nicht vorgespannten Zugfedern $$s = \frac{F}{c} \tag{14.23}$$

Federweg von vorgespannten Zugfedern $$s = \frac{F - F_0}{c} \tag{14.24}$$

Federhub durch zwei Kräfte F_1 und F_2 $$s_h = \frac{F_2 - F_1}{c} \tag{14.25}$$

s in mm Federweg,
s_h in mm Federhub = Arbeitsweg der Feder,
F in N Federkraft,
F_0 in N eingewundene innere Vorspannkraft,
F_1, F_2 in N Federkräfte, wobei $F_2 > F_1$,
c in N/mm Federsteifigkeit nach Formel 14.22.

14

Zulässige Beanspruchungen von zylindrischen Schraubendruckfedern

1. Zulässige Schubspannung bei Blocklänge

Kaltgeformte Druckfedern: Aus fertigungstechnischen Gründen müssen alle Federn auf Blocklänge zusammengedrückt werden können. Hierbei beträgt die zulässige Schubspannung $\tau_{c\ zul} = 0{,}56\ R_m$ (siehe auch Tabelle 14.11). Zum Mindestzugfestigkeitswert R_m für den angelassenen bzw. warmausgelagerten Zustand siehe Tabelle 14.4 bis Tabelle 14.6.

2. Zulässige Schubspannung bei statischer bzw. quasistatischer Beanspruchung

Im Allgemeinen genügt die Auslegung einer Druckfeder nach der zulässigen Schubspannung $\tau_{c\ zul}$ bei der Blocklänge (siehe Tabelle 14.11). Nur bei hohen Anforderungen an die Konstanz der Federkraft wird die zulässige Betriebsbeanspruchung durch die je nach Anwendungsfall vertretbare **Relaxation** (Erschlaffung, Nachlassen der Elastizität) begrenzt.

3. Zulässige Hubspannung bei dynamischer Beanspruchung

Es darf die

Hubspannung $$\tau_{kh} = \tau_{k2} - \tau_{k1} \qquad (14.26)$$

die Hubfestigkeit τ_{kH} der Zeit- bzw. Dauerfestigkeit des Federwerkstoffes nicht überschreiten.

Hubfestigkeit $$\tau_{kH} = \tau_{kO} - \tau_{kU} \qquad (14.27)$$

τ_{kH} in N/mm^2 Hubfestigkeit (siehe Diagramm 14.1 bis Diagramm 14.12),
τ_{kO} in N/mm^2 Oberspannung der Schwingfestigkeit,
τ_{kH} in N/mm^2 Unterspannung der Schwingfestigkeit = Unterspannung des Schwingspiels = τ_{k1}.

Die Oberspannung τ_{k2} des Schwingspiels darf einen zulässigen Wert nicht überschreiten (üblicherweise $\tau_{k2\ zul} = 0{,}45\ R_m$. Zulässige Hubfestigkeiten entnehmen Sie Diagramm 14.1 bis Diagramm 14.12.

Alle dynamisch beanspruchten Federn sollten zur Festigkeitserhöhung kugelgestrahlt werden. Das lässt sich im Allgemeinen bei Schraubendruckfedern mit einem Drahtdurchmesser $d \geq 1$ mm, einem Wickelverhältnis $w = D/d < 15$ und einem lichten Windungsabstand $a_0 > d$ durchführen.

Stabilitätsberechnung von zylindrischen Schraubendruckfedern

Eine schlanke Druckfeder knickt aus, wenn bei der Schlankheit L_0/D die Federung s/L_0 je nach Lagerungsfall der Feder einen bestimmten Grenzwert gemäß der Diagrammkurve nach Tabelle 14.13 überschreitet bzw. wenn die *Knicklänge* L_K unterschritten wird. Der Lagerungsfall wird durch den Lagerungsbeiwert ν berücksichtigt. Wenn Knickgefahr besteht, muss die Konstruktion geändert werden.

Zulässige Beanspruchungen von zylindrischen Schraubenzugfedern

1. Zulässige Schubspannung bei statischer bzw. quasistatischer Beanspruchung

Kaltgeformte Zugfedern aus Runddrähten: Bei der größten auftretenden Federkraft ist $\tau_{zul} = 0{,}45\ R_m$ (siehe auch Tabelle 14.11). Für die Zugfestigkeit R_m von Federstahldraht siehe Tabelle 14.4 bis Tabelle 14.6.

Warmgeformte Zugfedern aus runden Stäben: Die zulässige Schubspannung τ_{zul} bei der größten Federkraft F_n ist in Tabelle 14.11 angegeben.

Innere Vorspannung Wickeln auf Wickelbank: $\tau_0 = \left(0{,}135 - 0{,}00625 \cdot \dfrac{D}{d}\right) \cdot R_m$

Winden auf Federwindeautomat: $\tau_0 = \left(0{,}075 - 0{,}00375 \cdot \dfrac{D}{d}\right) \cdot R_m$ (14.28)

R_m in N/mm² Zugfestigkeit des Federdrahtes (für Federstahldraht nach Tabelle 14.4 und Tabelle 14.5),
D, d in N/mm² Feder- bzw. Drahtdurchmesser.

2. Zulässige Schubspannung bei dynamischer Beanspruchung

Die Lebensdauer von Zugfedern wird maßgeblich von der Form der Ösen und Endstücke beeinflusst. An den Übergängen vom Federkörper zu den Ösen treten zusätzliche Spannungsspitzen auf, die wesentlich über denen in den Windungen liegen können. Deshalb lassen sich keine Dauerfestigkeitswerte angeben.

Können Zugfedern mit schwingender Belastung nicht vermieden werden, so wähle man kaltgeformte Zugfedern mit eingerollten oder eingeschraubten Endstücken. Sind jedoch aus konstruktiven Gründen angebogene Ösen oder Haken notwendig, so muss der Krümmungsradius am Übergang möglichst groß sein. Wird die zulässige Grenze erreicht, d. h. ist $\tau_{k2} = \tau_{k2\,zul} = 0{,}45\,R_m$, so muss damit gerechnet werden, dass nach einer gewissen Betriebszeit die Kraft F_2 kleiner wird, weil die Vorspannkraft F_0 nachlässt. Auch Brüche wegen Übermüdung des Werkstoffs sind nicht auszuschließen.

14

Tellerfedern als Druckfedern

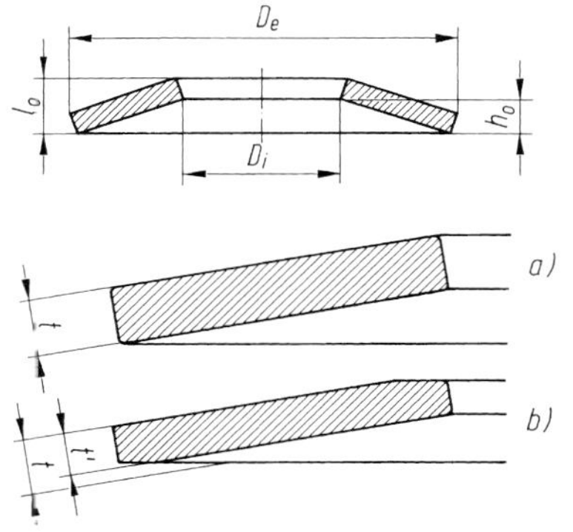

Bild 14.6
Tellerfedern
a) Einzelteller der Gruppen 1 und 2, b) Einzelteller mit Auflageflächen und reduzierter Dicke der Gruppe 3

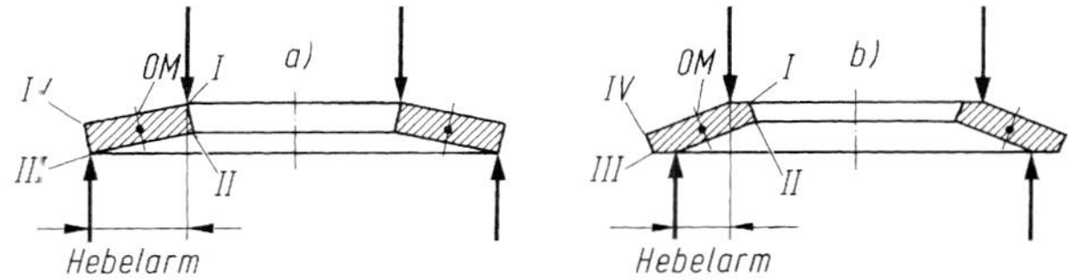

Bild 14.7 Krafteinleitung in Tellerfedern
a) der Gruppe 1 und 2, b) der Gruppe 3

Federkraft $F=\frac{4\cdot E}{1-\nu^2}\cdot\frac{t^4}{K_1\cdot D_e^2}\cdot\frac{s}{t}\cdot\left[\left(\frac{h_0}{t}-\frac{s}{t}\right)\cdot\left(\frac{h_0}{t}-\frac{s}{2t}\right)+1\right]$ (14.29)

Federsteifigkeit $c=\frac{\mathrm{d}F}{\mathrm{d}s}=\frac{4\cdot E}{1-\nu^2}\cdot\frac{t^3}{K_1\cdot D_e^2}\left[\left(\frac{h_0}{t}\right)^2-3\cdot\frac{h_0}{t}\cdot\frac{s}{t}+\frac{3}{2}\left(\frac{s}{t}\right)^2+1\right]$ (14.30)

Federarbeit $W=\int_0^s F\cdot\mathrm{d}s=\frac{2\cdot E}{1-\nu^2}\cdot\frac{t^5}{K_1\cdot D_e^2}\cdot\left(\frac{s}{t}\right)^2\cdot\left[\left(\frac{h_0}{t}-\frac{s}{2t}\right)^2+1\right]$ (14.31)

Hilfswerte:

$$\left.\begin{aligned}\delta&=\frac{D_e}{D_i}\\K_1&=\frac{1}{\pi}\cdot\frac{\left(\frac{\delta-1}{\delta}\right)^2}{\frac{\delta+1}{\delta-1}-\frac{2}{\ln\delta}}\\K_2&=\frac{6}{\pi}\cdot\frac{\frac{\delta-1}{\ln\delta}-1}{\ln\delta}\\K_3&=\frac{3}{\pi}\cdot\frac{\delta-1}{\ln\delta}\end{aligned}\right\}\quad(14.32)$$

14

F	in N	Federkraft,
E	in N/mm^2	Elastizitätsmodul,
ν		Querkontraktionszahl (für Stahl ist $\nu\approx 0{,}3$),
t	in mm	Dicke des Federtellers (bei Gruppe 3 t' einsetzen),
h_0	in mm	Innenhöhe des unbelasteten Federtellers,
s	in mm	Federweg,
D_e	in mm	Außendurchmesser des Federtellers,
D_i	in mm	Innendurchmesser des Federtellers.

Spannungen in den Punkten OM, I bis IV

$$\sigma_I=-\frac{4\cdot E}{1-\nu^2}\cdot\frac{t^2}{K_1\cdot D_e^2}\cdot\frac{s}{t}\cdot\left[K_2\cdot\left(\frac{h_0}{t}-\frac{s}{2t}\right)+K_3\right]\quad(14.33)$$

$$\sigma_{II}=-\frac{4\cdot E}{1-\nu^2}\cdot\frac{t^2}{K_1\cdot D_e^2}\cdot\frac{s}{t}\cdot\left[K_2\cdot\left(\frac{h_0}{t}-\frac{s}{2t}\right)-K_3\right]\quad(14.34)$$

$$\sigma_{III}=-\frac{4\cdot E}{1-\nu^2}\cdot\frac{t^2}{K_1\cdot D_e^2}\cdot\frac{1}{\delta}\cdot\frac{s}{t}\cdot\left[(K_2-2\cdot K_3)\cdot\left(\frac{h_0}{t}-\frac{s}{2t}\right)-K_3\right]\quad(14.35)$$

$$\sigma_{IV}=-\frac{4\cdot E}{1-\nu^2}\cdot\frac{t^2}{K_1\cdot D_e^2}\cdot\frac{1}{\delta}\cdot\frac{s}{t}\cdot\left[(K_2-2\cdot K_3)\cdot\left(\frac{h_0}{t}-\frac{s}{2t}\right)+K_3\right]\quad(14.36)$$

$$\sigma_{OM} = \frac{4 \cdot E}{1-v^2} \cdot \frac{t^2}{K_1 \cdot D_e^2} \cdot \frac{s}{t} \cdot \frac{3}{\pi} \qquad (14.37)$$

F	in N	Federkraft,
E	in N/mm²	Elastizitätsmodul,
v		Querkontraktionszahl (für Stahl ist $v \approx 0{,}3$),
t	in mm	Dicke des Federtellers (bei Gruppe 3 t' einsetzen),
h_0	in mm	Innenhöhe des unbelasteten Federtellers,
s	in mm	Federweg,
D_e	in mm	Außendurchmesser des Federtellers,
D_i	in mm	Innendurchmesser des Federtellers.

Zu Formel 14.33 bis Formel 14.37 ist anzumerken:

- Die Spannung IV ist bedeutungslos.
- Bei statischer Beanspruchung ist Spannung I maßgebend.
- Bei dynamischer Beanspruchung sind die Spannungen II und III maßgebend.

Tabelle 14.21 veranschaulicht **Kombinationsmöglichkeiten der Federteller zu Federsäulen**. In Tabelle 14.21 sind auch die Berechnungsgleichungen für die Säulenkräfte F_S, die Federwege s der Säulen, die Säulensteifigkeiten C_S und die Längen L_0 der unbelasteten Säulen je nach Schichtung angegeben.

Bei den in Tabelle 14.21 dargestellten Beispielen betragen bei der

Schichtung **T:** $i = 8$ Einzelfederteller,
P: $n = 5$ Einzelfederteller,
GP: $n = 3$ Einzelfederteller, $i = 4$ Federpakete,
VT: $i_1 = 6$, $i_2 = 4$, $i_3 = 2$ Einzelfederteller,
VP: $n_1 = 5$, $n_2 = 3$, $n_3 = 2$ Einzelfederteller, $i_1 = 1$, $i_2 = 3$, $i_3 = 1$ Federpakete.

14

An den Führungen und zwischen den Federtellern eines Federpakets tritt **Reibung** auf. Die erste kann wegen Geringfügigkeit vernachlässigt werden. Die Belastungskraft F_{SB} einer Federsäule mit Federpaketen muss beim Zusammendrücken um die axiale Komponente F_R der Reibkräfte größer als die Säulenkraft F_S sein. Beim Zurückfedern (Entlasten) muss die Belastungskraft F_{SE} jedoch um F_R kleiner als F_S sein, also $F_{SB} = F_S + F_R$ und $F_{SE} = F_S - F_R$. Bei $n - 1$ Reibflächen in einem Paket mit n Federtellern kann näherungsweise gesetzt werden:

Axiale Komponente der Reibkräfte in einer Federsäule mit Federpaketen

$$F_R \approx (n-1)^2 \cdot \mu \cdot F \qquad (14.38)$$

F_R	in N	axiale Reibkraft,
n		Anzahl der Federteller in einem Paket,
μ		Reibbeiwert (siehe Tabelle 14.21), bezogen auf leicht geölte, mit Molybdändisulfid behandelte oder mit Gleitlack bestrichene Federteller,
F	in N	auf einen Federteller entfallende theoretische Federkraft ohne Berücksichtigung der Reibung (siehe Formel 14.31).

Festigkeitsberechnung

1. Bei ruhender Belastung:

Bei diesem Lastfall dürfen die mit DIN 2093 genormten Tellerfedern (Tabelle 14.16) bis $s_n = 0{,}75\ h_0$ gespannt werden, ohne dass es einer Spannungsberechnung bedarf. Darüber hinaus kann es zu Setzerscheinungen kommen (Nachlassen der Federwirkung durch Verringerung der Bauhöhe l_0). Bei nicht genormten Tellerfedern aus Edelstahl soll die Druckspannung am Punkt I (Formel 14.33) $\sigma_n = 2000 \ldots 2400$ N/mm² nicht überschreiten, bei $s_c = h_0$ in Planlage $\sigma_c = 2600 \ldots 3000$ N/mm² und am Punkt OM auf der Mantelfläche etwa der Streckgrenze $R_e = 1400 \ldots 1600$ N/mm² entsprechen.

2. Bei schwingender Belastung:

An den zugbeanspruchten Stellen ändert sich die Spannung ständig zwischen σ_1 und σ_2. Dort besteht die Gefahr eines Anrisses und damit eines Dauerbruchs. Die höchste Zugspannung kann an der Stelle II oder an der Stelle III auftreten. Liegt das Verhältnis h_0/t bzw. $K_4 \cdot h'_0/t'$ unter dem im Folgenden angegebenen Bereich, so ist die Stelle II maßgebend, liegt es darüber, ist die Stelle III maßgebend. Liegt es jedoch **im** angegebenen Bereich, so kann die höchste Zugspannung sowohl am Punkt II als auch am Punkt III auftreten.

$\delta = D_e/D_i =$	1,4	1,6	2	2,4	2,8	3,2	3,6	4
h_0/t bzw. $K_4 \cdot h'_0/T'$	0,35 bis 0,28	0,45 bis 0,35	0,67 bis 0,5	0,8 bis 0,6	0,93 bis 0,75	1,13 bis 0,85	1,15 bis 0,93	1,24 bis 1

Um einen Bruch vor Ablauf der geplanten Lebensdauer der Tellerfeder zu vermeiden, darf die

$$\textit{Hubspannung} \quad \sigma_h = \sigma_2 - \sigma_1 \tag{14.39}$$

an der maßgebenden Stelle II bzw. III die Zeit- bzw. Dauerhubfestigkeit des Federtellers nicht überschreiten.

$$\textit{Hubfestigkeit} \quad \sigma_H \approx \sigma_F - 0{,}5\sigma_U \tag{14.40}$$

σ_F in N/mm² Hubfestigkeit einer Tellerfeder aus Edelstahl bei der Unterspannung $\sigma_U = 0$ nach Tabelle 14.20,
σ_U in N/mm² Unterspannung der Schwingfestigkeit = Unterspannung des Schwingspiels = σ_1.

14

Die angegebene Hubfestigkeit gilt aber nur für Einzelfederteller und für Federsäulen mit $i \leq 6$ in Schichtung T (Tabelle 14.21), wenn die Federteller mindestens mit einem Vorspannfederweg $s_1 = 0{,}15 \ldots 0{,}2\ h_0$ eingebaut wurden.

Außerdem darf die Oberspannung σ_2 des Schwingspiels die Grenze $\sigma_{O\,max}$ nach Tabelle 14.20 nicht überschreiten.

Gewundene Schenkelfedern als Drehfedern

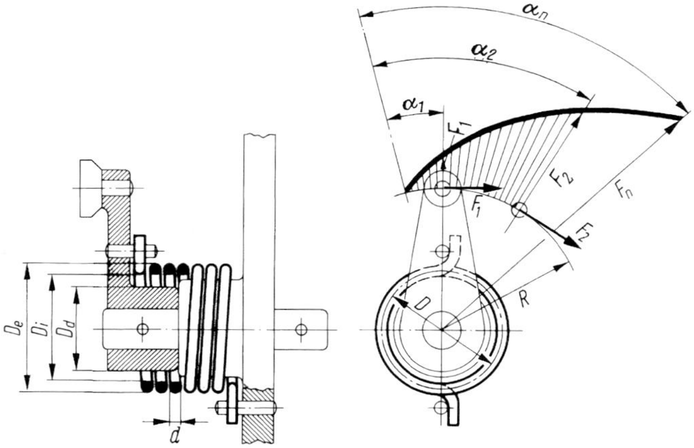

Bild 14.8 Schenkelfeder als Rückzugsfeder für einen Schalthebel

Berechnungsgleichungen

Biegespannung $\sigma_b = \frac{M_b}{W_b} = \frac{32F \cdot R}{\pi \cdot d^3}$ (14.41)

M_t	in Nmm	Biegemoment = Federdrehmoment,
F	in N	Belastungskraft am Radius R,
W_t	in mm³	Widerstandsmoment,
R	in mm	Wirkabstand der Belastungskraft F zum Federdrehpunkt,
d	in mm	Draht- bzw. Stabdurchmesser.

Größte Biegespannung $\sigma_q = q \cdot \sigma$ (14.42)

σ_q	in N/mm²	Biegespannung an der Innenseite der Windungen,
q		Spannungsbeiwert (Tabelle 14.22) zur Berücksichtigung der Drahtkrümmung = $(w + 0{,}07)/(w - 0{,}75)$ bzw. $(2 \cdot r/d + 1{,}07)/(2 \cdot r/d + 0{,}25)$,
σ	in N/mm²	Biegespannung nach Formel 14.41.

Drehwinkel des bewegten Federendes $\alpha = \frac{M_b \cdot l}{E \cdot I} = \frac{64F \cdot R \cdot l}{E \cdot \pi \cdot d^4}$ (14.43)

α	in rad	Drehwinkel des Schenkels durch das Belastungsmoment M (1 rad = 57,3°),
M_b	in Nmm	Belastungsdrehmoment = $F \cdot R$,
l	in mm	gestreckte Länge der federnden Windungen nach Formel 14.45,
E	in N/mm²	Elastizitätsmodul des Federwerkstoffes nach Tabelle 14.9, für Federstahl ≈ 206 000 N/mm²,
d	in mm	Draht- bzw. Stabdurchmesser (Tabelle 14.4 bis Tabelle 14.6).

Federsteifigkeit $c = \frac{M_b}{\alpha} = \frac{E \cdot \pi \cdot d^4}{64l}$ (14.44)

c_t	in Nmm/rad	Federsteifigkeit,
M_b, α, E, d, l		siehe Legende zu Formel 14.43.

Gestreckte Länge der federnden Windungen $l \approx D \cdot \pi \cdot n$ (14.45)

Länge des unbelasteten Federkörpers ohne Windungsabstand $L_K \leq (n + 1{,}5) d_{max}$ (14.46)

Mit Windungsabstand $L_{K0} \leq n(a + d_{max}) + d_{max}$ (14.47)

D	in mm	mittlerer Windungsdurchmesser,
n		Anzahl der federnden (wirksamen) Windungen,
d_{max}	in mm	Höchstmaß des Draht- oder Stabdurchmessers = Nennmaß d (Tabelle 14.4 bis Tabelle 14.6) vermehrt, um das obere Abmaß (Tabelle 14.13),
a	in mm	lichter Abstand zwischen den federnden Windungen der unbelasteten Feder.

In Formel 14.43 ist der Teil des Drehwinkels vernachlässigt, der infolge der Durchbiegung langer Schenkel zusätzlich entsteht (Bild 14.9). Diese Durchbiegung ist etwa ab $R > 10d$ zu berücksichtigen. Es betragen

Drehwinkelvergrößerung eines langen tangentialen Schenkels $\beta \approx 1{,}7 \frac{F(4R^2 - D^2)}{E \cdot d^4}$ (14.48)

Drehwinkelvergrößerung eines langen radialen Schenkels $\beta \approx 0{,}85 \frac{F(2R - D)^3}{E \cdot R \cdot d^4}$ (14.49)

β	in rad	Drehwinkelvergrößerung des langen, nicht fest eingespannten Schenkels infolge von Durchbiegung nach Bild 14.9,
F	in N	Belastungskraft am Radius R,
R	in mm	Wirkabstand der Kraft F,
D	in mm	mittlerer Windungsdurchmesser,
E	in N/mm²	Elastizitätsmodul des Federwerkstoffs (Tabelle 14.9).

14

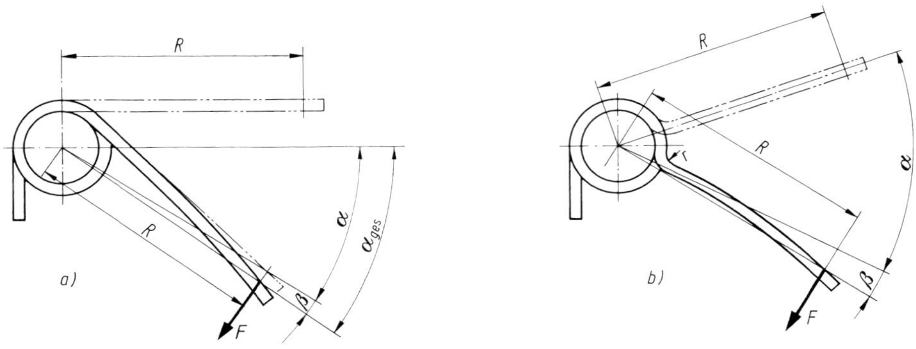

Bild 14.9 Durchbiegung eines langen Schenkels
a) tangentialer, b) radialer Schenkel

Formel 14.48 und Formel 14.49 gelten unabhängig davon, ob der lange Schenkel der bewegte oder der ruhende ist. Sind beide Schenkel einer Feder lang, so sind für beide die Winkel β zu berücksichtigen. Der gesamte Drehwinkel des Kraftangriffspunktes am bewegten Schenkel beträgt somit $\alpha_{ges} = \alpha + \beta$ (Bild 14.9) bei zwei langen Schenkeln mit β als Summe der Drehwinkel beider Schenkel. Bei zwei gleichlangen Schenkeln ist $\alpha_{ges} = \alpha + 2\beta$.

14

Wird die Drehfeder auf einem Dorn oder in einer Hülse geführt, so ist darauf zu achten, dass zwischen Feder und Führung genügend Spiel bleibt, damit sich die Windungen nicht festklemmen. Als Anhalt für den Durchmesser eines Dorns kann $D_d = 0{,}8 \ldots 0{,}9\ D_i$, für den einer Hülse $D_h = 1{,}1 \ldots 1{,}2\ D_e$ angenommen werden.

Beim Spannen der Feder in ihrem Windungssinn verringert sich ihr Innendurchmesser von D_i auf $D_{i\alpha}$, beim Spannen entgegen ihrem Windungssinn vergrößert sich ihr Außendurchmesser von D_e auf $D_{e\alpha}$. Es muss stets $D_{i\alpha} > D_d$ und $D_{e\alpha} < D_h$ sein.

Innendurchmesser der im Windungssinn gespannten Feder

$$D_{i\alpha} \approx \frac{D \cdot n}{n + \alpha / 2\pi} - d \qquad (14.50)$$

Außendurchmesser der entgegen dem Windungssinn gespannten Feder

$$D_{e\alpha} \approx \frac{D \cdot n}{n - \alpha / 2\pi} + d \qquad (14.51)$$

D	in mm	mittlerer Windungsdurchmesser der unbelasteten Feder,
n		Anzahl der federnden Windungen,
α	in rad	Federdrehwinkel nach Formel 14.43,
d	in mm	Draht- bzw. Stabdurchmesser.

Festigkeitsberechnung

1. **Bei ruhender Belastung:**

   Beim größten Drehwinkel α_n beträgt die zulässige Biegespannung $\alpha_{zul} = 0{,}7 R_m$ (siehe auch Tabelle 14.22). Für die Zugfestigkeit R_m siehe Tabelle 14.4 bis Tabelle 14.6.

2. **Bei schwingender Belastung:**

   Vorzugsweise wird der Federstahldraht Sorte DH nach Tabelle 14.4 verwendet. Da sich die Biegespannung ständig zwischen σ_{q1} und σ_{q1} ändert, besteht die Gefahr eines Anrisses und damit eines Dauerbruches. Um diesen zu vermeiden, darf die

   Hubspannung $\sigma_{qh} = \sigma_{q1} - \sigma_{q2}$ (14.52)

die Hubfestigkeit σ_{qH} des Federdrahtes bzw. die zulässige Hubspannung $\sigma_{qh\,zul}$ nicht überschreiten. Gemäß DIN EN 13906-3 folgt für $N \geq 10^7$ Schwingspiele die

zulässige Hubspannung $$\sigma_{qh\,zul} \approx \sigma_{q0} - 0{,}22\sigma_{q1} \quad (14.53)$$

σ_{q0} in N/mm² zulässige Hubspannung bei $\sigma_{q1} = 0$. Für Federstahldraht DH ist $\sigma_{q0} = 670$ N/mm² (kugelgestrahlt ≈ 900 N/mm²),
σ_{q1} in N/mm² Unterspannung des Schwingspiels.

Außerdem darf die Oberspannung σ_{q2} des Schwingspiels nach Tabelle 14.22 nicht größer als $\sigma_{c2\,zul}$ sein. Es ist auch möglich, die Federn für eine begrenzte Lebensdauer (Zeitfestigkeit) auszulegen. Dann ist $\sigma_{qh} > \sigma_{qh\,zul}$.

Stabfedern als Drehfedern

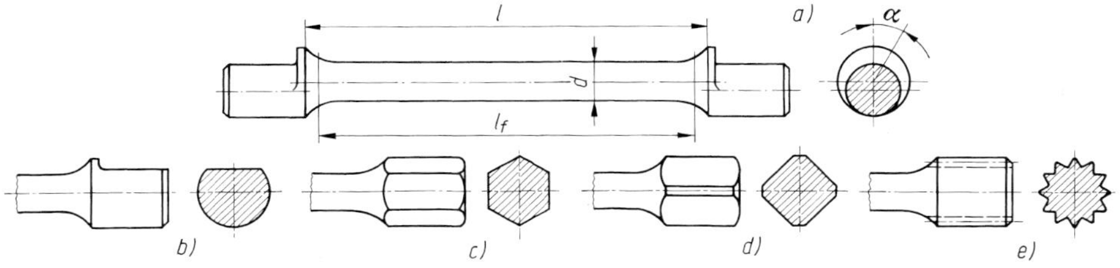

Bild 14.10 Runde Drehstabfeder mit verschiedenen Einspannenden
a) Exzenter, b) Anflächung, c) Sechskant, d) Vierkant, e) Kerbverzahnung

Berechnungsgleichungen

Schubspannung (Torsionsspannung) $$\tau = \frac{T}{W_t} = \frac{16T}{\pi \cdot d^3} \quad (14.54)$$

Verdrehwinkel $$\varphi = \frac{T \cdot l_f}{G \cdot I_t} = \frac{32T \cdot l_f}{G \cdot \pi \cdot d^4} \quad (14.55)$$

Federsteifigkeit $$c_t = \frac{T}{\varphi} = \frac{G \cdot \pi \cdot d^4}{32 l_f} \quad (14.56)$$

τ in N/mm² Torsionsspannung im Schaftquerschnitt,
T in Nmm Federtorsionsmoment = Belastungsmoment = $F \cdot R$,
W_t in mm³ Drillwiderstandsmoment des Schaftquerschnittes = $\pi \cdot d^3/16$,
d in mm Schaftdurchmesser,
l_f in mm federnde Länge des Federschaftes (siehe Bild 14.10, genauere Angaben sind in DIN 2091 zu finden),
G in N/mm² Schubmodul des Federwerkstoffs ≈ 78 500 N/mm² für Federstahl nach DIN EN 10089 (für andere Werkstoffe siehe Tabelle 14.8 und Tabelle 14.9),
I_t in mm⁴ polares Flächenmoment 2. Grades des Schaftquerschnitts = $\pi \cdot d^4/32$,
c_t in Nmm/rad Drehfedersteifigkeit,
φ in rad Federdrehwinkel.

Zulässige Beanspruchungen

1. Bei statischer Belastung:

Bei Werkstoffen nach DIN EN 10089 (Tabelle 14.1) gelten für τ_{zul} die Angaben im oberen Teil von Tabelle 14.23. Die durch Vergüten erreichte Zugfestigkeit beträgt R_m = 1600 bis 1800 N/mm².

2. Bei dynamischer Belastung:

Hubspannung $\tau_h = \tau_2 - \tau_1$ (14.57)

Sie darf die Hubfestigkeit τ_H nicht überschreiten.

Hubfestigkeit $\tau_H \approx \tau_F - 0{,}3\tau_U$ (14.58)

τ_F in N/mm² Hubfestigkeit bei τ_U = 0 nach Tabelle 14.23,
τ_U in N/mm² Unterspannung der Schwingfestigkeit = τ_1 des Schwingspiels.

Außerdem darf die Oberspannung τ_2 des Schwingspiels bei vorgesetzten Federn $\tau_{2\ zul}$ = 1020 N/mm² nicht überschreiten.

Spiralfedern als Drehfedern

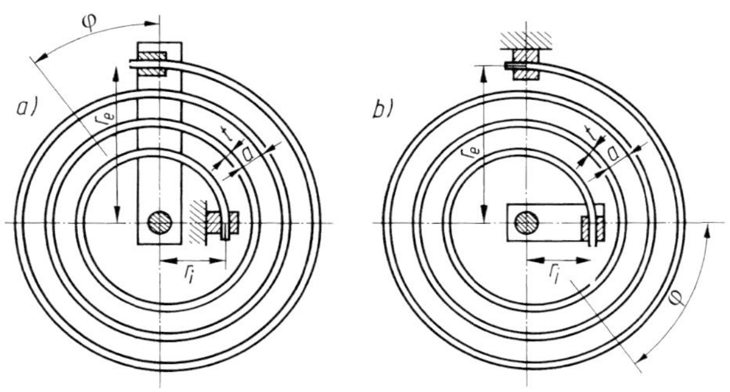

Bild 14.11
Spiralfedern
a) Außenbetätigung, b) Innenbetätigung

Berechnungsgleichungen

Drehmoment = Biegemoment $M_b = F \cdot r$ (14.59)

F in N Belastungskraft,
r in mm Wirkabstand der Kraft F zum Drehpunkt = r_e bei Außenbetätigung, = r_i bei Innenbetätigung.

Biegespannung $\sigma_b = \dfrac{M_b}{W_b}$ (14.60)

M_b in Nmm Biegemoment nach Formel 14.59,
W_b in mm³ Widerstandsmoment des Windungsquerschnitts = $\pi \cdot d^3/32$ bei Runddraht und = $b \cdot t^2/6$ bei Flachband mit der Breite b und der Dicke t.

Verdrehwinkel $\varphi = \dfrac{M_b \cdot l}{E \cdot I}$ (14.61)

φ in rad Verdrehwinkel,
l in mm gestreckte Länge der Windungen nach Formel 14.62,
E in N/mm² Elastizitätsmodul des Federwerkstoffes (Tabelle 14.9),
I in mm⁴ axiales Flächenmoment 2. Grades des Windungsquerschnitts = $\pi \cdot d^4/64$ bei Runddraht und = $b \cdot t^3/12$ bei Flachband.

Gestreckte Länge der Windungen $l = \pi(r_e + r_i)n$ (14.62)

Äußerer Radius $r_e = r_i + n(t + a)$ (14.63)

r_i in mm innerer Radius nach Bild 14.11
n Anzahl der Windungen (in Bild 14.11 ist n = 3,25),
t in mm Draht- bzw. Flachbanddicke,
a in mm Windungsabstand.

Bei **statischer Belastung** kann $\sigma_{zul} \approx 0{,}7\ R_m$ gesetzt werden, bei **dynamischer Belastung** sind die Hubspannung σ_h nach Formel 14.52 und die zulässige Hubspannung $\sigma_{h\ zul}$ nach Formel 14.53 zu berechnen (ohne den Index q). Für Flachband aus warmgewalzten Stählen DIN EN 10089 kann $\sigma_0 \approx 500$ N/mm² angenommen werden. Für Federstahldraht nach DIN EN 10270-1 ist $\sigma_0 \approx 670$ N/mm² (kugelgestrahlt ≈ 900 N/mm²). Außerdem ist $\sigma_{2\ zul} \approx 0{,}7\ R_m$.

Blattfedern als Biegefedern

Aus Bild 14.13 ergibt sich, wie lang die einzelnen Blätter sein müssen. Wegen der Einspannung der Blätter in die Federmitte wird das unterste Blatt in der Regel je nach Halterung der Blätter um $a \approx 25\ldots40$ mm länger ausgeführt als theoretisch erforderlich wäre, d. h.

gestreckte Länge des untersten Federblattes $L_i = \dfrac{L}{i-1} + a$ (14.64) 14

Daraus folgt für die weiteren Blätter die

Blattlängendifferenz $\Delta L = \dfrac{L - L_i}{i-2}$ (14.65)

L gestreckte Länge des Hauptblattes ohne eingerollte oder angebogene Enden,
L_i gestreckte Länge des untersten Blattes,
i Anzahl der Blätter,
a Längenzugabe zum untersten Blatt = 25...40 mm.

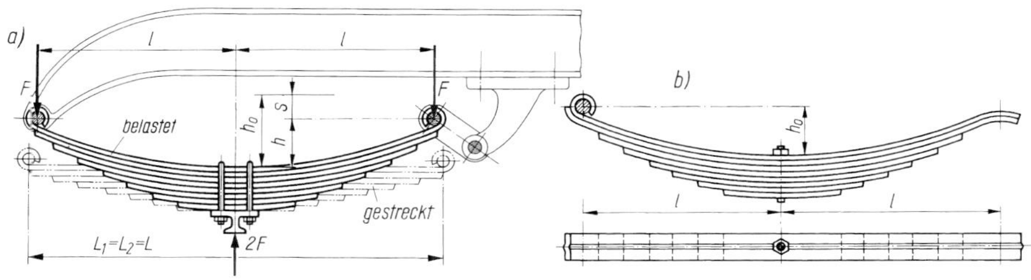

Bild 14.12 Geschichtete Blattfedern
a) mit Bügelhalterung, b) mit Mittelbolzenhalterung nach DIN 11747 (Blattfedern für Transportanhänger)

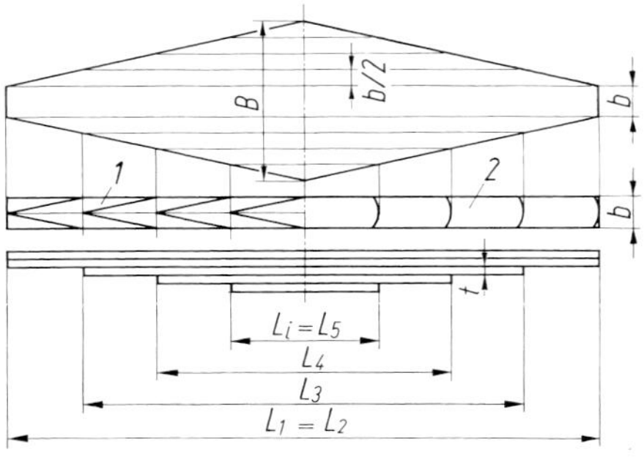

Bild 14.13
Entstehung der geschichteten Blattfeder
1 theoretische Form, 2 praktische Form

Mit ΔL werden $L_3 = L_2 - \Delta L$, wobei $L_2 = L_1 = L$ ist, $L_4 = L_3 - \Delta L$, $L_5 = L_4 - \Delta L$ usw.

Berechnungsgleichungen

Biegespannung $$\sigma_b = \frac{M_b}{W_b} = \frac{F \cdot l}{W_b} \quad (14.66)$$

Federweg $$s \approx k_1 \cdot k_2 \frac{F \cdot l^3}{3E \cdot I_b} \quad (14.67)$$

14

Federsteifigkeit $$c = \frac{F}{s} = \frac{3E \cdot I_b}{k_1 \cdot k_2 \cdot l^3} \quad (14.68)$$

σ_b	in N/mm²	Biegespannung in den Blattquerschnitten der Federmitte, bei einarmigen Federn an der Einspannstelle,
M_b	in Nmm	Biegemoment,
F	in N	Belastungskraft am Federende = Federkraft,
l	in mm	Abstand der Kraft F vom maßgebenden Querschnitt,
W_b	in mm³	Widerstandsmoment des maßgebenden Querschnitts = $B \cdot t^2/6$ mit t als Blattdicke und B als Gesamtbreite der Feder, bei geschichteten Blattfedern = $i \cdot b$ mit i als Anzahl der Blätter und b als Blattbreite,
s	in mm	Federweg der Kraft F,
k_1		Formbeiwert nach Tabelle 14.24, der die Trapezform berücksichtigt,
k_2		Federungsbeiwert = 1 bei einfachen Blattfedern und ≈ 0,75 bei geschichteten Blattfedern,
E	in N/mm²	Elastizitätsmodul ≈ 206 000 N/mm² für Federstahl (für andere Metalle nach Tabelle 14.8 und Tabelle 14.9),
I_b	in mm⁴	axiales Flächenmoment 2. Grades des maßgebenden Querschnitts = $B \cdot t^3/12$,
c	in N/mm	Federsteifigkeit.

Für die **Festigkeitsberechnung** liegen nur wenig Anhaltspunkte vor. Bei **einfachen Blattfedern** kann die zulässige Biegespannung $\sigma_{b\,zul}$ mit ca. 70 % von R_m bei ruhender, ca. 50 % bei schwellender und ca. 30 % bei wechselnder Belastung angenommen werden (siehe auch Tabelle 14.24, R_m = Zugfestigkeit des Federwerkstoffs).

Geschichtete Blattfedern werden schwellend beansprucht. Wegen der nicht erfassbaren Stöße und Schwingungen während des Fahrens kann die Beanspruchung nur mit der statischen Belastung durch die Gesamtlast des Fahrzeugs berechnet werden sowie bei dieser $\sigma_{b\,zul} \approx 0{,}5\,R_m$ bei Straßenfahrzeugen und $\sigma_{b\,zul} \approx 0{,}55\,R_m$ bei Schienenfahrzeugen gesetzt werden.

Ringfedern als Druckfedern

Rücklaufkraft *F'*

$$F' = F_r \cdot \tan(\alpha - \varrho) = F \frac{\tan(\alpha - \varrho)}{\tan(\alpha + \varrho)} \tag{14.69}$$

F	in N	(axiale) Federkraft,
α	in °	halber Kegelwinkel,
ϱ	in °	Reibwinkel = arctan μ,
μ	in °	Reibwert Stahl/Stahl.

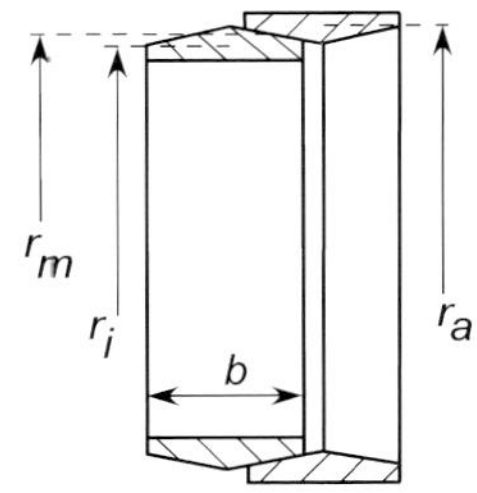

Bild 14.14
Ein Ringfederpaar

Bei z Ringpaaren ist der

$$\textit{Gesamtfederweg} \quad f = z \cdot \frac{\sigma_{ta} \cdot r_a + \sigma_{ti} \cdot r_i}{E \cdot \tan\alpha} \tag{14.70}$$

σ_{ta}, σ_{ti}	in N/mm²	Tangentialspannungen am Außen- und Innenring,
r_a, r_i	in mm	mittlere Radien für Außen- und Innenring,
E	in N/mm²	E-Modul (für Stahl 206 000 N/mm²).

Folgende Erfahrungswerte können verwendet werden: σ_{1a}, $\sigma_{ti} \approx 1000$ N/mm², $\alpha \approx 15°$, $\varrho \approx 9°$ (nach Niemann).

Luftfedern

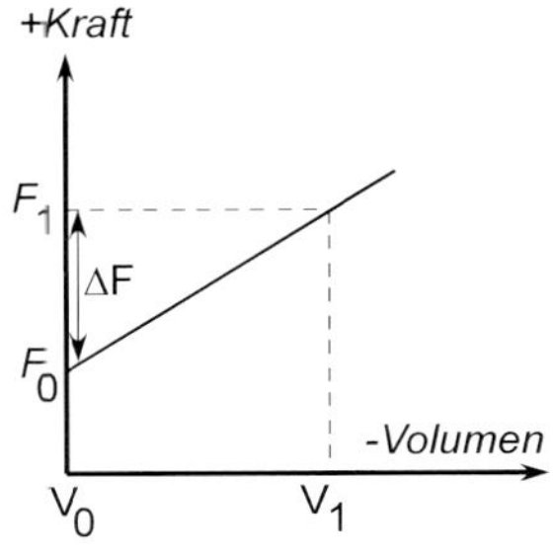

Bild 14.15
„Federkennlinie“ von Luftfedern

14

Die Kraftänderung ΔF ist

$$\Delta F = p_0 \cdot A\left[\left(\frac{V_0}{V_1}\right)^n - 1\right] \tag{14.71}$$

ΔF in N Federkraft,
p_0 in N/mm² Ursprungsdruck,
A in mm² Kolben- bzw. Membranfläche,
V_0 in mm³ Ursprungsvolumen,
V_1 in mm² eingefedertes Volumen,
n Polytropen-Exponent.

Wie wählt man den Polytropen-Exponent? Bei sehr langsamer Federbetätigung wäre $n = 1$, also eine isothermische Zustandsänderung. In der Praxis – gerade bei Fahrzeugen und Fahrbahnstößen – wird man jedoch eine eher adiabatische Zustandsänderung annehmen. Damit ist

$$n = \varkappa \approx 1{,}4 \quad \text{für Luft}$$

Bei Luftfedern mit zylindrischem Kolben kann man Folgendes setzen:

$$V_0 = A \cdot h_0$$

$$V_1 = A \cdot h_1$$

14

Damit ist ΔF dann

$$\Delta F = p_0 \cdot A\left[\left(\frac{h_0}{h_1}\right)^n - 1\right]$$

Die volumenbezogene Federsteifigkeit ist

$$c_{V_1} = \frac{dF}{dV_1} = -\frac{n \cdot A \cdot p_1}{V_1} \tag{14.72}$$

Bei zylindrischen Kolben ist der Federweg $s_1 = \frac{V_1}{A}$, sodass die wegbezogene Federsteifigkeit c_{s1} wie folgt lautet:

$$c_{s1} = \frac{dF}{ds_1} = -\frac{n \cdot A^2 \cdot p_1}{V_1} \tag{14.73}$$

A in mm² Kolben- bzw. Membranfläche,
n Polytropenexponent: quasistatische Belastung: $n = 1$, schwingende Belastung: $n = 1,4$ bei Luft,
p_1 in N/mm² Druck, eingefedert,
V_1 in mm³ Volumen, eingefedert.

Die Federarbeit der Luftfeder erhält man, wenn man den Druck über das Volumen integriert. So entsteht für die schwingende Belastung

$$W = -\frac{p_0 \cdot V_0}{n-1}\left[\left(\frac{V_1}{V_0}\right)^{1-n} - 1\right]$$

Gummifedern

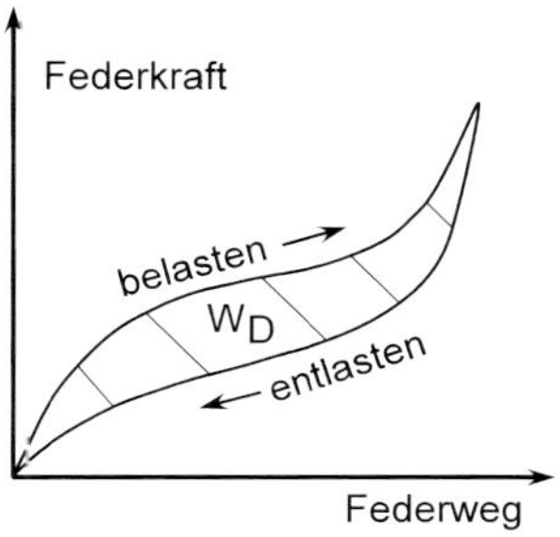

Bild 14.16
Federkennlinie für Elastomer- und Kautschukfedern

Die Form der Gummifedern wird durch einen **Formfaktor** $\boldsymbol{k}_\mathrm{F}$ erfasst, der das Verhältnis der krafteinleitenden Oberfläche zur freien Oberfläche darstellt (Tabelle 14.25). In Diagramm 14.2 ist der **Elastizitätsmodul** $\boldsymbol{E}$ in Abhängigkeit von Härte und Formfaktor angegeben. Der allein von der Gummihärte abhängige **Schubmodul** $\boldsymbol{G}$ ist ebenfalls Diagramm 14.2 zu entnehmen.

Gummifedern haben gekrümmte Kennlinien. Bei kleinen Verformungen können diese näherungsweise als gerade angenommen werden, d. h. mit konstanter Federsteifigkeit c bzw. c_t. Bei schwingender Beanspruchung versteift sich die Feder, und ihre Kennlinie weicht von der statischen ab. Die Abweichung wird mit einem Faktor k erfasst:

Dynamische Federsteifigkeit $$c_\mathrm{dyn} = k \cdot c \quad \text{bzw.} \quad c_\mathrm{t\,dyn} = k \cdot c_\mathrm{t} \qquad (14.74)$$

c_dyn in N/mm oder $c_\mathrm{t\,dyn}$ in Nmm/rad Federsteifigkeit bei Schwingbelastung,
c in N/mm oder c_t in Nmm/rad Federsteifigkeit bei statischer Belastung (Tabelle 14.25),
k Korrekturfaktor.

Es sei hier besonders darauf hingewiesen, dass die dynamische Federsteifigkeit auch von der Frequenz der Schwingungen und von der Höhe der Beanspruchung abhängt. Bei Schwingungen bis 50 Hz können E-Modul und G-Modul bis zu 20 % zunehmen, über 50 Hz sogar bis etwa 50 %. Der Faktor φ kann daher nur als grober Anhalt gewertet werden. Bei Elastomeren ist der Mullins-Effekt zu beachten: Bei Erstbelastung sind Festigkeit und Steifigkeit wesentlich höher als bei den darauffolgenden Lastspielen.

Die Elastomere dämpfen sehr gut, und zwar „verschlucken" sie infolge innerer Reibung bis zu 30 % der eingeleiteten Energie.

In Tabelle 14.26 sind die erfahrungsgemäß zulässigen Spannungen angegeben.

14

15 Achsen und Wellen

Biegemomente, Längskräfte und Torsionsmomente

Stützkraftermittlung

Stützkraftermittlung für die Biegemomentenberechnung wie bei Trägern auf zwei Stützen (Stützträger) nach den

statischen Gleichgewichtsbedingungen $\sum F = 0$ und $\sum M = 0$

Biegemomentenberechnung

Biegemomentenberechnung sowie Quer- und Längskraftbestimmung nach dem Schnittverfahren (Freischneiden) und mit den statischen Gleichgewichtsbedingungen, bei räumlichen Kräftesystemen in der x- und der y-Ebene:

Resultierendes Biegemoment $M_b = \sqrt{M_x^2 + M_y^2}$

Für die Berechnung der **Zahnkräfte** bei Getriebewellen siehe Formel 23.2 bis Formel 23.16.

Torsionsmomente in Wellenquerschnitten:

Torsionsmoment $T = F_u \cdot r$ oder $T = P / (2\pi \cdot n)$

15

F_u in N Umfangskraft = Tangentialkraft F_t (am Radius r),
r in m Radius (senkrecht zur Wirklinie von F_u),
P in W von der Welle zu übertragende Leistung,
n in s^{-1} Wellendrehzahl.

Überschlagrechnung auf Torsion und Biegung

Für **Vollwellen** mit dem Torsions-Widerstandsmoment $W_t \approx 0{,}2d^3$ erforderlicher

$$\text{Mindestdurchmesser} \quad d_{min} \approx \sqrt[3]{\frac{T}{0{,}2\tau_{t\,zul}}} \tag{15.1}$$

d_{min} in mm erforderlicher kleinster Wellendurchmesser im torsionsbeanspruchten Wellenstrang,
T in Nmm Betriebsdrehmoment = Torsionsmoment,
$\tau_{t\,zul}$ in N/mm^2 zulässige Torsionsspannung nach Tabelle 15.1.

Befindet sich im betreffenden Wellenstrang eine **Passfedernut**, so braucht für diese **kein Zuschlag** zu d_{min} gemacht zu werden, da $\tau_{t\,zul}$ niedrig angesetzt ist und die Nabe des Maschinenteils die Welle versteift.

Im jeweils gefährdeten Querschnitt beträgt die

$$\text{Biegespannung} \quad \sigma_b = \frac{M_b}{W_b} \tag{15.2}$$

σ_b in N/mm^2 Biegespannung im gefährdeten Querschnitt,
M_b in N/mm Biegemoment im gefährdeten Querschnitt,
W_b in N/mm Widerstandsmoment gegen Biegung des gefährdeten Querschnitts nach Tabelle 15.2.

Achsen und Wellen gleicher Biegebeanspruchung

Widerstandsmoment $$W_{bx} = \frac{M_{bx}}{\sigma_{bzul}} \quad (15.3)$$

W_{bx} in mm^3 erforderliches Widerstandsmoment des Querschnitts x,
M_{bx} in Nmm Biegemoment an der Stelle x,
$\sigma_{b\,zul}$ in N/mm^2 zulässige Biegespannung (Tabelle 15.1).

Beim Kreisquerschnitt mit $W_{bx} \approx 0{,}1d_x^3$ ergibt sich der

Achsen- oder Wellendurchmesser $$d_x \approx \sqrt[3]{\frac{10M_{bx}}{\sigma_{bzul}}} = C\sqrt[3]{M_{bx}} \quad (15.4)$$

d_x	in mm	Durchmesser an der Stelle x,
$\sigma_{b\,zul}$	in N/mm^2	zulässige Biegespannung (Tabelle 15.1),
$C = \sqrt[3]{10/\sigma_{b\,zul}}$	in $\sqrt[3]{mm^2/N}$	Berechnungskonstante,
M_{bx}	in Nmm	Biegemoment an der Stelle x.

Praktisch muss die Achse oder Welle so geformt werden, dass die sich ergebende kubische Parabel an keiner Stelle geschnitten wird (Bild 15.1).

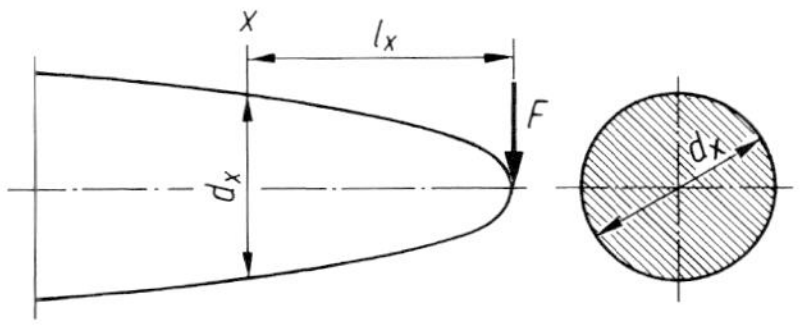

Bild 15.1
Kubische Parabel als Körper gleicher Biegebeanspruchung mit Kreisquerschnitt

15

Berechnung auf Gestaltfestigkeit (Dauerhaltbarkeit)

Biegespannung $$\sigma_b = \frac{M_b}{W_b} \quad (15.5)$$

Zug- oder Druckspannung $$\sigma_{z,d} = \frac{F_l}{A} \quad (15.6)$$

Torsionsspannung $$\tau_t = \frac{T}{W_t} \quad (15.7)$$

σ_b, $\sigma_{z,d}$, τ_t	in N/mm^2	Normal- und Tangentialspannungen im gefährdeten Querschnitt,
M_b, T	in N/mm	größtes Biege- bzw. Torsionsmoment im gefährdeten Querschnitt unter Berücksichtigung von betriebsbedingten Stößen oder Belastungsspitzen,
F_l	in N	Längskraft im betreffenden Querschnitt,
W_b, W_t	in mm^3	Widerstandsmoment des betreffenden Querschnitts gegen Biegung bzw. Torsion nach Tabelle 15.2,
A	in mm^2	Querschnittsfläche.

In Achsen tritt keine Torsionsspannung τ_t auf. Wirken Biege- und Zug- oder Druckspannung in einem Querschnitt gleichzeitig, so sind sie zur größten Normalspannung arithmetisch zur

Oberspannung $$\sigma_o = \sigma_{z,d} + \sigma_b \quad (15.8)$$

zu addieren. In **umlaufenden** Achsen oder Wellen **wirkt die Biegespannung** trotz stillstehender Belastungskräfte **wechselnd**, weil während jeder halben Umdrehung Biegezug- und Biegedruckspannung an einem Querschnittsrandpunkt einander abwechseln, die **Zug**- oder **Druckspannung** aber **ruhend** bleibt. In derartigen Fällen ist die ruhende Spannung $\sigma_{z,\,d}$ gleich der Mittelspannung σ_m des Lastspiels (Schwingspiels), der sich die wechselnde Biegespannung σ_b als Spannungsausschlag σ_a überlagert (Bild 15.2), d. h., die Normalbeanspruchung beträgt $\sigma = \sigma_m \pm \sigma_a = \sigma_{z,\,d} \pm \sigma_b$.

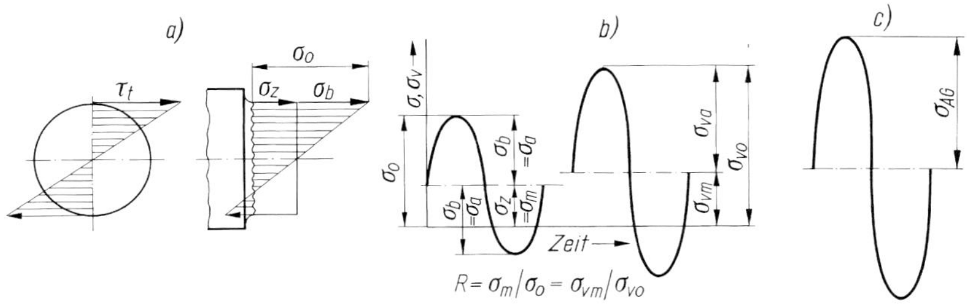

Bild 15.2 Beanspruchung eines Wellenquerschnitts bei Wechselbiegung und ruhender Zugbelastung a) Spannungsverteilung, b) Schwingspiel (Lastspiel) der Vergleichsspannung, c) Schwingspiel der Gestaltfestigkeit (σ_{AG} = Spannungsausschlag der Gestaltfestigkeit)

Bei der Berechnung von Wellen können verschiedene Wege gegangen werden:

15

1. Anwendung relativ einfacher Verfahren (oft für die Praxis ausreichend)
2. Vorgehen nach DIN 743 – Tragfähigkeitsberechnung für Achsen und Wellen
3. Ermittlung der Betriebsfestigkeit nach der FKM-Richtlinie 183

Ein relativ einfaches Verfahren:

Im Folgenden sei zunächst ein relativ einfaches Verfahren aus [15.10] in ME dargestellt, das zwar nicht mehr den letzten Stand des Wissens darstellt, aber den Vorteil hat, dass es gerade für den Lernenden sehr durchsichtig und durchgängig ist – und mit Bedacht durchaus auch betrieblich genutzt werden kann.

Da bei Achsen und Wellen meist Biegespannungen σ_b und Torsionsspannungen τ_t, ggf. auch Zug-Druckspannungen $\sigma_{z,\,d}$ und Schubspannungen τ_s aus der Querkraft existieren, müssen diese Spannungen in einer Vergleichsspannungshypothese vereinigt werden, d. h. gedanklich auf einen einachsigen Zugspannungszustand zurückgeführt werden. Da Achsen und Wellen meist aus duktilen, also zähen Stählen hergestellt werden, ist die **Gestaltänderungsenergie-Hypothese GEH**, im Englischen auch *v.-Mises-Spannung* genannt, richtig:

Einachsiger Spannungszustand $$\sigma_V = \sqrt{\sigma_x^2 + 3\tau_{xy}^2} \qquad (15.9)$$

Wenn nun gleichzeitig $\sigma_{z,\,d}$, σ_b, τ_t und τ_s wirken, dann dürfen jeweils die Zug-Druck-Spannungen und die Biegespannungen sowie die Torsions- und Schubspannungen algebraisch addiert werden, weil sie jeweils gleichgerichtet sind:

Addition $$\sigma_V = \sqrt{\left(\sigma_{z,d} + \sigma_b\right)^2 + 3\left(\tau_t + \tau_s\right)^2} \qquad (15.10)$$

Nun muss bei diesen Einzelspannungen jeweils die Kerbwirkung berücksichtigt werden, und zwar **bei Spannungen, die statisch wirken, die Formzahl α_k**, und **bei Spannungen, die dynamisch wirken, die Kerbwirkungszahl β_k**.

Nach Siebel (vgl. [15.11] in ME und Tabelle 15.6) betragen bei einem Wellenabsatz

bezogenes Spannungsgefälle in Strängen mit Zugbeanspruchung $\chi = \frac{2}{\varrho}$ (15.11)

bezogenes Spannungsgefälle in Strängen mit Biegebeanspruchung $\chi = \frac{4}{D+d} + \frac{2}{\varrho}$ (15.12)

bezogenes Spannungsgefälle in Strängen mit Torsionsbeanspruchung $\chi = \frac{4}{D+d} + \frac{1}{\varrho}$ (15.13)

χ	in mm^{-1}	bezogenes Spannungsgefälle im Kerbquerschnitt. Bei gleichzeitiger Biegung und Torsion gilt Formel 15.12,
d	in mm	Durchmesser des Kerbquerschnitts,
ϱ	in mm	Rundungsradius der Kerbe.

Bei scharfkantigen Kerben mit $\varrho = 0$ würde χ unendlich groß. Da das praktisch nicht möglich ist, rechnet man mit $\chi \leq 10\ mm^{-1}$, wobei $\varrho = 0{,}25$ mm in Formel 15.11 bis Formel 15.13 einzusetzen ist. Bei glatten, ungekerbten Achsen- oder Wellensträngen ist $\varrho = \infty$ und damit $2/\varrho = 1/\varrho = 0$.

Die Kerbwirkung, die Kerbempfindlichkeit des Werkstoffs und die Stützwirkung berücksichtigt die von der Formzahl abhängige

Kerbwirkungszahl $\beta_k = \frac{\alpha_k}{n_\chi}$ (15.14)

α_k Formzahlen nach Tabelle 1.13 und Tabelle 15.3 bis Tabelle 15.5,
n_χ dynamische Stützziffer.

15

Wenn α_k und β_k ermittelt sind, dann gilt:

$$\sigma_{max} = \alpha_k \cdot \sigma_m + \beta_k \cdot \sigma_a \tag{15.15}$$

Damit können die Vergleichs-Mittelspannung σ_{Vm} und die Vergleichs-Ausschlagsspannung σ_{Va} berechnet werden, wobei der meist sehr kleine Anteil der Schubspannungen τ_s aus der Querkraft vernachlässigt wird:

Vergleichs-Mittelspannung $\sigma_{Vm} = \sqrt{\left(\alpha_{kz,d} \cdot \sigma_{z,dm} + \alpha_{kb} \cdot \sigma_{bm}\right)^2 + 3\left(\alpha_{kt} \cdot \tau_{tm}\right)^2}$

Vergleichs-Ausschlagsspannung $\sigma_{Va} = \sqrt{\left(\beta_{kz,d} \cdot \sigma_{z,da} + \beta_{kb} \cdot \sigma_{ba}\right)^2 + 3\left(\beta_{kt} \cdot \tau_{ta}\right)^2}$ (15.16)

$\alpha_{kz,d}$		Formzahl für Zug/Druck,
$\sigma_{z,dm}$	in N/mm^2	Zug- bzw. Druckspannung, mittlerer (= statischer) Anteil,
α_{kb}		Formzahl für Biegung,
σ_{bm}	in N/mm^2	Biegespannung, mittlerer (= statischer) Anteil,
α_{kt}		Formzahl für Torsion,
τ_{tm}	in N/mm^2	Torsionsspannung, mittlerer (= statischer) Anteil,
$\beta_{kz,d}$		Kerbwirkungszahl für Zug/Druck,
$\sigma_{z,da}$	in N/mm^2	Zug- bzw. Druckspannung, Ausschlagsanteil (= dynamisch),
β_{kb}		Kerbwirkungszahl für Biegung,
σ_{ba}	in N/mm^2	Biegespannung, Ausschlagsanteil (= dynamisch),
β_{kt}		Kerbwirkungszahl für Torsion,
τ_{ta}	in N/mm^2	Torsionsspannung, Ausschlagsanteil (= dynamisch).

Mit der mittleren Vergleichsspannung σ_{Vm} liest man im Smith-Diagramm nach DIN 50100 (Dauerfestigkeitsschaubild) die zulässige Ausschlagsspannung σ_{A} ab, wobei man bei Nichtvorliegen eines fertigen Smith-Diagramms dies auch entweder aus σ_{w}, σ_{schw} und R_{e} oder aus σ_{w}, R_{m} und R_{e} annähernd selbst konstruieren kann.

Bevor die zulässige Ausschlagsspannung σ_{A} mit dem gerade berechneten Wert der Vergleichs-Ausschlagsspannung σ_{Va} verglichen werden kann, müssen die Werkstoffkennwerte um den **Oberflächeneinfluss b_1** und den **Größeneinfluss b_2** (besonders im Kerbbereich) korrigiert werden (vgl. Diagramm 15.2 und Diagramm 15.3).

Nun kann der Festigkeitsnachweis auf zwei Arten geführt werden:

1. Möglichkeit: Ermittlung der oberen Vergleichsspannung

Obere Vergleichsspannung $$\sigma_{\text{Vo}} = \sigma_{\text{Vm}} + \sigma_{\text{Va}} \quad (15.17)$$

Nun muss gelten:

$$\sigma_{\text{Vo}} \leq \sigma_{\text{Dzul}} = \frac{\sigma_{\text{D}} \cdot b_1 \cdot b_2}{S} = \frac{(\sigma_{\text{m}} + \sigma_{\text{A}}) \cdot b_1 \cdot b_2}{S} \quad (15.18)$$

2. Möglichkeit: Mit σ_{Vm} im Dauerfestigkeitsschaubild σ_{A} ablesen, dann berechnen:

$$\sigma_{\text{Va}} \leq \frac{\sigma_{\text{A}} \cdot b_1 \cdot b_2}{S} \quad (15.19)$$

15

Es empfiehlt sich, im Zweifelsfall das Dauerfestigkeitsschaubild für Zug/Druck zu verwenden, das auch die größten Sicherheitsreserven beinhaltet, weil die entsprechenden Schaubilder für Biegung praktisch immer höhere Festigkeitswerte liefern.

Welche Sicherheiten sind zu wählen? Behördlich vorgeschriebene Rechenverfahren und Sicherheitswerte gibt es nur für relativ wenige Bereiche, z. B. für den Kranbau, den Stahlhochbau und für Druckbehälter. Verblüffenderweise gibt es für den allgemeinen Maschinenbau, die Verfahrenstechnik, den Automotive-Bereich und die Luft- und Raumfahrtindustrie keine genormten, verbindlichen Sollsicherheiten. Orientierung für die Sollsicherheit S geben folgende Wertebereiche:

1. **statische Beanspruchung:**
   gegen Bruch: S = 2…4
   gegen Instabilität: S = 3…5
   gegen zu große Verformung: S = 1,2…2
2. **dynamische Beanspruchung** (nach [15.11]):
   gegen Bruch: S = 2…4
   gegen Instabilität: S = 3…5
   gegen zu große Verformung: S = 1,2…2
   gegen Dauerbruch: S = 2…3

Diese Aussage hat weitgehende Konsequenzen. Da es für die meisten Bereiche des Maschinenbaus keine behördlichen Vorschriften hinsichtlich der Berechnung gibt, ist die Wahl des Rechenverfahrens und der Sicherheiten frei. Im Falle eines Schadens mit schwerer Schädigung von Gesundheit oder gar Todesfolge muss der verantwortliche Berechner darlegen, dass er verantwortlich und nach letztem Stand der Technik gehandelt hat.

Durchbiegung

Grundgleichungen der Balkenbiegung:

$$\begin{aligned} Q' &= -q & &\rightarrow & Q &= -\int q \cdot \mathrm{d}x \\ M' &= Q & &\rightarrow & M &= \int Q \cdot \mathrm{d}x \\ \psi' &= \frac{M}{EI} & &\rightarrow & \psi &= \frac{1}{EI}\int M \cdot \mathrm{d}x \\ w' &= -\psi & &\rightarrow & w &= -\int \psi \cdot \mathrm{d}x \end{aligned} \tag{15.20}$$

Die wichtigsten Fälle können Sie Tabelle 15.7 entnehmen.

Der Satz von Castigliano

$$f_\mathrm{k} \text{ bzw. } \beta_\mathrm{k} = \int \frac{M\bar{M}_\mathrm{k}}{EI}\mathrm{d}x \quad \text{mit} \quad \bar{M}_\mathrm{k} = \frac{\partial M}{\partial F_\mathrm{k}} \quad \text{bzw.} \quad \bar{M}_\mathrm{k} = \frac{\partial M}{\partial M_\mathrm{k}} \tag{15.21}$$

$$\begin{aligned} f_\mathrm{A} &= \frac{F_\mathrm{A}}{E \cdot I_{11}}\left[\frac{x^3}{3}\right]_0^{l_{11}} + \frac{F_\mathrm{A}}{E \cdot I_{12}}\left[\frac{x^3}{3}\right]_{l_{11}}^{l_{12}} = \frac{F_\mathrm{A}}{E \cdot I_{11}}\left(\frac{l_{11}^3}{3}\right) + \frac{F_\mathrm{A}}{E \cdot I_{12}}\left(\frac{l_{12}^3 - l_{11}^3}{3}\right) \\ f_\mathrm{A} &= \frac{F_\mathrm{A}}{3 \cdot E}\left(\frac{l_{11}^3}{I_{11}}\right) + \frac{F_\mathrm{A}}{3 \cdot E}\left(\frac{l_{12}^3 - l_{11}^3}{I_{12}}\right) + \ldots = \frac{F_\mathrm{A}}{3 \cdot E}\left(\frac{l_{11}^3}{I_{11}} + \frac{l_{12}^3 - l_{11}^3}{I_{12}} + \ldots\right) \end{aligned} \tag{15.22}$$

f_A	in mm	Absenkung,
F_A	in N	Querkraft,
E	in N/mm²	E-Modul (bei Stahl 206 000 N/mm²),
l_{xy}	in mm	Länge,
I_{xy}	in mm⁴	Biege-Trägheitsmoment.

Es wird also immer soweit integriert, solange das Trägheitsmoment der Welle sich nicht ändert. Für f_B berechnet man, wobei wir zweckmäßigerweise x' vom Auflager B nach links laufen lassen:

$$f_\mathrm{B} = \frac{F_\mathrm{A}}{3 \cdot E}\left(\frac{l_{21}^3}{I_{21}} + \frac{l_{22}^3 - l_{21}^3}{I_{22}} + \frac{l_{23}^3 - l_{22}^3}{I_{23}} + \ldots\right) \tag{15.23}$$

Die *Durchbiegung* f_1 unter der Last F_1 ist dann nach Bild 15.3 (Strahlensatz!)

$$f_1 = f_{\mathrm{A}1} + \left(f_{\mathrm{B}1} - f_{\mathrm{A}1}\right)\frac{l_{12}}{l} \tag{15.24}$$

und die Gesamtdurchbiegung unter n Lasten ist

$$f_\mathrm{gesamt} = f_1 + f_2 + \ldots + f_\mathrm{n} \tag{15.25}$$

Der Neigungswinkel ist

$$\beta_\mathrm{A} = \frac{F_\mathrm{A}}{2 \cdot E}\left(\frac{l_{11}^2}{I_{11}}\right) + \frac{F_\mathrm{A}}{2 \cdot E}\left(\frac{l_{12}^2 - l_{11}^2}{I_{12}}\right) + \ldots = \frac{F_\mathrm{A}}{2 \cdot E}\left(\frac{l_{11}^2}{I_{11}} + \frac{l_{12}^2 - l_{11}^2}{I_{12}} + \ldots\right) \tag{15.26}$$

β_A	in rad	Neigungswinkel,
F_A	in N	Querkraft,
E	in N/mm²	E-Modul (bei Stahl 206 000 N/mm²),
l_{xy}	in mm	Längen,
I_{xy}	in mm⁴	Biege-Trägheitsmoment.

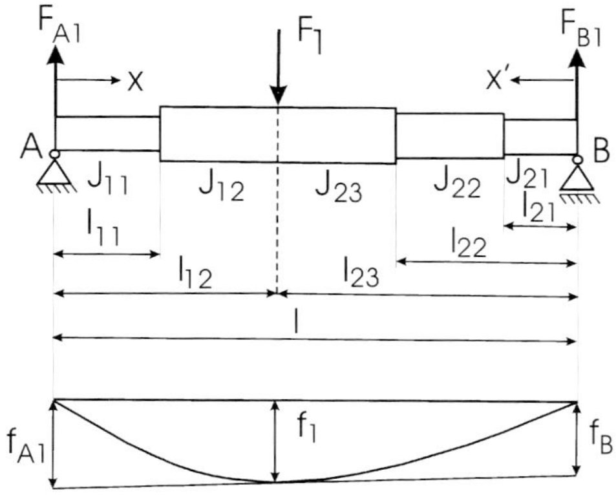

Bild 15.3
Berechnung der Wellendurchbiegung mit dem Satz von Castigliano

	Belastungsfall	Berechnungsformel	Formel-Nr.
1	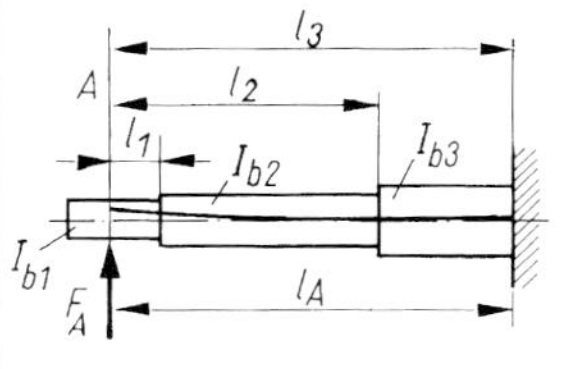	$\beta_{AA} = \frac{F_A}{2E}\left(\frac{l_1^2}{I_{b1}} + \frac{l_2^2 - l_1^2}{I_{b2}} + \frac{l_3^2 - l_2^2}{I_{b3}}\right)$	(15.27)
		$f_{AA} = \frac{F_A}{3E}\left(\frac{l_1^3}{I_{b1}} + \frac{l_2^3 - l_1^3}{I_{b2}} + \frac{l_3^3 - l_2^3}{I_{b3}}\right)$	(15.28)
2	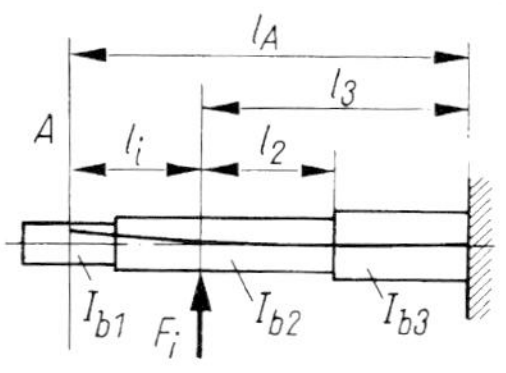	$\beta_{Ai} = \frac{F_i}{2E}\left(\frac{l_2^2}{I_{b2}} + \frac{l_3^2 - l_2^2}{I_{b3}}\right)$	(15.29)
		$f_{Ai} = \frac{F_i}{3E}\left(\frac{l_2^3}{I_{b2}} + \frac{l_3^3 - l_2^3}{I_{b3}}\right) + \beta_{Ai} \cdot l_i$	(15.30)
3	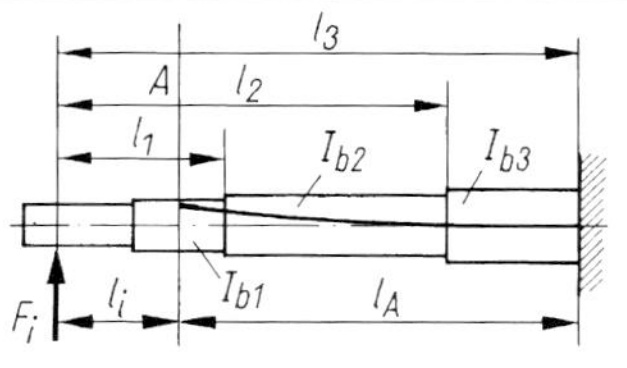	$\beta_{Ai} = \frac{F_i}{2E}\left(\frac{l_1^2 - l_i^2}{I_{b1}} + \frac{l_2^2 - l_1^2}{I_{b2}} + \frac{l_3^2 - l_2^2}{I_{b3}}\right)$	(15.31)
		$f_{Ai} = \frac{F_i}{3E}\left(\frac{l_1^3 - l_i^3}{I_{b1}} + \frac{l_2^3 - l_1^3}{I_{b2}} + \frac{l_3^3 - l_2^3}{I_{b3}}\right) - \beta_{Ai} \cdot l_i$	(15.32)
4	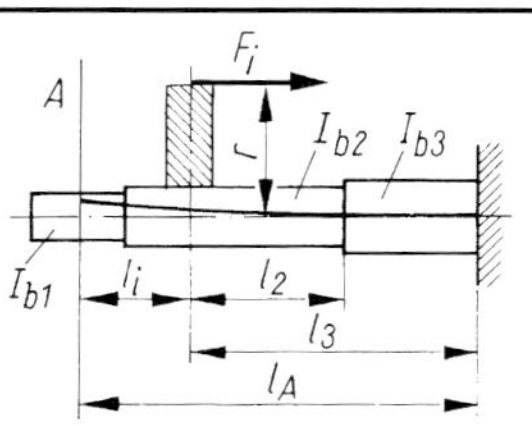	$\beta_{Ai} = \frac{F_i \cdot r}{E}\left(\frac{l_2}{I_{b1}} + \frac{l_3 - l_2}{I_{b3}}\right)$	(15.33)
		$f_{Ai} = \frac{F_i \cdot r}{2E}\left(\frac{l_2^2}{I_{b2}} + \frac{l_3^2 - l_2^2}{I_{b3}}\right) + \beta_{Ai} \cdot l_i$	(15.34)

Bild 15.4 Neigungswinkel β_{Ai} und Durchbiegungen f_{Ai} von Achsen und Wellen an der Lagerstelle *A*

	Belastungsfall	Berechnungsformel	Formel-Nr.
5	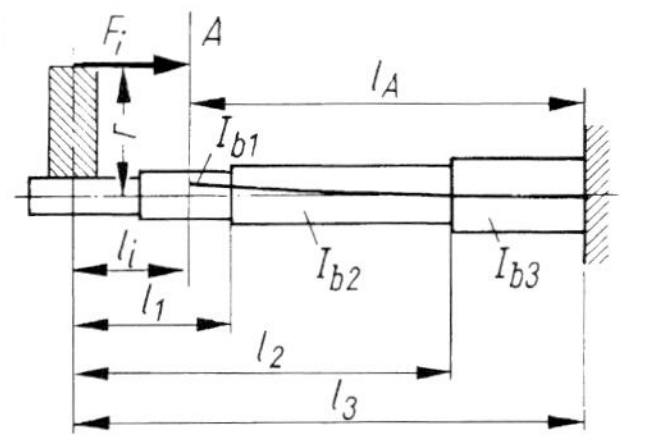	$\beta_{Ai} = \frac{F_i \cdot r}{E}\left(\frac{l_1 - l_i}{I_{b1}} + \frac{l_2 - l_1}{I_{b2}} + \frac{l_3 - l_2}{I_{b3}}\right)$	(15.35)
		$f_{Ai} = \frac{F_i \cdot r}{2E}\left(\frac{l_1^2 - l_i^2}{I_{b1}} + \frac{l_2^2 - l_1^2}{I_{b2}} + \frac{l_3^2 - l_2^2}{I_{b3}}\right) - \beta_{Ai} \cdot l_i$	(15.36)

β_A	in rad	Neigungswinkel an der Lagerstelle A,
f_A	in cm	Durchbiegung an der Lagerstelle A,
F_A, F_i	in kN	Belastungskräfte,
E	in kN/cm^2	Elastizitätsmodul ≈ 20,6 · 10^3 kN/cm^2 für Stahl,
l_i, l_n	in cm	Trägerteillängen (Index n = 1, 2, 3 ...),
I_{bn}	in cm^4	axiale Flächenmomente 2. Grades der Querschnitte (Tabelle 15.2).

Bild 15.4 Neigungswinkel β_{Ai} und Durchbiegungen f_{Ai} von Achsen und Wellen an der Lagerstelle *A* *(Fortsetzung)*

$$\beta_B = \frac{F_A}{2 \cdot E}\left(\frac{l_{21}^2}{I_{21}} + \frac{l_{22}^2 - l_{21}^2}{I_{22}} + \frac{l_{23}^2 - l_{22}^2}{I_{23}} + \ldots\right) \quad (15.37)$$

Nach den vorangegangenen Grundgleichungen sind in Bild 15.4 für verschiedene Fälle die Berechnungsgleichungen für gestufte Stränge der Seite A mit dem Lagerabstand l_A zusammengestellt. Es ist besonders darauf zu achten, dass bei umgekehrter Kraftrichtung oder umgekehrtem Moment die Beträge der Kräfte mit **negativem Vorzeichen** einzusetzen sind.

Mit den Gleichungen aus Bild 15.4 berechnet man für jede Kraft F_i getrennt die Neigungswinkel β_{Ai} und β_{Bi} sowie die Durchbiegungen f_{Ai} und f_{Bi} an den Lagerstellen A und B, also für den Fall nach Bild 15.5: β_{AA} und f_{AA} mit der Kraft F_A; β_{A1} und f_{A1} mit der Kraft F_1 auf der Seite A; β_{BB} und f_{BB} mit der Kraft F_B; β_{B2} und f_{B2} mit der Kraft F_2 auf der Seite B. Auf jeder Seite sind die Neigungswinkel und Durchbiegungen dann unter Beachtung der Vorzeichen ihrer Beträge zu addieren:

$$\beta_A = \beta_{AA} + \beta_{A1} \quad \text{und} \quad f_A = f_{AA} + f_{A1}, \quad \beta_B = \beta_{BB} + \beta_{B2} \quad \text{und} \quad f_B = f_{BB} + f_{B2}$$

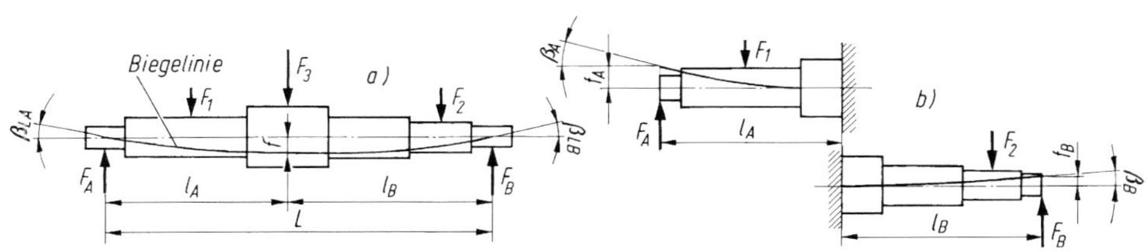

Bild 15.5 Durchgebogene Welle
a) Neigungswinkel β_{LA} und β_{LB} der Zapfen in den Lagern und Durchbiegung *f*, b) in zwei Freiträger der Längen l_A und l_B zerlegt

Wirken noch mehr Kräfte oder sind noch mehr Stufen vorhanden, als in Bild 15.4 angegeben, so ist entsprechend zu verfahren.

15

Bild 15.6a zeigt die beiden wieder zusammengefügten Biegelinien. Da die Lager A und B tatsächlich auf gleicher Höhe stehen, muss die Biegelinie entsprechend Bild 15.6b verschoben werden. Erst in dieser Lage zeigen sich die wirklichen Neigungswinkel β_{LA} und β_{LB} der Zapfen in den Lagern.

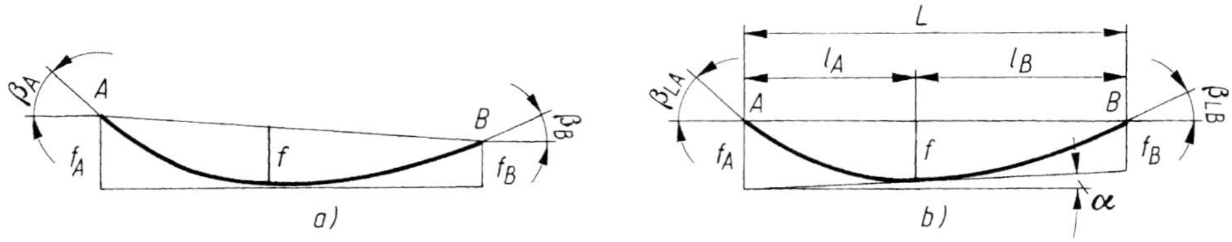

Bild 15.6 Zusammengefügte Freiträger der Längen l_A und l_B
a) Lagerstellen A und B nicht gleich hoch, b) Lagerstellen A und B auf gleiche Höhe geschoben

Neigungswinkel der Tangente an der Biegelinie $\alpha = \dfrac{f_A - f_B}{L}$ (15.38)

Mit diesem Winkel ergeben sich in der betreffenden Kraftebene

Neigungswinkel der Zapfen in den Lagern $\beta_{LA} = \beta_A - \alpha$ (15.39)

$\beta_{LB} = \beta_B + \alpha$ (15.40)

Durchbiegung $f = f_A - \alpha \cdot l_A$ (15.41)

15

In der Regel wirken die Biegekräfte an einer Achse oder Welle nicht in einer Ebene, sodass die Neigungswinkel und Durchbiegungen in der x- und in der y-Ebene errechnet werden müssen. Für die x-Ebene sind in Formel 15.38 bis Formel 15.41 dann α_x, f_{Ax}, f_{Bx}, β_{Lax}, β_{LBx}, β_{Ax}, β_{Bx} und f_x, für die y-Ebene sinngemäß α_y, f_{Ay}, f_{By}, β_{LAy}, β_{LBy}, β_{Ay}, β_{By} und f_y zu setzen. Die Neigungswinkel und Durchbiegungen in den beiden Ebenen werden wie Biegemomente geometrisch addiert:

Gesamtneigungswinkel $\beta_{LA} = \sqrt{\beta_{LAx}^2 + \beta_{LAy}^2}$ (15.42)

$\beta_{LB} = \sqrt{\beta_{LBx}^2 + \beta_{LBy}^2}$ (15.43)

Gesamtdurchbiegung $f = \sqrt{f_x^2 + f_y^2}$ (15.44)

β_{LAx}, β_{LAy}	in rad	Neigungswinkel des Zapfens im Lager A in der x- bzw. y-Ebene nach Formel 15.39,
β_{LBx}, β_{LBy}	in rad	Neigungswinkel des Zapfens im Lager B in der x- bzw. y-Ebene nach Formel 15.40,
f_x, f_y	in cm	Durchbiegung der Achse oder Welle in der x- bzw. y-Ebene nach Formel 15.41.

Erfahrungsgemäß wird für die Gesamtneigungswinkel $\beta_{LA\ zul}$ und $\beta_{LB\ zul}$ = (1…2) · 10^{-3} rad gewählt (kleine Werte bei Langgleitlagern, große bei Kurzgleitlagern und Wälzlagern), für die Gesamtdurchbiegung f_{zul} = (0,3…0,5) · 10^{-3} · L (kleiner Wert bei Drehzahlen n > 1500 min^{-1}). Wenn sich die Lager auf die Zapfenneigung einstellen können (siehe Abschnitt 17.3 und Abschnitt 18.2), sind auch höhere Werte zulässig.

Verdrehwinkel

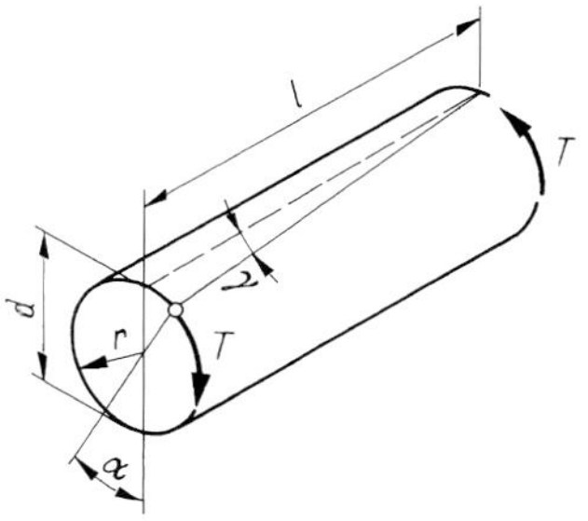

Bild 15.7
Verdrehung eines glatten Wellenstranges

Verdrehwinkel $\alpha = \dfrac{T \cdot l}{G \cdot I_t}$

Hierin ergibt sich α in rad. T ist das Torsionsmoment und I_t das polare Flächenmoment 2. Grades des Stabquerschnitts.

Ist die Welle innerhalb des torsionsbeanspruchten Stranges gestuft, so sind die Verdrehwinkel der einzelnen Stufen zu addieren:

Verdrehwinkel $$\alpha = \frac{T}{G}\left(\frac{l_1}{I_{t1}} + \frac{l_2}{I_{t2}} + \ldots\right) \quad (15.56)$$

α in rad — Verdrehwinkel des torsionsbeanspruchten Wellenstranges,
T in Ncm — Torsionsmoment im Wellenstrang,
G in N/cm² — Gleitmodul des Wellenwerkstoffs ≈ $8300 \cdot 10^3$ N/cm² für Stahl,
l_i in cm — Teillängen im torsionsbeanspruchten Wellenstrang,
I_{ti} in cm⁴ — polare Flächenmomente 2. Grades der Wellenquerschnitte (Tabelle 15.2). Für runde Vollquerschnitte ist $I_t \approx 0{,}1 d^4$.

Üblich ist $\alpha_{zul} = (4 \ldots 9) \cdot 10^{-3}$ rad/m $\cdot L_T$ mit L_T in m als Mittenabstand der Maschinenteile, die das Torsionsmoment übertragen. Kleine Werte gelten für Transmissionswellen, große für Getriebe-, Fahrwerks- und andere Wellen.

Kritische Drehzahl

Befindet sich nur eine einzige Masse m auf der Achse oder Welle, so gilt:

Biegekritische Drehzahl $$n_K \approx \frac{K}{2\pi}\sqrt{\frac{c}{m}} = \frac{K}{2\pi}\sqrt{\frac{g}{f_G}} \quad (15.57)$$

n_K in s^{-1} — biegekritische Drehzahl bei nur einer aufgesetzten Masse m,
K — Lagerungsbeiwert
= 1 für frei in Lagern umlaufende Achsen oder Wellen (Bild 15.8a),
= 1,3 für beiderseits eingespannte Achsen (Bild 15.8b),
= 0,9 für einseitig fliegende Achsen oder Wellen (Bild 15.8c),
c in N/m — Federsteifigkeit des Schwingsystems an der Stelle des Schwerpunkts der Masse m, d. h. $c = m \cdot g/f_G$,
m in kg — Masse des Schwingsystems,
g in m/s² — Fallbeschleunigung = 9,81 m/s²,
f_G in m — Durchbiegung durch die Gewichtskraft $F_G = m \cdot g$ der aufgesetzten Masse unter dem Schwerpunkt dieser Masse.

15

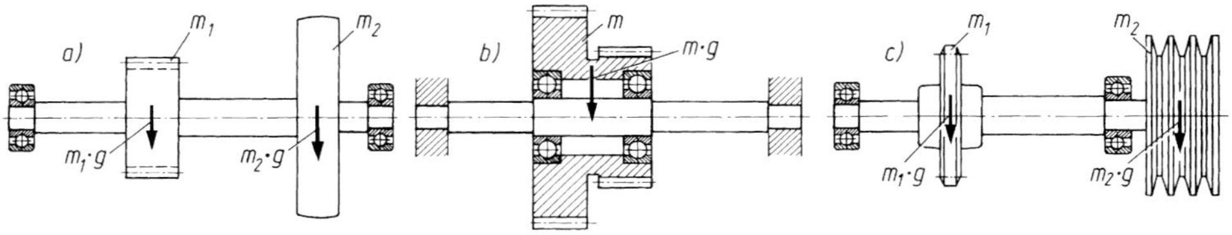

Bild 15.8 Schemata verschiedener Achsen- und Wellenlagerungen
a) frei in Lagern umlaufend, b) beidseitig eingespannt, c) einseitig fliegend

Befinden sich mehrere Massen m_1, m_2, m_3, … auf der Achse oder Welle, so ist mit jeder Einzelmasse nach Formel 15.57 deren biegekritische Drehzahl n_{K1}, n_{K2}, n_{K3}, … zu errechnen. Mit ausreichender Näherung kann dann empirisch nach *Dunkerley* die biegekritische Drehzahl n_K des gesamten Achsen- oder Wellensystems errechnet werden aus

$$\frac{1}{n_K^2} \approx \frac{1}{n_{K1}^2} + \frac{1}{n_{K2}^2} + \frac{1}{n_{K3}^2} + \ldots \qquad (15.58)$$

n_K in s^{-1} biegekritische Drehzahl des gesamten Schwingsystems, d. h. einer Achse oder Welle mit allen aufgesetzten Massen,
n_{Ki} in s^{-1} biegekritische Drehzahl der Achse oder Welle mit jeweils einer aufgesetzten Masse m_i nach Formel 15.57.

Die biegekritische Drehzahl ist unabhängig von der Einbaulage der Achse oder Welle.

15

Tragfähigkeitsberechnung von Wellen und Achsen nach DIN 743

Die Berechnung nach DIN 743 geht vom *Nennspannungskonzept* aus. Hier wird nun auf der Spannungsseite **nur** mit den *Nennspannungen* gearbeitet:

Zug/Druckspannung $\sigma_{z,d} = \frac{F}{A}$

Biegespannung $\sigma_b = \frac{M_b}{W_b}$

Torsionsspannung $\tau_t = \frac{T}{W_t}$

Nachweis des Vermeidens von Dauerbrüchen nach DIN 743

Die Sicherheit S muss größer als die Mindestsicherheit S_{min} sein, die ihrerseits mindestens 1,2 betragen soll:

$$S = \frac{1}{\sqrt{\left(\frac{\sigma_{zda}}{\sigma_{zdADK}} + \frac{\sigma_{ba}}{\sigma_{bADK}}\right)^2 + \left(\frac{\tau_{ta}}{\tau_{tADK}}\right)^2}} \geq S_{min} \geq 1{,}2 \qquad (15.59)$$

σ_{zda} in N/mm^2 vorhandene Ausschlagsspannung Zug/Druck,
σ_{ba} in N/mm^2 vorhandene Ausschlagsspannung Biegung,
τ_{ta} in N/mm^2 vorhandene Ausschlagsspannung Torsion,
σ_{zdADK} in N/mm^2 ertragbare Ausschlagsspannung Zug/Druck,
σ_{bADK} in N/mm^2 ertragbare Ausschlagsspannung Biegung,
τ_{tADK} in N/mm^2 ertragbare Ausschlagsspannung Torsion.

$$\sigma_{zda} = \frac{F_{zda}}{A} \quad \text{mit} \quad A = \frac{\pi\left(d^2 - d_i^2\right)}{4}$$
$$\sigma_{ba} = \frac{M_{ba}}{W_b} \quad \text{mit} \quad W_b = \frac{\pi\left(d^4 - d_i^4\right)}{32 \cdot d} \qquad (15.60)$$
$$\tau_{ta} = \frac{T_a}{W_t} \quad \text{mit} \quad W_t = \frac{\pi\left(d^4 - d_i^4\right)}{16 \cdot d}$$

d Bauteildurchmesser im Kerbquerschnitt,
d Innendurchmesser.

Gestaltfestigkeitswerte, d. h. ertragbare Ausschlagsspannungen

Wenn gilt

$$\sigma_{mv} \leq \frac{\sigma_{zdFK} - \sigma_{zdWK}}{1 - \psi_{zd\sigma K}} \quad \text{bzw.}$$
$$\sigma_{mv} \leq \frac{\sigma_{bFK} - \sigma_{bWK}}{1 - \psi_{b\sigma K}} \quad \text{bzw.}$$
$$\tau_{mv} \leq \frac{\tau_{tFK} - \tau_{tWK}}{1 - \psi_{\tau K}}$$

dann ist: (15.61)

$$\sigma_{zdADK} = \sigma_{zdWK} - \psi_{zd\sigma K} \cdot \sigma_{mv}$$
$$\sigma_{bADK} = \sigma_{bWK} - \psi_{b\sigma K} \cdot \sigma_{mv}$$
$$\tau_{tADK} = \tau_{tWK} - \psi_{\tau K} \cdot \sigma_{mv}$$

Andernfalls:

$$\sigma_{zdADK} = \sigma_{zdFK} - \sigma_{mv}$$
$$\sigma_{bADK} = \sigma_{bFK} - \sigma_{mv}$$
$$\tau_{tADK} = \tau_{tFK} - \sigma_{mv}$$

σ_{zdADK} in N/mm² Gestaltfestigkeitswert Zug/Druck,
σ_{bADK} in N/mm² Gestaltfestigkeitswert Biegung,
τ_{tADK} in N/mm² Gestaltfestigkeitswert Torsion,
σ_{zdFK} in N/mm² Bauteilfließgrenze Zug/Druck,
σ_{bFK} in N/mm² Bauteilfließgrenze Biegung,
τ_{tFK} in N/mm² Bauteilfließgrenze Torsion,
σ_{zdWK} in N/mm² Wechselfestigkeit Zug/Druck,
σ_{bWK} in N/mm² Wechselfestigkeit Biegung,
τ_{tWK} in N/mm² Wechselfestigkeit Torsion,
$\psi_{zd\sigma K}$ Einflussfaktor Mittelspannungsempfindlichkeit Zug/Druck,
$\psi_{b\sigma K}$ Einflussfaktor Mittelspannungsempfindlichkeit Biegung,
$\psi_{\tau K}$ Einflussfaktor Mittelspannungsempfindlichkeit Torsion.

Um die Bedingung in Formel 15.61 prüfen zu können, müssen die Bauteilfließgrenzen, die Wechselfestigkeiten und die Einflussfaktoren der Mittelspannungsempfindlichkeit bestimmt werden.

Bauteilfließgrenzen

$$\sigma_{\text{zdFK}} = K_1\left(d_{\text{eff}}\right)\cdot K_{2\text{F}}\cdot\gamma_{\text{F}}\cdot\sigma_{\text{S}}\left(d_{\text{B}}\right)$$
$$\sigma_{\text{bFK}} = K_1\left(d_{\text{eff}}\right)\cdot K_{2\text{F}}\cdot\gamma_{\text{F}}\cdot\sigma_{\text{S}}\left(d_{\text{B}}\right) \qquad (15.62)$$
$$\tau_{\text{tFK}} = \frac{K_1\left(d_{\text{eff}}\right)\cdot K_{2\text{F}}\cdot\gamma_{\text{F}}\cdot\sigma_{\text{S}}\left(d_{\text{B}}\right)}{\sqrt{3}}$$

$K_1(d_{\text{eff}})$		technologischer Größeneinfluss (Tabelle 15.8),
d_{eff}	in mm	für die Wärmebehandlung maßgebender Durchmesser,
$K_{2\text{F}}$		statische Stützwirkung (Tabelle 15.9),
γ_{F}		Erhöhung der Fließgrenze (Tabelle 15.10),
$\sigma_{\text{s}}(d_{\text{B}})$	in N/mm²	Streckgrenze R_{e}, $R_{\text{p0,2}}$, mit d_{B} Bezugsdurchmesser.

Wechselfestigkeiten:

$$\sigma_{\text{zdWK}} = \frac{\sigma_{\text{zdW}}\left(d_{\text{B}}\right)\cdot K_1\left(d_{\text{eff}}\right)}{K_\sigma}$$
$$\sigma_{\text{bWK}} = \frac{\sigma_{\text{bW}}\left(d_{\text{B}}\right)\cdot K_1\left(d_{\text{eff}}\right)}{K_\sigma} \qquad (15.63)$$
$$\tau_{\text{tWK}} = \frac{\tau_{\text{tW}}\left(d_{\text{B}}\right)\cdot K_1\left(d_{\text{eff}}\right)}{K_\tau}$$

σ_{zdWK}	in N/mm²	Zug/Druck-Wechselfestigkeit des gekerbten Bauteils,
σ_{bWK}	in N/mm²	Biegewechselfestigkeit des gekerbten Bauteils,
τ_{tWK}	in N/mm²	Torsions-Wechselfestigkeit des gekerbten Bauteils,
σ_{zdW}	in N/mm²	Zug/Druck-Wechselfestigkeit des glatten Probestabs (DIN 743-3),
σ_{bW}	in N/mm²	Biege-Wechselfestigkeit des glatten Probestabs (DIN 743-3),
τ_{tW}	in N/mm²	Torsions-Wechselfestigkeit des glatten Probestabs (DIN 743-3),
$K_1(d_{\text{eff}})$		technologischer Größeneinfluss (vgl. Tabelle 15.8),
d_{eff}	in mm	für die Wärmebehandlung maßgebender Durchmesser,
K_σ		Gesamteinflussfaktor für Zug/Druck und Biegung,
K_τ		Gesamteinflussfaktor für Torsion.

15

Bestimmung der Gesamteinflussfaktoren:

$$K_\sigma = \left(\frac{\beta_\sigma}{K_2(d)} + \frac{1}{K_{\text{F}\sigma}} - 1\right)\cdot\frac{1}{K_{\text{V}}}$$
$$K_\tau = \left(\frac{\beta_\tau}{K_2(d)} + \frac{1}{K_{\text{F}\tau}} - 1\right)\cdot\frac{1}{K_{\text{V}}} \qquad (15.64)$$

β_σ	Kerbwirkungszahl (nach DIN 743-2),
$K_2(d)$	geometrischer Größeneinfluss (Bild 15.9, Tabelle 15.11),
$K_{\text{F}\sigma}$	Einflussfaktor der Oberflächenrauheit bei Zug/Druck und Biegung,
$K_{\text{F}\tau}$	Einflussfaktor der Oberflächenrauheit bei Torsion,
K_{V}	Einflussfaktor der Oberflächenverfestigung.

Kerbwirkungszahl:

$$\beta_\sigma = \frac{\alpha_\sigma}{n} \qquad \beta_\tau = \frac{\alpha_\tau}{n} \qquad (15.65)$$

Dabei sind α_σ und α_τ die Formzahlen und n ist die Stützzahl (in Abschnitt 15.5 in ME die Stützziffer n_χ). Hier soll exemplarisch nur der Fall des Wellenabsatzes (Bild 15.9) betrachtet werden. Andere Kerbformen sind DIN 743-2 zu entnehmen. Die **Formzahlen für Wellenabsätze** können nach Formel 15.66) berechnet werden, wenn $r/t \geq 0{,}03$ und $d/D \leq 0{,}98$ sowie α_σ bzw. $\alpha_\tau \leq 6$ ist.

Zug: $$\alpha_\sigma = 1 + \frac{1}{\sqrt{0{,}62 \cdot \frac{r}{t} + 7 \cdot \frac{r}{d} \cdot \left(1 + 2 \cdot \frac{r}{d}\right)^2}}$$

Biegung: $$\alpha_\sigma = 1 + \frac{1}{\sqrt{0{,}62 \cdot \frac{r}{t} + 11{,}6 \cdot \frac{r}{d} \cdot \left(1 + 2 \cdot \frac{r}{d}\right)^2 + 0{,}2 \cdot \left(\frac{r}{t}\right)^3 \cdot \frac{d}{D}}} \qquad (15.66)$$

Torsion: $$\alpha_\tau = 1 + \frac{1}{\sqrt{3{,}4 \cdot \frac{r}{t} + 38 \cdot \frac{r}{d} \cdot \left(1 + 2 \cdot \frac{r}{d}\right)^2 + \left(\frac{r}{t}\right)^2 \cdot \frac{d}{D}}}$$

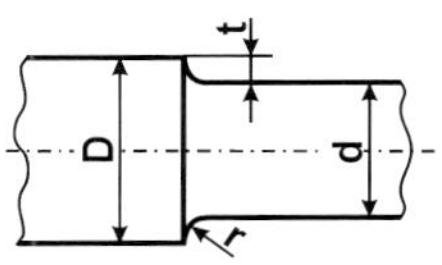

Bild 15.9
Wellenabsatz

Nun kann die Stützzahl *n* berechnet werden, wenn das bezogene Spannungsgefälle G' bekannt ist. Für das **bezogene Spannungsgefälle** gilt:

Zug/Druck: $$G' = \frac{2{,}3 \cdot (1 + \varphi)}{r}$$

Biegung: $$G' = \frac{2{,}3 \cdot (1 + \varphi)}{r} \qquad (15.67)$$

Torsion: $$G' = \frac{1{,}15}{r}$$

Wenn $d/D > 0{,}67$ und $r > 0$, dann

$$\varphi = \frac{1}{4 \cdot \sqrt{\frac{t}{r}} + 2}$$

Andernfalls gilt: $\varphi = 0$.

Damit kann die **Stützzahl** *n* berechnet werden, wobei zwei Fälle zu unterscheiden sind:

a) Bei vergüteten, normalisierten Wellen oder einsatzgehärteten Wellen mit nicht aufgekohlten Konturen gilt:

$$n = 1 + \sqrt{G' \cdot \text{mm}} \cdot 10^{-\left(0{,}33 + \frac{\sigma_S(d)}{712\,\text{N/mm}^2}\right)} \qquad (15.68a)$$

mit $\sigma_S(d) = K_1(d_{eff}) \cdot \sigma_S(d_B)$

b) Bei harter Randschicht gilt:

$$n = 1 + \sqrt{G' \cdot \text{mm}} \cdot 10^{-0{,}7} \qquad (15.57b)$$

Einflussfaktor der Oberflächenrauheit: Tabelle 15.12

Einflussfaktor der Oberflächenverfestigung: Tabelle 15.13

15

Hier gilt K_V nur für die Erhöhung der Dauerfestigkeit der glatten, oberflächenverfestigten Probe gegenüber der glatten, nicht oberflächenverfestigten Probe. Zu Werten für gekerbte Proben siehe DIN 743-2, Tabelle 4.

Anmerkung: Alle drei Berechnungsbeispiele des Beiblatts 1 zu DIN 743 setzen K_V gleich 1.

Einflussfaktoren der Mittelspannungsempfindlichkeit:

$$\psi_{zd\sigma K} = \frac{\sigma_{zdWK}}{2 \cdot K_1(d_{eff}) \cdot \sigma_B(d_B) - \sigma_{zdWK}}$$

$$\psi_{b\sigma K} = \frac{\sigma_{bWK}}{2 \cdot K_1(d_{eff}) \cdot \sigma_B(d_B) - \sigma_{bWK}} \qquad (15.69)$$

$$\psi_{\tau K} = \frac{\tau_{tWK}}{2 \cdot K_1(d_{eff}) \cdot \sigma_B(d_B) - \tau_{tWK}}$$

$K_1(d_{eff})$		technologischer Größeneinfluss,
d_{eff}	mm	für die Wärmebehandlung maßgebender Durchmesser,
σ_B	N/mm²	Zugfestigkeit für den Probendurchmesser d_B.

Vergleichsmittelspannungen:

$$\sigma_{mv} = \sqrt{(\sigma_{zdm} + \sigma_{bm})^2 + 3 \cdot \tau_{tm}^2}$$

Sollte $\sigma_{zdm} + \sigma_{bm} < 0$ sein, dann gilt:

15

$$\sigma_{mv} = \frac{H}{|H|} \cdot \sqrt{|H|} \quad \text{mit} \quad H = \frac{(\sigma_{zdm} + \sigma_{bm})^3}{|(\sigma_{zdm} + \sigma_{bm})|} + 3 \cdot \tau_{tm}^2 \qquad (15.70)$$

$$\tau_{mv} = \frac{\sigma_{mv}}{\sqrt{3}}$$

Der Dauerfestigkeitsnachweis nach DIN 743 läuft in folgenden Schritten ab:

1. Bestimmung der Gesamteinflussfaktoren für Zug/Druck, Biegung und Torsion (Formel 15.64)
   a) Formzahlen bestimmen (Formel 15.66)
   b) bezogene Spannungsgefälle bestimmen (Formel 15.67)
   c) technologische Größeneinflüsse bestimmen, Tabelle 15.8
   d) Stützzahlen bestimmen (Formel 15.68)
   e) Kerbwirkungszahlen bestimmen (Formel 15.65)
   f) geometrische Größeneinflussfaktoren bestimmen (Tabelle 15.11)
   g) Einflussfaktoren der Oberflächenrauheit bestimmen (Tabelle 15.12)
   h) Einflussfaktoren der Oberflächenverfestigung bestimmen (Tabelle 15.13)
   i) Gesamteinfussfaktoren berechnen (Formel 15.64)
2. Vergleichsspannungen berechnen (Formel 15.70)
3. Bauteilwechselfestigkeit berechnen (Formel 15.63)
4. Einflussfaktoren der Mittelspannungsempfindlichkeit berechnen (Formel 15.69)
5. Bauteilfließgrenzen bestimmen (Formel 15.62)
6. Spannungsamplituden der Bauteilfestigkeit berechnen (Formel 15.61)
7. vorhandene Sicherheitszahl berechnen (Formel 15.59)

16 Tribologie: Reibung, Schmierung und Verschleiß

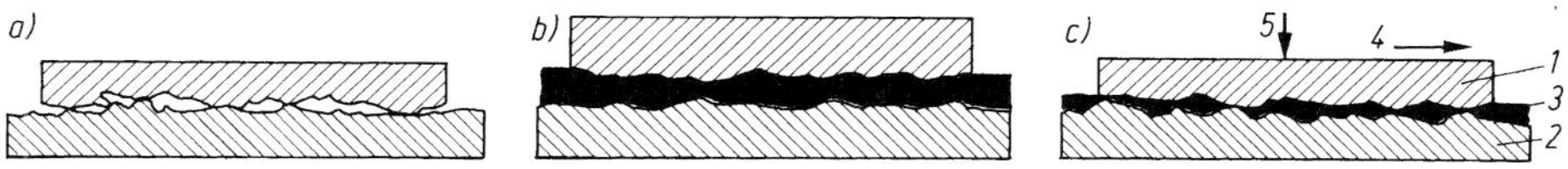

Bild 16.1 Reibungszustände
a) Trockenreibung ohne Trennschicht, b) Flüssigkeitsreibung (Schwimmreibung) mit Trennschicht, c) Mischreibung (teilweise Trockenreibung, teilweise Flüssigkeitsreibung); 1 sich bewegender Körper, 2 stillstehender Körper, 3 Zwischenschicht, 4 Bewegung, 5 Belastung

Amontons-Coulombsche Reibungsgesetz $F_R = \mu \cdot F_N$ (16.1)

F_R	in N	Reibungskraft,
F_N	in N	Normalkraft,
μ		Reibwert (siehe Tabelle 16.1).

Die **Reibkraft** ist also direkt proportional zu der senkrecht auf die Reibfläche wirkenden Kraft, zu der Normalkraft und zu einem Faktor μ, dem Reibwert.

Schmieröle

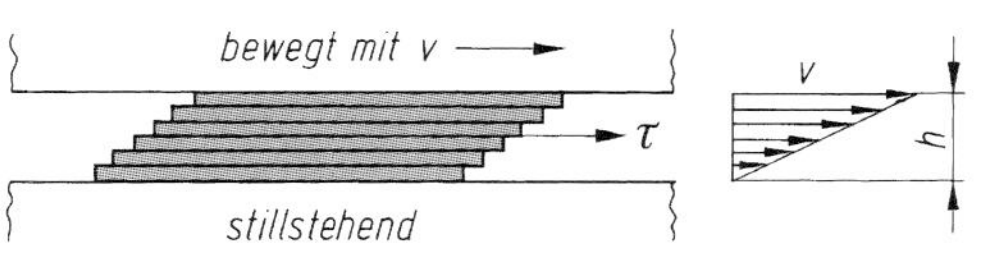

Bild 16.2
Verschiebung der Ölschichten im Schmierspalt

Schubspannung im Schmierspalt:

$$\tau = \eta \cdot \frac{dv}{dh} \tag{16.2}$$

Das Geschwindigkeitsgefälle dv/dh ist bei sogenannten Newtonschen Flüssigkeiten – das sind die meisten fluiden Schmierstoffe in der Technik, also auch die Öle – konstant. Deshalb wird Formel 16.2 zu

$$\tau = \eta \cdot \frac{v}{h} \tag{16.3}$$

Damit ergibt sich nach Formel 16.2 bzw. Formel 16.3 die **dynamische** oder **absolute Viskosität** (Zähigkeit) η mit der Maßeinheit

$$[\eta] = \frac{\text{Kraft} \cdot \text{Zeit}}{\text{Länge}^2} = \frac{\text{N} \cdot \text{s}}{\text{m}^2} = \text{Pa} \cdot \text{s} \text{ oder } 10^{-3}\frac{\text{N} \cdot \text{s}}{\text{m}^2} = \text{mPa} \cdot \text{s} = 1\text{cP (veraltet)} \tag{16.4}$$

Die Einheit Pa · s (also Druck · Zeit) ergibt sich formal (hat aber keinen physikalischen Sinn) und ist genormt. Die nach Jean-Louis Marie Poiseuille benannte, SI-fremde Einheit Poise bzw. cP (Poise bzw. Centipoise, 1 cP = 1 mPa · s) wird häufiger verwendet. Wasser hat bei Normaldruck und einer Temperatur von 20,2 °C die dynamische Viskosität von 1 cP oder 1 mPa · s.

16

Für die Auslegung von hydrodynamischen Gleitlagern ist einzig und allein die dynamische oder absolute Viskosität η wichtig!

Technisch als Lieferangabe wird dagegen meist die **kinematische Viskosität v** angegeben:

$$v = \frac{\eta}{\varrho} \quad \text{mit} \quad \varrho \quad \text{Dichte} \tag{16.5}$$

Die kinematische Viskosität hat die Maßeinheit

$$[v] = \frac{\text{Länge}^2}{\text{Zeit}} = \frac{\text{m}^2}{\text{s}} \text{ oder } 10^{-6}\frac{\text{m}^2}{\text{s}} = \frac{\text{mm}^2}{\text{s}} = 1\,\text{cSt (veraltet)} \tag{16.6}$$

Die üblicherweise verwendete Einheit ist mm^2/s oder cSt (Centi-Stokes, nicht mehr genormte, SI-fremde Bezeichnung, benannt nach George Gabriel Stokes).

Fast allen Ölen ist gemeinsam, dass sie eine mehr oder weniger ausgeprägte Viskositäts-Temperaturabhängigkeit haben (vgl. Bild 16.6 in ME). In der Literatur sind dahingehend mehrere Formeln bekannt geworden, wobei die gängigste die Gleichung von Vogel ist:

$$\eta = a \cdot \exp\left(\frac{b}{\vartheta + c}\right) \tag{16.7}$$

mit den Koeffizienten a, b und c (siehe Tabelle 16.5), die je nach SAE-Klasse unterschiedlich sind. So hat z. B. ein Öl SAE 30 die Koeffizienten $a = 0{,}1531 \cdot 10^8$, $b = 720$ und $c = 71$. Für die ISO-VG-Klassen kann aus Diagramm 16.1 die dynamische Viskosität η in mPa s bei Temperaturen von 20 … 160 °C abgelesen werden.

16 Auch die Dichte des Öls ändert sich mit der Temperatur. Dabei kann Formel 16.8 nach Vogelpohl (siehe [16.7] in ME) verwendet werden:

$$\varrho = \varrho_{20}[1 - 65 \cdot 10^{-5} \cdot (\vartheta - 20)] \tag{16.8}$$

ϱ_{20} in g/cm^3 Dichte bei 20 °C,
ϑ in °C Temperatur.

Ferner ändert sich die Dichte des Öls mit dem Druck nach folgender Beziehung (vgl. [16.7] in ME):

$$\varrho = \varrho_0\left[1 + 45{,}89 \cdot 10^{-6} \cdot (p - p_0)\right] \tag{16.9}$$

ϱ_0 in g/cm^3 Dichte bei $p_0 = 0$ bar,
p in bar Druck.

17 Gleitlager

Berechnung der Radiallager

1. Spezifische Belastung und Reibleistung

Durch die Belastungskraft F werden die Gleitflächen gepresst. Man rechnet mit der mittleren Flächenpressung:

$$\text{Spezifische Lagerbelastung} \quad \bar{p} = \frac{F}{D \cdot B} \qquad (17.1)$$

$\bar{p}$ in N/mm² mittlere Pressung der Gleitflächen = mittlere Flächenpressung p_m,
F in N Belastungskraft,
D in mm Lagernenndurchmesser,
B in mm Lagerbreite.

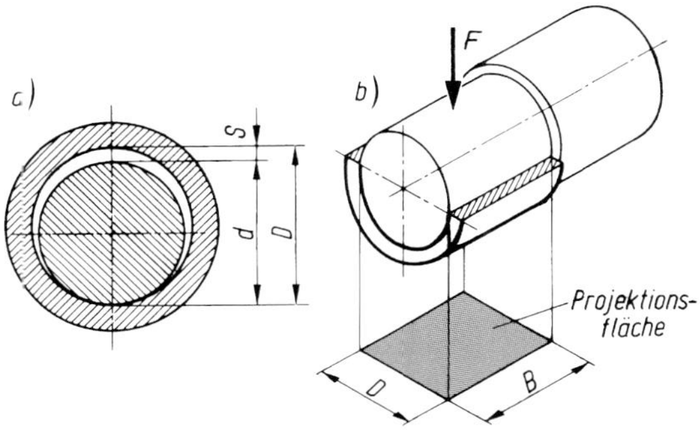

Bild 17.1
Prinzip des Radial-Gleitlagers
a) absolutes Lagerspiel, b) belastete Projektionsfläche

17

Die Zapfenoberfläche bewegt sich in der Lagerbuchse oder -schale mit der

$$\text{Gleitgeschwindigkeit} \quad u = d \cdot \pi \cdot n \qquad (17.2)$$

$$\text{Winkelgeschwindigkeit} \quad \omega = 2\pi \cdot n \qquad (17.3)$$

u in m/s Gleitgeschwindigkeit,
ω in rad/s Winkelgeschwindigkeit,
d in m Zapfennenndurchmesser,
n in s^{-1} Betriebsdrehzahl.

In Tabelle 17.11 sind Anhaltswerte für zulässige Gleitgeschwindigkeiten u und spezifische Lagerbelastungen $\bar{p}$ angegeben und in Tabelle 17.12 Richtwerte für $\bar{p}$ hydrodynamischer Lager. Zapfen und Lager haben allgemein gleiche Nenndurchmesser.

$$\text{Reibleistung} \quad P_f = F \cdot \mu \cdot u \qquad (17.4)$$

P_f in W Reibleistung (Reibleistungsverlust) = abzuführender Wärmestrom P_0,
F in N Belastungskraft,
μ Reibzahl (für Erfahrungswerte siehe Tabelle 17.13),
u in m/s Gleitgeschwindigkeit nach Formel 17.2.

2. Wärmeabführung durch Konvektion

Wärmestrom über Gehäuse und Welle an die Umgebung $P_A = k \cdot A(t_B - t_a)$ (17.5)

P_A in W — Wärmestrom, bei ausschließlicher Konvektion drucklos geschmierter Lager = P_f nach Formel 17.4,
k in W/(m² · K) — Wärmeübergangszahl zwischen der Oberfläche A des Lagergehäuses und der Umgebungsluft = 15...20 W/(m² · K) bei leicht bewegter Luft im Normalfall (sonst nach Formel 17.6),
A in m² — wärmeabgebende Oberfläche des Lagergehäuses (ggf. nach Formel 17.7 bis Formel 17.9),
t_B in °C — Temperatur an den Gleitflächen (Lagertemperatur) des betriebswarmen Lagers, die in der Regel 70...100 °C nicht überschreiten soll,
t_a in °C — Temperatur der umgebenden Luft (Umgebungstemperatur), im Normalfall = 20 °C.

Bei Anblasung des Lagergehäuses mit Luft bei w_a > 1,2 m/s ist die

Wärmeübergangszahl $k \approx 7 + 12\sqrt{w_a}$ in $\mathrm{W}/(\mathrm{m}^2 \cdot \mathrm{K})$ (17.6)

wenn die Luftgeschwindigkeit w_a in m/s eingesetzt wird.

Falls die *wärmeabgebende Oberfläche* A des Lagergehäuses nicht genau bekannt ist, kann nach DIN 31652-1 näherungsweise Folgendes eingesetzt werden:

Bei zylindrischen Gehäusen $A = \frac{\pi}{2}(D_H^2 - D^2) + \pi \cdot D_H \cdot B_H$ (17.7)

Bei Stehlagern $A = \pi \cdot H(B_H + H/2)$ (17.8)

Bei Lagern im Maschinenverband (z. B. in Werkzeugmaschinen) $A = (15...20) D \cdot B$ (17.9)

B_H in m — Gehäusebreite in Achsrichtung,
D_H in m — Gehäuseaußendurchmesser,
H in m — Stehlagergesamthöhe.

17

3. Wärmeabführung durch den Schmierstoff

Im Fall einer Druckumlaufschmierung oder einer Wasserkühlung wird ein Wärmestrom P_Q vom abfließenden Schmieröl bzw. Wasser abgeführt, der nur dann gleich der Reibleistung P_f anzunehmen ist, wenn die Konvektion nicht berücksichtigt wird. Es ist der

Wärmestrom über das Schmieröl bzw. das Kühlwasser $P_Q = \varrho \cdot c \cdot Q(t_2 - t_1)$ (17.10)

P_Q in W — Wärmestrom über das Schmieröl bzw. Kühlwasser,
ϱ in kg/m³ — Dichte des Schmieröls ≈ 900 kg/m³ und des Kühlwassers ≈ 1000 kg/m³,
c in J/(kg · K) — spezifische Wärme des Schmieröls ≈ 2000 J/(kg · K) und des Wassers ≈ 4200 J/(kg · K),
$\varrho \cdot c$ in J/(m³ · K) — volumenspezifische Wärme des Schmieröls ≈ $1{,}8 \cdot 10^6$ J/(m³ · K) und des Kühlwassers ≈ $4{,}2 \cdot 10^6$ J/(m³ · K),
Q in m³/s — Schmieröldurchsatz (siehe unter 5.) bzw. Kühlwasserdurchsatz,
t_2 in °C — Austrittstemperatur des Schmieröls bzw. Wassers,
t_1 in °C — Eintrittstemperatur des Schmieröls bzw. Wassers (in der Regel wird in beiden Fällen von $t_2 - t_1$ = 20 K ausgegangen).

Als effektive **Schmierfilmtemperatur t_{eff}** der hydrodynamischen Lager ist näherungsweise der Mittelwert aus t_2 und t_1 des Schmieröls anzunehmen, also $t_{eff} = t_B = 0{,}5(t_2 + t_1)$ mit t_B als Betriebstemperatur des Lagers.

4. Lagerspiel

Unter dem **absoluten Lagerspiel S** versteht man die Differenz zwischen Bohrungs- und Zapfendurchmesser (siehe Bild 17.1). Das auf eine Längeneinheit des Lagernenndurchmessers D (ohne Abmaße) bezogene Lagerspiel heißt **relatives Lagerspiel** $\psi = S/D$. Man rechnet mit einem **mittleren relativen Lagerspiel ψ_m**. Für verschiedene mittlere relative Lagerspiele sind die Abmaße der Welle und die absoluten Spiele in Tabelle 17.10 angegeben. Es hat sich nach DIN 31652-3 für **hydrodynamische Schmierung** ein

mittleres relatives Lagerspiel $\psi_m \approx 0{,}8\sqrt[4]{u}$ in ‰ (17.11)

bewährt, wenn die Gleitgeschwindigkeit u in m/s eingesetzt wird.

Hiernach wählt man gemäß Tabelle 17.10 das nächstliegende, ggf. höhere mittlere relative Lagerspiel und die zugehörigen Passmaße.

Sofern sich die Längenausdehnungskoeffizienten α_S der Welle und α_B des Lagers nicht unterscheiden, ist das Warmspiel gleich dem Kaltspiel. Anderenfalls beträgt die

thermische Änderung des relativen Lagerspiels $\Delta\psi = (\alpha_B - \alpha_S)\cdot(t_B - 20\,°C)$ (17.12)

α_B in K^{-1} Längenausdehnungskoeffizient des Lagers (Lagerschale und Gehäuse),
α_S in K^{-1} Längenausdehnungskoeffizient der Welle,
t_B in °C Lagertemperatur (Betriebstemperatur).

Für Längenausdehnungskoeffizienten verschiedener Werkstoffe siehe Tabelle 9.2. In die Berechnung ist dann das **effektive relative Lagerspiel** $\psi_{eff} = \psi_m + \Delta\psi$ einzusetzen.

5. Schmieröldurchsatz

Durch den im Schmierspalt entwickelten Druck (Eigendruck) wird Schmieröl seitlich aus dem Lager hinausgefördert und fließt in den Ölbehälter zurück. Daraus folgt der

Schmieröldurchsatz infolge Eigendruckentwicklung $Q_1 = D^3 \cdot \psi_{eff} \cdot \omega \cdot q_1$ (17.13)

Q_1 in m^3/s Schmierstoffdurchsatz infolge des Eigendrucks,
D in m Lagernenndurchmesser,
ψ_{eff} effektives relatives Lagerspiel = ψ_m nach Tabelle 17.10 bzw. = $\psi_m + \Delta\psi$ mit $\Delta\psi$ nach Formel 17.12,
ω in s^{-1} Winkelgeschwindigkeit der Gleitfläche nach Formel 17.3,
q_1 bezogener Schmieröldurchsatz nach Tabelle 17.18.

17

Wird das Schmieröl jedoch unter einem Überdruck p_E zugeführt (üblich p_E = 0,5...5 bar), der deutlich unter der spezifischen Lagerbelastung $\overline{p}$ liegen soll, so wird über Q_1 hinaus zusätzlich Schmieröl aus dem Lager herausgefördert:

Zusätzlicher Schmieröldurchsatz infolge Zuführdruck $Q_2 = \dfrac{D^3 \cdot \psi_{eff}^3 \cdot p_E}{\eta} q_2$ (17.14)

Q_2 in m^3/s zusätzlicher Schmieröldurchsatz,
D, ψ_{eff} siehe Legende zu Formel 17.13,
p_E in Pa Ölzuführdruck (10^5 Pa = 1 bar),
η in Pa · s effektive dynamische Viskosität des Schmieröls im Betriebszustand,
q_2 bezogener Schmieröldurchsatz je nach Anforderung der Schmieröl-Zuführungselemente nach Tabelle 17.19.

Der bezogene Schmieröldurchsatz q_1 bzw. q_2 ist abhängig von der relativen Exzentrizität ε nach Formel 17.16. Bei **druckloser Schmierung** ist der gesamte Schmieröldurchsatz $Q = Q_1$ und bei **Druckschmierung** $Q = Q_1 + Q_2$.

6. Vermeidung thermischer Überbeanspruchung (nach DIN 31652-3)

Bei der Gleitlager-Berechnung ist es ausreichend, die thermische Lagerbeanspruchung durch die Lagertemperatur t_B bzw. die Schmierölaustrittstemperatur t_2 zu beschreiben und sicherzustellen, dass diese die zulässige nicht überschreitet. Die in Tabelle 17.14 enthaltenen Angaben stellen allgemeine Erfahrungswerte für die Grenze von t_B dar, bei denen berücksichtigt ist, dass der Maximalwert des Temperaturfeldes über der berechneten Lagertemperatur t_B liegt.

7. Berechnung hydrodynamischer Radiallager

Bei der Berechnung von hydrodynamischen Radial-Gleitlagern im stationären Betrieb (Berechnung von Kreiszylinderlagern) nach DIN 31652 wird unter anderem vorausgesetzt, dass alle Strömungsvorgänge des Schmierstoffs laminar sind (ohne Wirbel).

Ob eine laminare Störung zu erwarten ist, wird mit der

Reynolds-Zahl $$Re = \frac{\varrho \cdot u \cdot S}{2\eta} \leq 41{,}3\sqrt{\frac{D}{S}} \qquad (17.15)$$

überprüft.

ϱ in kg/m³ Dichte des Schmierstoffs (für Öl ≈ 900 kg/m³),
u in m/s Gleitgeschwindigkeit nach Formel 17.2,
S in m absolutes Lagerspiel = $D - d = \psi_{eff} \cdot D$,
η in Pa · s dynamische Viskosität des Schmieröls im betriebswarmen Zustand.

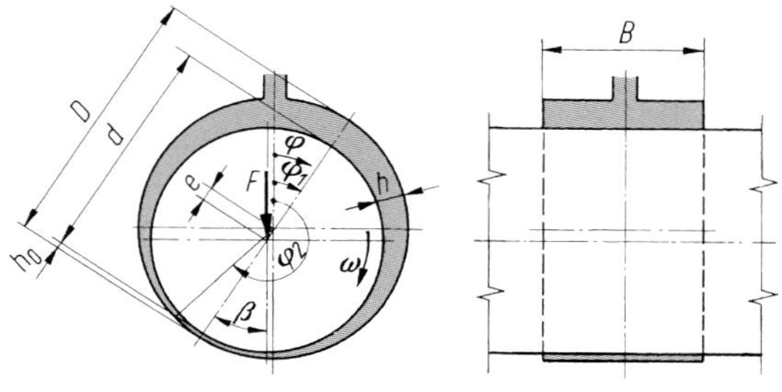

Bild 17.2
Skizze zur Berechnung hydrodynamischer Radial-Gleitlager (Kreiszylinderlager)

17

Relative Exzentrizität $$\varepsilon = \frac{e}{S/2} = \frac{e}{(D-d)/2} \qquad (17.16)$$

e Exzentrizität der Zapfen- zur Bohrungsmitte während des Laufs,
S absolutes Lagerspiel.

Mit einer dimensionslosen Kennzahl, der **Sommerfeld-Zahl *So***, lassen sich hydrodynamische Radiallager hinsichtlich ihres Lauf- und Reibverhaltens miteinander vergleichen:

Sommerfeld-Zahl $$So = \frac{\bar{p} \cdot \psi_{eff}^2}{\eta \cdot \omega} \qquad (17.17)$$

$\bar{p}$ in N/mm² mittlere Flächenpressung nach Formel 17.1,
ψ_{eff} relatives Lagerspiel = S/d,
η in N · s/mm² dynamische Viskosität des Schmieröls in betriebswarmen Zustand bei der Lagertemperatur t_B (siehe hierzu Diagramm 16.1), beachte: 10^{-9} N · s/mm² = 1 mPa · s,
ω in rad/s = s⁻¹ Winkelgeschwindigkeit nach Formel 17.3.

Die Sommerfeldzahl hängt von der relativen Exzentrizität ε und von der relativen Lagerbreite B/D ab (Tabelle 17.15). Umgekehrt kann bei gegebener Sommerfeldzahl aus Tabelle 17.15 die relative Exzentrizität ε ermittelt werden. Des Weiteren hängt der Verlagerungswinkel β (Bild 17.2) von der relativen Exzentrizität ε und von der relativen Lagerbreite B/D ab (Tabelle 17.16). Außerdem kann aus Tabelle 17.17 die bezogene Reibzahl μ/ψ_{eff} entnommen werden. Zur expliziten Berechnung dienen die im Folgenden aufgeführten Gleichungen.

Sommerfeld-Zahl *So* als Funktion von ε:

$$So = \left(\frac{B}{D}\right)^2 \cdot \frac{\varepsilon}{2\left(1-\varepsilon^2\right)^2} \cdot \sqrt{\pi^2\left(1-\varepsilon^2\right)+16\varepsilon^2} \cdot \frac{\alpha_1\left(\varepsilon-1\right)}{\alpha_2+\varepsilon}$$

mit

$$\alpha_1 = 1{,}1642 - 1{,}9456\left(\frac{B}{D}\right) + 7{,}1161\left(\frac{B}{D}\right)^2 - 10{,}1073\left(\frac{B}{D}\right)^3 + 5{,}0141\left(\frac{B}{D}\right)^4 \qquad (17.18)$$

$$\alpha_2 = -1{,}000026 - 0{,}023634\left(\frac{B}{D}\right) - 0{,}4215\left(\frac{B}{D}\right)^2 - 0{,}038817\left(\frac{B}{D}\right)^3 - 0{,}090551\left(\frac{B}{D}\right)^4$$

Meist braucht man jedoch ε als Funktion von *So* (Achtung: nicht DIN 31652):

$$0{,}125 < B/D \le 0{,}167: \quad \varepsilon = 10^{0{,}0614368(\lg So)^3 + 0{,}0459025(\lg So)^2 + 0{,}0761622\lg So - 0{,}0350305}$$

$$0{,}167 < B/D \le 0{,}20: \quad \varepsilon = 10^{0{,}0609246(\lg So)^3 - 0{,}0009578(\lg So)^2 + 0{,}0644066\lg So - 0{,}0502757}$$

$$0{,}20 < B/D \le 0{,}25: \quad \varepsilon = 10^{0{,}0624507(\lg So)^3 - 0{,}0251849(\lg So)^2 + 0{,}0715752\lg So - 0{,}0594245}$$

$$0{,}25 < B/D \le 0{,}33: \quad \varepsilon = 10^{0{,}0608744(\lg So)^3 - 0{,}0657667(\lg So)^2 + 0{,}0868669\lg So - 0{,}0710114}$$

$$0{,}33 < B/D \le 0{,}40: \quad \varepsilon = 10^{0{,}0592091(\lg So)^3 - 0{,}114519(\lg So)^2 + 0{,}129530\lg So - 0{,}0912981} \qquad (17.19)$$

$$0{,}40 < B/D \le 0{,}50: \quad \varepsilon = 10^{0{,}0583217(\lg So)^3 - 0{,}145226(\lg So)^2 + 0{,}168221\lg So - 0{,}108936}$$

$$0{,}50 < B/D \le 0{,}75: \quad \varepsilon = 10^{0{,}0545729(\lg So)^3 - 0{,}183951(\lg So)^2 + 0{,}228868\lg So - 0{,}136875}$$

$$0{,}75 < B/D \le 1{,}00: \quad \varepsilon = 10^{0{,}0191334(\lg So)^3 - 0{,}288190(\lg So)^2 + 0{,}5015910\,g\,So - 0{,}281377}$$

Der Verlagerungswinkel β ist

$$\beta = \left[\sum_{i=1}^{5} \alpha_i \varepsilon^{i-1}\right] \cdot \arctan\left(\frac{\pi \cdot \sqrt{1-\varepsilon^2}}{2\varepsilon}\right)$$

mit

$$\alpha_1 = 1{,}152624 - 0{,}105465\left(\frac{B}{D}\right)$$

$$\alpha_2 = -2{,}5905 + 0{,}798745\left(\frac{B}{D}\right) \qquad (17.20)$$

$$\alpha_3 = 8{,}73393 - 2{,}3291\left(\frac{B}{D}\right)$$

$$\alpha_4 = -13{,}3415 + 3{,}424337\left(\frac{B}{D}\right)$$

$$\alpha_5 = 6{,}6294 - 1{,}591732\left(\frac{B}{D}\right)$$

Für ein Radiallager mit exzentrischer Wellenlage lautet die

$$\textit{Spaltfunktion} \quad h = 0{,}5D \cdot \psi_{\text{eff}} \left(1 + \varepsilon \cdot \cos\varphi\right) \tag{17.21}$$

h	in mm	Spalthöhe (siehe Bild 17.2),
D	in mm	Lagernenndurchmesser,
ψ_{eff}		effektives relatives Lagerspiel (meistens = ψ_m oder $\psi_m + \Delta\psi$),
ε		relative Exzentrizität entsprechend Formel 17.16 (ggf. nach Tabelle 17.15 oder Formel 17.19),
φ	in rad	Polarwinkel des Gleitlagers nach Bild 17.2.

Damit lässt sich die Spalthöhe h für jeden Polarwinkel φ_1, φ_2 usw. berechnen. Daraus folgt die

$$\textit{minimale Schmierfilmdicke} \quad h_0 = 0{,}5D \cdot \psi_{\text{eff}} \left(1 - \varepsilon\right) \tag{17.22}$$

h_0	in mm	kleinste, sich einstellende Schmierfilmdicke,
D, ψ_{eff}, ε		siehe Legende zu Formel 17.21.

Diese **mindestens erforderliche Schmierfilmdicke** $h_{0\,\text{min}}$ muss größer sein als die Rauigkeiten R_z der Welle und der Lagerschale. *Peeken* (vgl. [17.14] in ME) gibt hier folgende Formel an:

$$h_{0\,\text{min}} = 1{,}5 \cdot R_{z\,\text{Welle}} + 0{,}5 \cdot R_{z\,\text{Bohrung}} + \text{Formabweichungen} \tag{17.23}$$

Die **Reibungsverluste** in einem hydrodynamischen Gleitlager werden durch das *Amonton'sche Reibungsgesetz* (auch Coulomb'sches Reibungsgesetz genannt) beschrieben:

$$F_f = \mu \cdot F \tag{17.24}$$

F	in N	Lagerkraft,
F_f	in N	Reibkraft,
μ		Reibwert.

Die **Reibleistung** bzw. der durch die Reibung erzeugte Wärmestrom ist dann einfach

17

$$P_f = P_0 = F_f \cdot u_s \tag{17.25}$$

P_f	in W	Reibleistung im Lager,
P_0	in W	Wärmestrom, bedingt durch Reibung,
F_f	in N	Reibkraft,
u_s	in m/s	Gleitgeschwindigkeit der Welle.

Der **Reibwert** wird über die bezogene Reibungszahl μ/ψ_{eff} berechnet:

$$\frac{\mu}{\psi_{\text{eff}}} = 10^{Y}$$

mit

$$\begin{aligned}
Y &= C + E \cdot \lg So + F \cdot \left(\lg So\right)^2 + G \cdot \left(\lg So\right)^3 + H \cdot \left(\lg So\right)^4 \\
C &= 1{,}153423 - 2{,}69332 \cdot \left(\frac{B}{D}\right) + 6{,}552763 \cdot \left(\frac{B}{D}\right)^2 - 7{,}81938 \cdot \left(\frac{B}{D}\right)^3 \\
&\quad + 3{,}405146 \cdot \left(\frac{B}{D}\right)^4 \\
E &= -0{,}7441784 + 0{,}104245 \cdot \left(\frac{B}{D}\right) - 0{,}343503 \cdot \left(\frac{B}{D}\right)^2 + 0{,}4677244 \cdot \left(\frac{B}{D}\right)^3 \\
&\quad - 0{,}215028 \cdot \left(\frac{B}{D}\right)^4
\end{aligned} \tag{17.26}$$

$$F = -0{,}0105921 + 0{,}342048\cdot\left(\frac{B}{D}\right) - 0{,}459955\cdot\left(\frac{B}{D}\right)^2 + 0{,}381193\cdot\left(\frac{B}{D}\right)^3 - 0{,}1056112\cdot\left(\frac{B}{D}\right)^4$$

$$G = -0{,}000397154 - 0{,}01669\cdot\left(\frac{B}{D}\right) + 0{,}00966612\cdot\left(\frac{B}{D}\right)^2 - 0{,}0191126\cdot\left(\frac{B}{D}\right)^3 - 0{,}01094135\cdot\left(\frac{B}{D}\right)^4 \qquad (17.26)$$

$$H = 0{,}00258444 - 0{,}00870384\cdot\left(\frac{B}{D}\right) - 0{,}00157289\cdot\left(\frac{B}{D}\right)^2 + 0{,}01759905\cdot\left(\frac{B}{D}\right)^3 - 0{,}006688832\cdot\left(\frac{B}{D}\right)^4$$

Der Übergang in die Mischreibung erfolgt beim Kontakt der Rauheitsspitzen von Welle und Lager entsprechend dem Kriterium für $h_{0\,\mathrm{lim}}$, wobei auch Verformungen zu berücksichtigen sind. Diesem Wert kann eine

relative Übergangs-Exzentrizität $$\varepsilon_{ü} = 1 - \frac{2h_{0\,\mathrm{lim}}}{D\cdot\psi_{\mathrm{eff}}} \qquad (17.27)$$

sowie eine

Übergangs-Sommerfeld-Zahl $$So_{ü} = \frac{\overline{p}\cdot\psi_{\mathrm{eff}}^2}{\eta\cdot\omega} \qquad (17.28)$$

17

zugeordnet werden. Daraus können die einzelnen Übergangsbedingungen (Last, Viskosität, Drehzahl) ermittelt werden. Der Übergangszustand kann also nur durch diese drei gekoppelten Angaben beschrieben werden. Um eine davon ermitteln zu können, müssen die beiden übrigen in der diesem Zustand angemessenen Weise eingesetzt werden.

Zum Berechnungsverfahren: Im Berechnungsablauf sind zunächst nur die Betriebsdaten t_a (Temperatur der umgebenden Luft) bzw. t_1 (Temperatur des zulaufenden Öls) bekannt, nicht jedoch die effektive Temperatur t_{eff} des Schmierfilms, die bereits am Anfang der Berechnung benötigt wird. Die Lösung erfolgt in der Weise, dass man zunächst mit einer geschätzten Temperaturerhöhung

- im Fall der Wärmeabführung durch Konvektion $t_{B.0} - t_a$ = 20 K sowie
- im Fall der Wärmeabführung durch Schmieröl $t_{2.0} - t_1$ = 20 K

und den dazu entsprechenden Betriebstemperaturen t_{eff} den Berechnungsgang beginnt. Aus der Wärmebilanz ergeben sich korrigierte Temperaturen $t_{B.1}$ und $t_{2.1}$, die durch Mittelwertbildung mit den vorher zugrunde gelegten Temperaturen $t_{B.0}$ bzw. $t_{2.0}$ solange iterativ (durch Wiederholung) verbessert werden, bis die Differenz zwischen den Werten mit dem Index 0 und 1 vernachlässigbar klein wird (beispielsweise 2 K). Der dann erreichte Zustand entspricht dem Beharrungszustand (Wärmegleichgewicht). Die Iteration konvergiert in der Regel rasch. Sie kann in der Weise ersetzt werden, dass für die Berechnung des Wärmestroms infolge Reibleistung $P_0 = P_f$ und des Wärmestroms durch Gehäuse und Welle P_A bzw. des Wärmestroms durch das Schmieröl P_Q mehrere Temperaturstufen vorgegeben werden.

Die Differenz der Schmieröltemperaturen $t_2 - t_1$ darf nicht beliebig hoch angenommen werden, weil das Öl Zeit braucht, die Wärme aufzunehmen. Deshalb ist mit $t_2 - t_1 \leq 20$ K zu rechnen.

Der Berechnungsablauf ist in Bild 17.3 in Form eines Ablaufplans wiedergegeben.

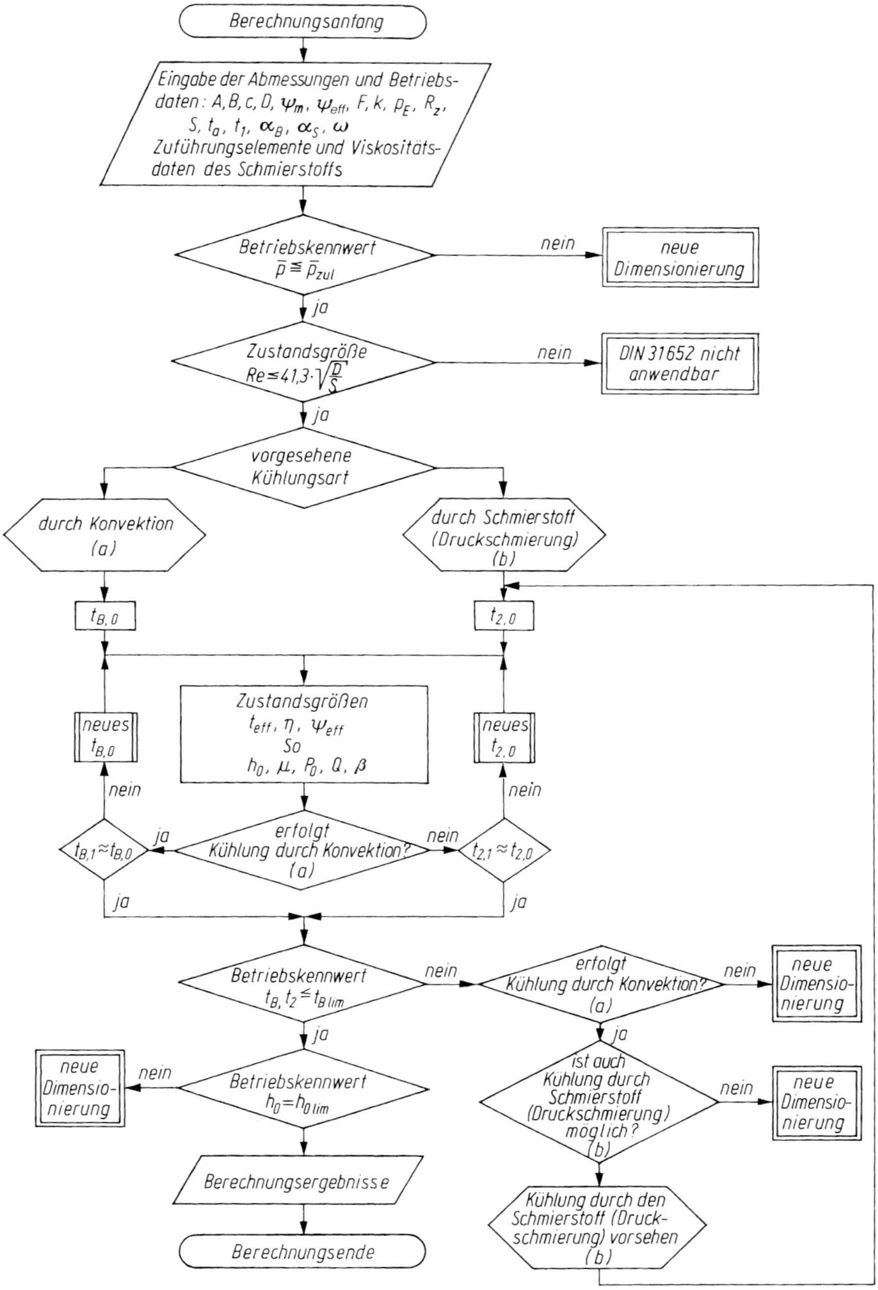

Bild 17.3 Ablaufplan für die Berechnung von hydrodynamisch geschmierten Radial-Gleitlagern nach DIN 31652

17

Berechnung der Axiallager

Prinzipiell sind die Berechnungsgleichungen dieselben wie bei den Radiallagern. Sie unterscheiden sich von diesen lediglich in den geometrischen Verhältnissen:

$$\textit{Spezifische Lagerbelastung} \quad \overline{p} = \frac{F}{A_L} \tag{17.29}$$

$\overline{p}$ in N/mm² durchschnittliche Flächenpressung der Gleitfläche, d. h. spezifische Lagerbelastung,
F in N Belastungskraft,
A_L in mm² gedrückte Fläche $= (d_a^2 - d_i^2)\pi / 4 = d_m \cdot \pi \cdot b$ bei Ringspurlagern,
$= z \cdot b \cdot l$ bei hydrodynamischen Segment-Spurlagern,
z ist die Anzahl der Segmente, b deren Breite und l deren mittlere Länge.

Die Anzahl z der Segmente soll eine gerade Zahl sein (erfahrungsgemäß $z = 4 \dots 12$).

Es wird mit der **mittleren** Gleitgeschwindigkeit u gerechnet. Sie ergibt sich mit Formel 17.2, wenn $d = d_m = 0{,}5(d_a + d_i)$ gesetzt wird (Reibleistung P_f nach Formel 17.4, Anhaltswerte für Reibzahlen μ nach Tabelle 17.13, Lagertemperatur im Normalfall $t_B = 70 \dots 90$ °C).

Anstelle der Sommerfeldzahl *So* bei den Radiallagern tritt bei hydrodynamischen Axiallagern die dimensionslose Tragzahl auf:

$$\textit{Tragzahl} \quad So_{ax} = \frac{\overline{p} \cdot h_0^2}{\eta \cdot u \cdot b} \tag{17.30}$$

$\overline{p}$ in N/mm² spezifische Lagerbelastung nach Formel 17.29,
h_0 in mm minimale Schmierfilmdicke,
η in N · s/mm² dynamische Viskosität des Schmieröls (siehe hierzu Diagramm 16.1; 10^{-9} N · s/mm² = 1 mPa · s),
u in mm/s mittlere Gleitgeschwindigkeit nach Formel 17.2,
b in mm Lagerbreite $= 0{,}5(d_a - d_i)$.

In Bild 17.4 sind die Abmessungsverhältnisse an Fest- und Kippsegment-Axiallagern dargestellt. Wenn So_{ax} nach Tabelle 17.26 gewählt wird, lässt sich bei gegebener Ölviskosität die sich 17
einstellende Schmierfilmdicke h_0 aus Formel 17.30 errechnen. Falls aber So_{ax} und h_0 gewählt werden können, folgt die erforderliche Ölviskosität η aus Formel 17.30.

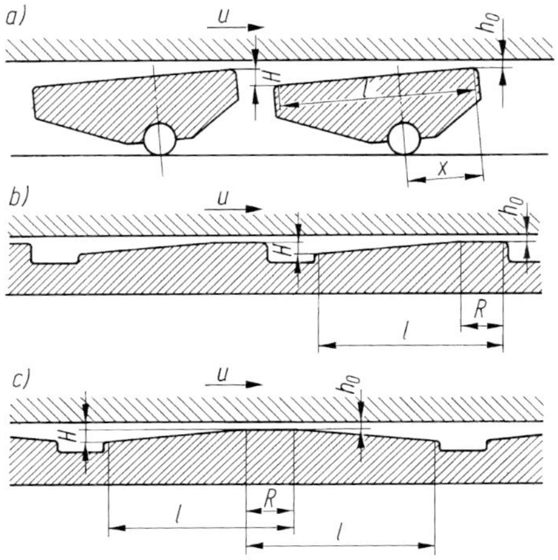

Bild 17.4
Gleitraumformen von Axiallagern
a) ebener Keilspalt durch selbsttätige Einstellung kippbeweglicher Elemente, b) ebener Keilspalt durch eingearbeitete Keilflächen, c) wie b, jedoch für beide Drehrichtungen
l wirksame Keilspalt- oder Staufeldlänge, *R* Länge der Rastfläche ≈ 0,25 *l*, h_0 kleinster Schmierspalt, *H* Keil- bzw. Staufeldhöhe, *u* Gleitgeschwindigkeit, *x* Unterstützungsabstand

Unter der **relativen Schmierfilmdicke $\delta = h_0/H$** (auch Keilspaltverhältnis genannt) versteht man das Verhältnis der Schmierfilmdicke h_0 zur Keilhöhe H. Bei gewähltem δ muss der Unterstützungspunkt bei kippbeweglichen Segmenten im Abstand $x = \varepsilon \cdot l \cdot d_s/d_m$ von der ablaufenden Kante des Segments liegen. d_s ist das geometrische Mittel aus Außen- und Innendurchmesser des Lagers: $d_s = \sqrt{0{,}5\left(d_a^2 + d_i^2\right)}$. Zwischen der relativen Schmierfilmdicke δ und dem Faktor ε besteht folgender Zusammenhang:

$\delta =$	∞	2	1,25	1	0,8	0,67	0,5	0,4
$\varepsilon =$	0,5	0,462	0,445	0,432	0,42	0,408	0,39	0,378

Die **größte Tragfähigkeit** ergibt sich bei $\delta = 0{,}8$ und $\varepsilon = 0{,}42$. Daraus folgt der günstigste Unterstützungsabstand x.

Bei Flüssigkeitsreibung beträgt die

$$\textit{Reibzahl} \quad \mu \approx \frac{K \cdot h_0}{b\sqrt{So_{ax}}} \tag{17.31}$$

K Reibbeiwert nach Tabelle 17.26,
h_0 in mm Schmierfilmdicke,
b in mm Lagerbreite,
So_{ax} Tragzahl nach Tabelle 17.26.

Des Weiteren sind die

$$\textit{Übergangsdrehzahl} \quad n_{ü} = \left(\frac{h_{ü}}{h_0}\right)^2 \cdot n \tag{17.32}$$

und die

$$\textit{Mindestdrehzahl} \quad n_{min} = \left(\frac{h_{0\,lim}}{h_0}\right)^2 \cdot n \tag{17.33}$$

zu errechnen.

$h_{ü}$ in mm Schmierfilmdicke beim Übergang von der Mischreibung zur Flüssigkeitsreibung nach Tabelle 17.27,
$h_{0\,lim}$ in mm kleinste Schmierfilmdicke zum sicheren Arbeiten des Lagers mit Flüssigkeitsreibung nach Tabelle 17.27,
h_0 in mm Schmierfilmdicke bei der Betriebsdrehzahl,
n in mm^{-1} Betriebsdrehzahl.

Bei der Mindestdrehzahl n_{min} wird die Flüssigkeitsreibung gewährleistet. Die Betriebsdrehzahl n sollte deshalb mindestens so groß wie n_{min} sein, somit $h_0 > h_{0\,lim}$.

Zur Aufrechterhaltung der Flüssigkeitsreibung ist ein

$$\textit{Schmieröldurchsatz infolge Eigendruckentwicklung} \quad Q_1 = \varphi \cdot b \cdot h_0 \cdot u \cdot z \tag{17.34}$$

erforderlich.

Q_1 in m^3/s Tragöldurchsatz = erforderlicher Ölvolumenstrom,
φ Durchsatzfaktor ≈ 0,7,
b in m Lagerbreite,
h_0 in m Schmierfilmdicke bei der Betriebsdrehzahl,
u in m/s Gleitgeschwindigkeit nach Formel 17.2 mit $d = d_m$,
z Anzahl der Segmente.

17

Die Wärmebilanz ist grundsätzlich wie bei den Radiallagern vorzunehmen, d. h., es ist zunächst durch Iteration festzustellen, ob die Wärmeabführung durch Konvektion allein ausreicht. Ist dies nicht der Fall, so ist eine Ölumlaufschmierung vorzusehen. Die Schmierölmenge Q_1 nach Formel 17.34 reicht mitunter zur Kühlung nicht aus, und der Schmieröldurchsatz muss auf $Q > Q_1$ erhöht werden. Bei großen Lagern wird die Wärmeabführung durch Konvektion meistens mit in Ansatz gebracht, und es ist

Wärmestrom durch Konvektion und über das Schmieröl

$$P_0 = P_A + P_Q = k \cdot A(t_B - t_a) + \varrho \cdot c \cdot Q(t_2 - t_1) \quad (17.35)$$

P_0	in W	gesamter Wärmestrom infolge der Reibleistung P_f nach Formel 17.4,
P_A	in W	Wärmestrom über Lager und Gehäuse nach Formel 17.5,
P_Q	in W	Wärmestrom über das Schmieröl nach Formel 17.10,
k	in W/(m² · K)	Wärmeübergangszahl zwischen der Oberfläche A des Lagergehäuses und der Umgebungsluft = 15…20 W/(m² · K) bei leicht bewegter Luft im Normalfall (sonst nach Formel 17.6),
A	in m²	wärmeabgebende Oberfläche des Lagergehäuses,
t_B	in °C	Temperatur an den Gleitflächen (Lagertemperatur) des betriebswarmen Lagers, die in der Regel 70…90 °C nicht überschreiten soll,
t_a	in °C	Temperatur der umgebenden Luft (Umgebungstemperatur), im Normalfall = 20 °C,
$\varrho \cdot c$	in J/(m³ · K)	volumenspezifische Wärme des Schmieröls ≈ 1,8 · 10^6 J/(m³ · K),
Q	in m³/s	gesamter Schmieröldurchsatz,
t_2	in °C	Temperatur des abfließenden Öls (Austrittstemperatur),
t_1	in °C	Temperatur des zerfließenden Öls (Eintrittstemperatur), in der Regel wird von $t_2 - t_1$ = 15…20 K ausgegangen.

Setzt man voraus, dass bis auf Q alle Daten bekannt sind, so ergibt sich mit der effektiven Schmierfilmtemperatur $t_{eff} = t_B = 0{,}5(t_2 + t_1)$ wie bei den Radiallagern ein

gesamter, erforderlicher Schmieröldurchsatz

$$Q = \frac{P_0 - k \cdot A(t_B - t_a)}{\varrho \cdot c \cdot 2(t_2 - t_B)} \quad (17.36)$$

Für Legende hierzu siehe Formel 17.35

17

18 Wälzlager

Tragfähigkeit und Lebensdauer

Dynamisch äquivalente Belastung $P = X \cdot F_r + Y \cdot F_a$ (18.1)

X	Radialfaktor (Tabelle 18.3, Tabelle 18.4, Tabelle 18.8 und Tabelle 18.9),
Y	Axialfaktor (Tabellen wie für X),
F_r in kN	radiale Belastungskraft während des Laufs,
F_a in kN	axiale Belastungskraft während des Laufs.

Bei Rillenkugellagern sind X und Y auch vom Faktor f_0 (Tabelle 18.3) abhängig. Für Nadellager und Zylinderrollenlager (Tabelle 18.5 bis Tabelle 18.7) ist $P = F_r$. Bei den Axiallagern (Tabelle 18.10) ist $P = F_a$, mit Ausnahme von $P = F_a + 1{,}2\ F_r$ bei Axial-Pendelrollenlagern, wenn $F_r \leq 0{,}55\ F_a$ ist ($F_r > 0{,}55\ F_a$ ist unzulässig!).

Ist die im Betrieb auftretende Belastung kleiner als die dynamische Tragzahl C, so ist die Lebensdauer entsprechend größer als 10^6 Umdrehungen, nämlich

nominelle Lebensdauer $L_{10} = \left(\frac{C}{P}\right)^p \cdot 10^6$ (18.2)

L_{10}	Anzahl der Umdrehungen unter der Belastung P bis zur Werkstoffermüdung,
C	dynamische Tragzahl (Tabelle 18.3 bis Tabelle 18.10),
P	Belastung während des Laufs, bei kombinierter Belastung nach Formel 18.1,
p	Lebensdauerexponent; für Rollenlager: $p = 10/3$, für Kugellager: $p = 3$.

Umgerechnet in Betriebsstunden beträgt bei konstanter Drehzahl die

18

nominelle Lebensdauer $L_{10\text{h}} = \frac{L_{10}}{n}$ (18.3)

L_{10}	nominelle Lebensdauer in Umdrehungen nach Formel 18.2,
n in h^{-1}	Betriebsdrehzahl des Lagers ($1\ \text{min}^{-1} = 60\ \text{h}^{-1}$).

Bei Betriebstemperaturen über etwa $t = 120\ °\text{C}$ ist der Tabellenwert von C mit einem Temperaturfaktor f_T nach Tabelle 18.11 zu multiplizieren. Für übliche nominelle Lebensdauer von Wälzlagerungen siehe Tabelle 18.12.

Wenn die Betriebsbedingungen (z.B. Belastungskräfte, Drehzahlen, Schmierung, Temperatur, Wellendurchbiegung) und die spezielle Ausführung eines Lagers genau bekannt sind, so kann nach DIN ISO 281 die **erweiterte modifizierte Lebensdauer L_{nm}** für eine erwünschte Erlebenswahrscheinlichkeit (bzw. Ausfallwahrscheinlichkeit) errechnet werden.

Erweiterte modifizierte Lebensdauer $L_{\text{nm}} = a_1 \cdot a_{\text{ISO}} \cdot L_{10}$ (18.4)

Index n in %	Ausfallwahrscheinlichkeit,
a_1	Lebensdauerbeiwert für eine Erlebenswahrscheinlichkeit, die von 90 % abweicht (vgl. Tabelle 18.16),
a_{ISO}	Lebensdauerbeiwert für die Betriebsbedingungen $a_{\text{ISO}} = f\left(\frac{e_c \cdot C_u}{P}, \kappa\right)$ (vgl. Tabelle 18.17),
L_{10}	nominelle Lebensdauer in Umdrehungen nach Formel 18.2.

Der Index n gibt die Ausfallwahrscheinlichkeit in % an. Bei 90% Erlebenswahrscheinlichkeit (10% Ausfallwahrscheinlichkeit) ist $a_1 = 1$ (Normalfall) und $L_{10m} = a_{ISO} \cdot L_{10}$ mit L_{10} nach Formel 18.2. Bei z.B. 96% Erlebenswahrscheinlichkeit (4% Ausfallwahrscheinlichkeit) wird L_{4m} mit $a_1 = 0{,}55$ gerechnet. Der **Lebensdauerbeiwert** a_{ISO} wird in Abhängigkeit von dem Verunreinigungsbeiwert e_c, dem Verhältnis der Ermüdungsgrenzbelastung C_u zur dynamisch äquivalenten Lagerbelastung P und dem Viskositätsverhältnis κ bestimmt.

Wälzlager können auch während des Stillstands hoch beansprucht sein. Nach DIN ISO 76 bestimmt man analog zur dynamisch äquivalenten Belastung die

statisch äquivalente Belastung $$P_0 = X_0 \cdot F_{r0} + Y_0 \cdot F_{a0} \quad (18.5)$$

X_0 Radialfaktor (Tabelle 18.3, Tabelle 18.4, Tabelle 18.8 und Tabelle 18.9),
Y_0 Axialfaktor (Tabellen wie für X_0),
F_{r0} in kN radiale Belastungskraft während des Stillstands,
F_{a0} in kN axiale Belastungskraft während des Stillstands.

Bei Axiallagern ist $P_0 = F_{a0}$, mit Ausnahme von $P_0 = F_{a0} + 2{,}7\ F_{r0}$ bei Axial-Pendelrollenlagern, wenn $F_{r0} \leq 0{,}55\ F_{a0}$ ist. Bei Zylinderrollenlagern ist $P_0 = F_{r0}$. Keinesfalls darf $P_0 < F_{r0}$ sein.

Statische Kennzahl $$f_s = \frac{C_0}{P_0} \quad (18.6)$$

C_0 statische Tragzahl des Lagers (Tabelle 18.3 bis Tabelle 18.10),
P_0 statische Belastung (ggf. nach Formel 18.5).

Allgemein gilt: f_s = 1,5…2,5 bei hohen, = 1,0…1,5 bei normalen, = 0,7…1,0 bei geringen Ansprüchen an Laufruhe und Reibverhalten. Für Axial-Pendelrollenlager sollte $f_s \geq 4$ sein. Wenn $f_s > 8$ ist, gelten Wälzlager als dauerfest.

Berechnung von Kegelrollen- und Schrägkugellagern

18

In Tabelle 18.13 sind die für die Lebensdauerberechnung maßgebenden Axialbelastungen F_{aA} bzw. F_{aB} für die vier Möglichkeiten nach Bild 18.1 zusammengestellt. Hierbei spielt es keine Rolle, ob F_{rA} und F_{rB} gleichsinnig oder gegensinnig zueinander wirken. Die Lager A und B können auch verschieden groß sein.

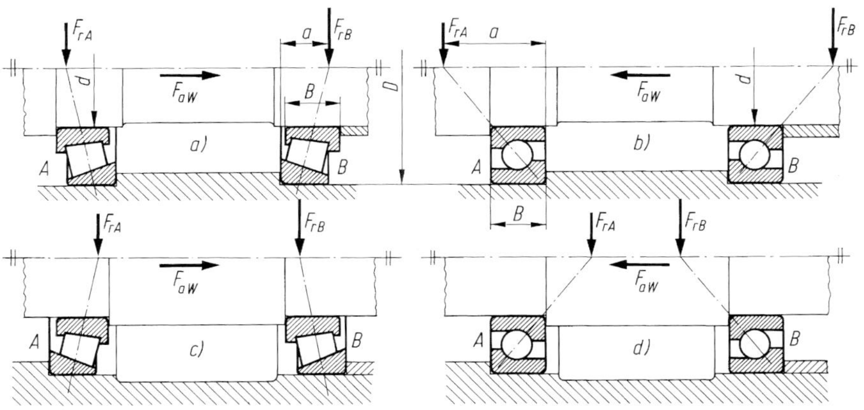

Bild 18.1 Anordnung von Kegelrollen- und Schrägkugellagern
a) und b) Drucklinien nach außen (O-Anordnung), c) und d) Drucklinien nach innen (X-Anordnung)

Für paarweise eingebaute **Schrägkugellager** in Tandem-, O- oder X-Anordnung gilt: Die dynamische **Tragzahl des Lagerpaares** ist das 1,625-Fache der dynamischen Tragzahl C eines Einzellagers. Bei O- oder X-Anordnung gilt: Radialfaktor $X = 1$, Axialfaktor $Y = 0{,}55$ bei $F_a/F_r \leq e$ (e nach Tabelle 18.4), jedoch $X = 0{,}57$ und $Y = 0{,}93$ bei $F_a/F_r > e$. Bei Tandem-Anordnung ist sonst wie bei einem Einzellager zu verfahren. Die statische Tragzahl eines Lagerpaares ist jeweils das Zweifache von C_0 eines Einzellagers. Bei O- oder X-Anordnung sind $X_0 = 1$ und $Y_0 = 0{,}52$.

Sind zwei gleiche **Kegelrollenlager** unmittelbar nebeneinander in O- oder X-Anordnung eingebaut, so ist die dynamische **Tragzahl des Lagerpaares** das 1,715fache eines Einzellagers. Bei $F_a/F_r \leq e$ gilt $X = 1$ und der 1,12-fache Tabellenwert für Y, bei $F_a/F_r > e$ ist $X = 0{,}67$ und Y der 1,68fache Tabellenwert. Für die statische Tragzahl C_0 und X_0 gilt dasselbe wie bei Schrägkugellagern in O- oder X-Anordnung. Y_0 ist der zweifache Tabellenwert (Tabelle 18.8 und Tabelle 18.9).

Besondere Belastungsfälle

Wenn sich die Lagerbelastung zwischen einem Höchstwert P_{max} und einem Kleinstwert P_{min} periodisch ändert, so ist die

äquivalente Belastung $$P = \frac{P_{min} + 2P_{max}}{3} \tag{18.7}$$

zu errechnen.

P_{min}, P_{max} in kN äquivalente Belastungen nach Formel 18.1.

Bei veränderlichen Belastungen $P_1, P_2, P_3, \ldots$ während der Zeiten $t_1, t_2, t_3, \ldots$, jedoch gleich bleibenden Drehzahlen, beträgt die

18

äquivalente Belastung $$P = \left(\frac{P_1^3 \cdot t_1 + P_2^3 \cdot t_2 + P_3^3 \cdot t_3 + \ldots}{t_{ges}}\right)^{1/3} \tag{18.8}$$

Anstelle der tatsächlichen Zeiten t_i können diese auch mit ihren prozentualen Anteilen eingesetzt werden, sodass dann $t_{ges} = 100$ ist.

Ändern sich außerdem die Drehzahlen, so ist die

äquivalente Belastung $$P = \left(\frac{P_1^3 \cdot N_1 + P_2^3 \cdot N_2 + P_3^3 \cdot N_3 + \ldots}{N_{ges}}\right)^{1/3} \tag{18.9}$$

N_i Anzahl der Überrollungen mit der Belastung P_i,
N_{ges} Anzahl der Gesamtüberrollungen (z. B. Lebensdauer L).

Anstelle der tatsächlichen Überrollungen N_i können diese auch mit ihren prozentualen Anteilen eingesetzt werden, sodass dann $N_{ges} = 100$ ist.

Grenzdrehzahl

Für Normallager gilt als **Richtwert**:

$$\textit{Grenzdrehzahl} \quad n_g \approx \frac{K \cdot Z_S \cdot Z_K}{K_D} \tag{18.10}$$

n_g	in min^{-1}	Grenzdrehzahl der Normallager,
K	in min^{-1}	Drehzahlkonstante in Abhängigkeit von der Lagerbauform nach Tabelle 18.14,
Z_S		Beiwert zur Berücksichtigung der Schmierungsart und Lagergröße nach Tabelle 18.15,
Z_K		Beiwert zur Berücksichtigung kombinierter Belastung nach Tabelle 18.15,
K_D		Durchmesserbeiwert nach Tabelle 18.15.

Die Grenzdrehzahl nach Formel 18.10 gilt nur für Lager in normaler Ausführung, wenn $F_r \leq 0{,}1\ C$ bei Radiallagern und $F_a \leq 0{,}1\ C$ bei Axiallagern ist. Bei $n > n_g$ müssen die Lager eine erhöhte Laufgenauigkeit erhalten.

Schmierung der Wälzlager

Fettschmierung

Für die **Fettauswahl** gilt erfahrungsgemäß: Bei $n/n_g \leq 1$ und $f \cdot P/C \leq 0{,}16$ kommen die normalen Wälzlagerfette nach DIN 51825 in Betracht. Bei $n/n_g = 0{,}3 \ldots 0{,}5$ und $f \cdot P/C \geq 0{,}16$ kommen Hochdruckfette (z. B. Calcium-Komplex-Seifenfette) und bei $n/n_g > 1$ Fette für schnelllaufende Lager (z. B. Barium-Komplex-Seifenfette oder Polyharnstoff-Fette) in Betracht. Hierbei ist f der Belastungsfaktor, und zwar $f = 1$ für beliebig belastete Kugellager und überwiegend radial belastete Rollenlager ($F_a/F_r \leq 1$) sowie $f = 2$ für überwiegend axial belastete Rollenlager ($F_a/F_r > 1$).

Ölschmierung

Für **Ölumlaufschmierung** wählt man etwa bei

D = 30	50	100	200	500	1000 mm
Q_s = 0,001	0,003	0,01	0,05	0,3	0,5 dm^3/min
Q_k = 0,003	0,07	0,3	1	7	12 dm^3/min

Hierin ist Q_s der zur Schmierung ausreichende Schmieröldurchsatz und Q_k der zur Kühlung maximal mögliche Öldurchsatz (bei unsymmetrischen Lagern noch etwas höher).

Als grundsätzliche Richtlinie gilt, dass die kinematische Viskosität des Schmieröls **mindestens 12 mm²/s** bei der Betriebstemperatur betragen soll.

18

19 Lager- und Wellendichtungen

Die weit verbreiteten **Radial-Wellendichtringe** DIN 3760 (für Abmessungen siehe Tabelle 19.3) besitzen Manschetten mit Dichtlippe aus den Elastomeren Acrylnitril-Butadien-Kautschuk **NBR** (weiß gekennzeichnet) und Fluor-Kautschuk **FKM** (rot). In Tabelle 19.2 sind die abdichtbaren Medien und die geeigneten Elastomere aufgeführt. Aus Bild 19.1 ist zu entnehmen, welche Elastomere in Abhängigkeit von der Umfangsgeschwindigkeit v der Welle und vom Wellendurchmesser d_1 geeignet sind. Der Druckunterschied des Mediums gegenüber der Außenluft darf betragen bei

$n \leq 1000$ 2000 3000 min^{-1}

$v \leq 2{,}8$ 3,15 5,6 m/s

$p \leq 0{,}5$ 0,35 0,2 bar

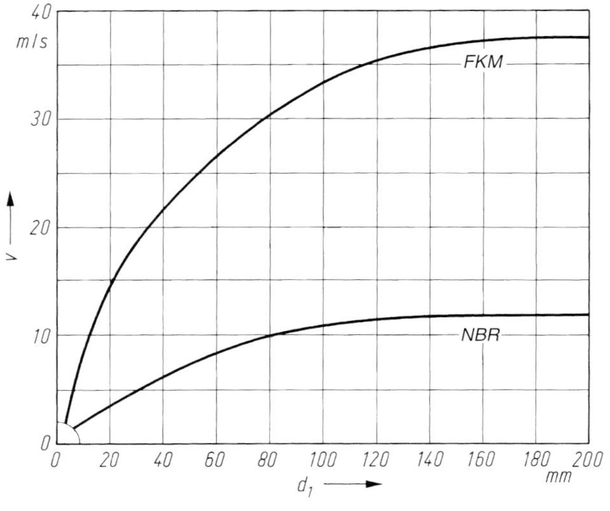

Bild 19.1
Einsatzfähigkeit der Elastomere für Radialdichtringe nach DIN 3760

20 Wellenkupplungen und -bremsen

Kupplungsmomente bei Ausgleichskupplungen

$$T_{KN} \geq T_{LN} = \frac{P_{LN}}{\omega} = \frac{P_{LN}}{2\pi n} \tag{20.1}$$

T_{LN} in Nm Nenn-Lastmoment,
P_{LN} in W Nenn-Leistung der Arbeitsmaschine, also der Lastseite,
ω in s^{-1} Winkelgeschwindigkeit,
n in s^{-1} Drehzahl.

Die vorangegangene Gleichung ist die Basis für Verfeinerungen, denn in der Realität müssen ungleichförmige Belastungen, Anfahrstöße, Schwingungsvorgänge, Temperatureinflüsse und vieles mehr berücksichtigt werden. Dann wird das *Nenn-Lastmoment* T_{LN} mit verschiedenen Faktoren modifiziert, z. B. $T_{K\,max} \geq T_{LN} \cdot K$. Dabei ist der *Kupplungsbeiwert K* (eigentlich ein Korrekturfaktor) meist eine Kombination aus mehreren Faktoren, welche die vorangehend genannten Einflüsse mehr oder weniger gut abbilden.

Dämpfung bei elastischen Kupplungen

Die Dämpfungseigenschaften werden wie folgt beschrieben:

Dämpfungskonstante k_t

Abklingkonstante $\delta = \frac{k_t}{2 \cdot J}$

Dämpfungsgrad $D = \frac{\delta}{\omega_0} = \frac{k_t \cdot \omega_0}{2 \cdot c_t} = \frac{\psi}{4 \cdot \pi}$

Zwischen dem Dämpfungsgrad D und der verhältnismäßigen Dämpfung ψ besteht ein direkter linearer Zusammenhang. Anhaltswerte für den Dämpfungsgrad sind folgende (vgl. Literatur):

D = 0,001 ... 0,01 Wellen aus Stahl

D = 0,04 ... 0,08 Getriebeverzahnungen

D = 0,04 ... 0,2 elastische Kupplungen

D = 0,01 ... 0,04 Zahnkupplungen, Gelenkwellen, Ganzstahlkupplungen

Der Dämpfungsgrad D kann nicht direkt bestimmt werden. Im Versuch wird die verhältnismäßige Dämpfung ψ ermittelt und umgerechnet:

$$D = \frac{\psi}{4\pi} \tag{20.2}$$

$$\psi = \frac{\text{Dämpfungsarbeit}}{\text{elastische Verformungsarbeit}} = \frac{A_D}{A_e} \tag{20.3}$$

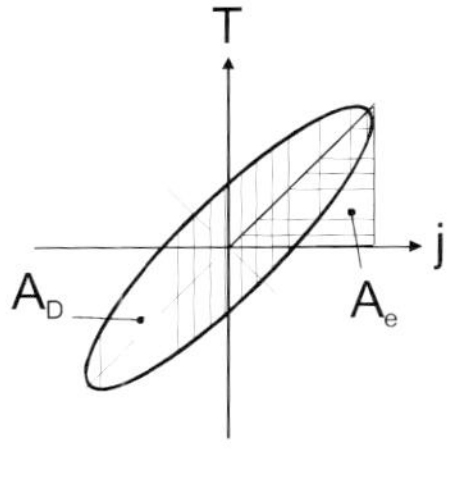

Bild 20.1
Theoretische Kupplungskennlinie einer elastischen Kupplung

20

Herstellerangaben für ψ:

ψ = 0,3…0,5 R + W Elastomerkupplungen EK (bei 20 °C),

ψ = 0,6…1,2 KTR BoWex-ELASTIK hochelastische Kupplungen (bei 60 °C).

Schwingungsverhalten

Es wird von einem Einmassen-Drehschwinger (Bild 20.2) oder Zweimassen-Drehschwinger (Bild 20.3) ausgegangen. Die Schwingungs-Differenzialgleichung lautet beim Einmassenschwinger analog zum Einmassen-Linearschwinger wie folgt:

$$J \cdot \ddot{\varphi} + k_t \cdot \dot{\varphi} + c_t \cdot \varphi = T(t) \tag{20.4}$$

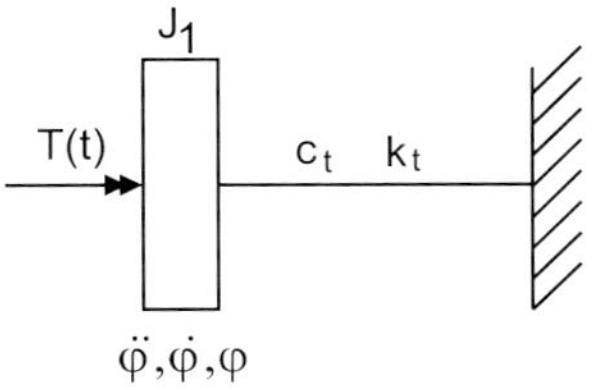

Bild 20.2
Einmassen-Drehschwinger mit Erregermoment $T(t)$

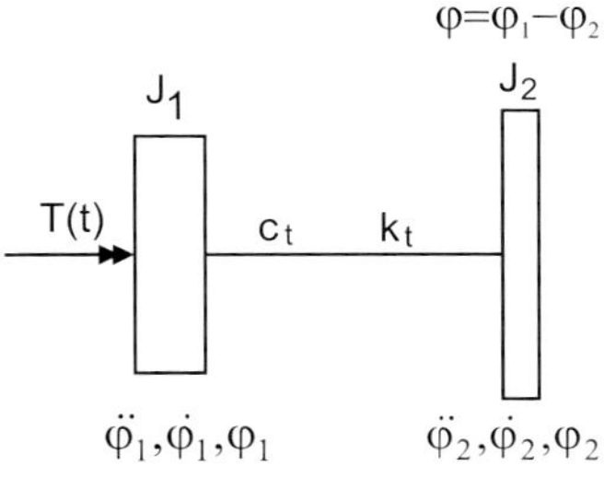

Bild 20.3
Zweimassen-Drehschwinger mit Erregermoment $T(t)$

Zweimassenschwinger

20

$$\ddot{\varphi} + \frac{k_t}{J^*}\dot{\varphi} + \frac{c_t}{J^*}\varphi = \frac{T(t)}{J_1} \quad \text{mit} \quad \varphi = \varphi_1 - \varphi_2$$

$$\text{und} \quad J^* = \frac{J_1 \cdot J_2}{J_1 + J_2} \tag{20.5}$$

Dann wird die erste Eigenkritische der Torsion ohne Berücksichtigung der Dämpfung

$$\omega_0 = \sqrt{\frac{c_t}{J}} \quad \text{bzw.} \quad \omega_0 = \sqrt{\frac{c_t}{J^*}}$$

$$\omega = 2 \cdot \pi \cdot f, \quad \text{Schwingungsdauer} \quad T = \frac{2\pi}{\omega}, \quad f = \frac{1}{T} \tag{20.6}$$

ω	in s^{-1}	Kreisfrequenz,
f	in s^{-1}	Frequenz,
T	in s	Schwingungsdauer,
c_t	in Nm/rad	Torsionssteifigkeit,
J	in kgm^2	Drehmasse, Massenträgheitsmoment.

Anmerkung: Mitunter wird auch der (veraltete) Begriff Schwungmoment GD^2 verwendet. Die Umrechnung ist: $J = GD^2/(4g)$ mit g Erdbeschleunigung.

Für einen Kreiszylinder (typisch für Schwungräder, Kupplungen, Elektromotorenläufer) mit der Masse m und dem Radius r gilt:

$$J = \frac{1}{2} m r^2 \tag{20.7}$$

Vergrößerungsfunktion:

$$V = \frac{1}{\sqrt{\left(1-\eta^2\right)^2 + 4D^2\eta^2}} = \frac{T}{T_0^*} \tag{20.8}$$

Das Diagramm der Vergrößerungsfunktion (Bild 20.4) zeigt, wie bei einer völlig ungedämpften Schwingung (D = 0) die Vergrößerungsfunktion V den Wert ∞ annimmt, also zu extrem starken Schwingungsausschlägen führt. Man kann in der Praxis beobachten, dass ein fast ungedämpfter Antriebsstrang, der in der Resonanzkreisfrequenz ω_0 läuft, in kürzester Zeit zerstört wird. Umgekehrt ist bei genügender Dämpfung D (> 0,3 ... 0,5) ein Aufschaukeln des Strangs theoretisch kaum noch möglich. Theoretisch deshalb, weil derart starke Dämpfungen, wie vorangehend ausgeführt, schwer zu realisieren sind. Selbst eine hochelastische Flanschkupplung (z. B. BoWex-ELASTIC) mit ψ = 1,2 (Formel 20.2) liefert nur einen Dämpfungsgrad D = 0,1.

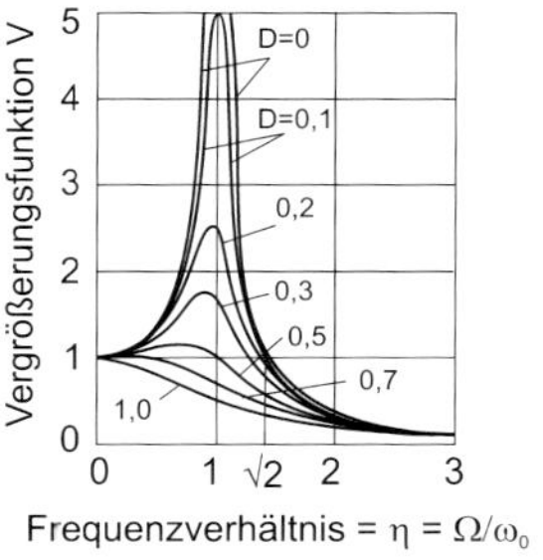

Bild 20.4
Vergrößerungsfunktion

Bild 20.5 zeigt, wie Übersetzungen berücksichtigt werden.

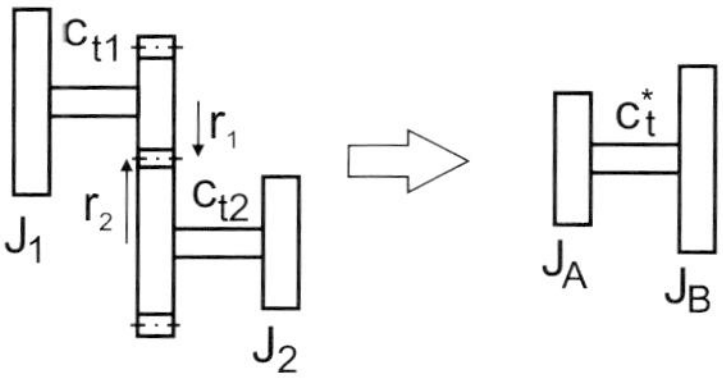

Bild 20.5
Übersetzungen

Eigenkritische des Zweimassenschwingers:

$$\omega_0 = \sqrt{c_t^* \cdot \frac{J_A + J_B}{J_A \cdot J_B}} \tag{20.9}$$

Ersatz-Drehfedersteifigkeit:

$$\frac{1}{c_t^*} = \frac{1}{c_{t2}} \cdot \left(\frac{r_2}{r_1}\right)^2 + \frac{1}{c_{t1}} \tag{20.10}$$

Drehmassen des Ersatzsystems:

$$J_A = J_1, \qquad J_B = \left(\frac{r_1}{r_2}\right)^2 J_2 \tag{20.11}$$

Überschlägige Berechnung nach DIN 740, Teil 2

Wenn die Kupplungsbeanspruchungsgrößen bekannt sind und wenn die Kupplung praktisch das einzige drehelastische Element im Antriebsstrang ist, dann kann man in brauchbarer Näherung den Strang auf einen *Zweimassenschwinger* reduzieren.

1. Statische Beanspruchung

Das zulässige Nenndrehmoment der Kupplung bei jeder Betriebstemperatur muss größer oder gleich dem Nenndrehmoment der Lastseite sein:

$$T_{KN} \geq T_N \cdot S_\vartheta \tag{20.12}$$

Dabei ist S_ϑ der sogenannte *Temperaturfaktor*, der neben der Temperatur auch den Elastomerwerkstoff berücksichtigt (S_ϑ = 1,0 ... 1,8; für Näheres siehe Tabelle 20.3).

2. Beanspruchung durch Drehmomentstöße

Das zulässige Nenndrehmoment der Kupplung muss bei jeder Betriebstemperatur größer oder gleich dem Nenndrehmoment der Lastseite unter Berücksichtigung der Stoßhäufigkeit sein:

$$T_{Kmax} \geq T_S \cdot S_Z \cdot S_\vartheta + T_N \cdot S_\vartheta \tag{20.13}$$

$$T_S = T_{AS} \cdot \frac{1}{m+1} \cdot S_A + T_L \quad \text{bzw.} \quad T_S = T_{LS} \cdot \frac{m}{m+1} \cdot S_L + T_L \tag{20.14}$$

T_N Antriebs- bzw. Lastmoment,
T_{AS} Spitzenwert der nichtperiodischen Drehmomentstöße auf der Antriebsseite, der z. B. beim Anfahren und bei Drehzahländerung auftreten kann,
T_{LS} Spitzenwert der nichtperiodischen Drehmomentstöße auf der Lastseite, der z. B. bei Laständerungen und bei Blockierungen auftreten kann,
T_L nur addieren, wenn ein Lastdrehmoment während der Beschleunigung auftritt,
m Massenfaktor $m = J_A/J_L$,
S_A bzw. S_L Stoßfaktor, = 0 ... 2 (nach DIN 740), in der Praxis ≈ 1,8 (für weitere Werte siehe Tabelle 20.3),
S_Z Anlauffaktor, S_Z = 1,0 ... 1,3 (Tabelle 20.3),
S_ϑ wie bei Formel 20.12 (Tabelle 20.3).

20

3. Beanspruchung durch ein periodisches Wechselmoment

3.1 Durchfahren der Resonanz

Unterhalb des Betriebsdrehzahlbereiches treten nur wenige Resonanzspitzen auf. Das Wechselmoment in Resonanz kann deshalb mit dem Maximaldrehmoment der Kupplung verglichen werden. Es gelten Formel 20.13 und

$$T_S = T_{Ai} \cdot \frac{1}{m+1} \cdot V_R + T_L \quad \text{bzw.} \quad T_S = T_{Li} \cdot \frac{m}{m+1} \cdot V_R + T_L \tag{20.15}$$

T_N Antriebs- bzw. Lastmoment,
T_{Ai} Amplitude der auf die Antriebsseite einwirkenden äußeren Drehmomentanregungen *i*-ter Ordnung,
T_{Li} Amplitude der auf der Lastseite einwirkenden äußeren Drehmomentanregungen *i*-ter Ordnung,
T_L nur addieren, wenn ein Lastdrehmoment während der Beschleunigung auftritt,
m Massenfaktor $m = J_A/J_L$,
S_A bzw. S_L Stoßfaktor (= 0 ... 2, in der Praxis ≈ 1,8),
S_ϑ wie bei Formel 20.12,
V_R Resonanzfaktor (≈ $2\pi/\psi$).

3.2 Dauerwechseldrehmoment

Für das im Betriebsdrehzahlbereich auftretende Wechselmoment T_{Wi} muss das Wechseldrehmoment T_{KW} der Kupplung mit der Frequenz entsprechend der i-ten Harmonischen (das anregende Moment) verglichen werden:

$$T_{KW} \geq T_{Wi} \cdot S_{\vartheta} \cdot S_{f} \tag{20.16}$$

$$T_{Wi} = T_{Ai} \cdot \frac{1}{m+1} \cdot V_{fi} \quad \text{bzw.} \quad T_{Wi} = T_{Li} \cdot \frac{m}{m+1} \cdot V_{fi} \tag{20.17}$$

T_{Ai} Amplitude der auf die Antriebsseite einwirkenden äußeren Drehmomentanregungen i-ter Ordnung,
T_{Li} Amplitude der auf der Lastseite einwirkenden äußeren Drehmomentanregungen i-ter Ordnung,
m Massenfaktor $m = J_A/J_L$,
S_ϑ wie bei Formel 20.12 (Tabelle 20.3),
S_f Faktor, der die Frequenzabhängigkeit des Dauerwechseldrehmoments berücksichtigt. Wenn T_{KW} durch Dämpfungswärme begrenzt ist, gilt:
$f \leq 10$ Hz: $S_f = 1$
$f > 10$ Hz: $S_f = \sqrt{\frac{f_i}{10}}$
V_{fi} Drehmomentvergrößerungsfaktor $V_{fi} = \sqrt{\dfrac{1+\dfrac{\psi^2}{4\pi^2}}{\left(1-\dfrac{f_i^2}{f_e^2}\right)^2+\dfrac{\psi^2}{4\pi^2}}}$,
f_i Frequenz der i-ten Harmonischen des Drehmoments, das an der Kupplung wirkt, d. h. die anregende Frequenz und mit der Eigenfrequenz eines linearen Zweimassenschwingers $f_e = \frac{1}{2\pi}\sqrt{c_{t\,dyn}\left(\frac{1}{J_A}+\frac{1}{J_L}\right)}$ (vgl. Formel 20.9) und der Resonanzdrehzahl $n_R = \frac{f_e}{i}$.

3.3 Dämpfungswärme

Anstelle der Berechnung 3.2 kann auch die Dämpfungsleistung mit der maximal zulässigen Dämpfungsleistung verglichen werden:

$$P_{KW} \geq P_{Wi} \cdot S_{\vartheta} \tag{20.18}$$

$$P_{Wi} = \frac{\pi}{V_R} \cdot \frac{T_{Wi}^2 \cdot f_i}{c_{t\,dyn}} \tag{20.19}$$

P_{Wi} Dämpfungsleistung infolge der i-ten Harmonischen des Drehmoments, das an der Kupplung im stationären Betriebszustand wirkt (Formel 20.19),
T_{Wi} Amplitude der i-ten Harmonischen des Drehmoments, das an der Kupplung wirkt (Formel 20.17),
f_i Frequenz der i-ten Harmonischen des Drehmoments, das an der Kupplung wirkt, d. h. die anregende Frequenz,
S_ϑ wie bei Formel 20.12 (Tabelle 20.3),
V_R Resonanzfaktor $V_R \approx 2\pi/\psi$,
$c_{t\,dyn}$ dynamische Torsionssteifigkeit.

20

4. Beanspruchung durch Wellenverlagerung

Während axiale Verlagerungen nur statische Kräfte in der Kupplung erzeugen, ergeben Radial- und Winkelversätze Wechselbeanspruchungen, die sich mit den unter Umständen bereits anderen wirkenden Wechsellasten überlagern. Dabei sind ΔK die vom Kupplungshersteller zulässigen Werte und ΔW die im Betrieb maximal auftretenden Verlagerungen. Es muss gelten:

$$\begin{aligned} \Delta K_a &\geq \Delta W_a \cdot S_\vartheta \\ \Delta K_r &\geq \Delta W_r \cdot S_\vartheta \cdot S_n \\ \Delta K_w &\geq \Delta W_w \cdot S_\vartheta \cdot S_n \end{aligned} \tag{20.20}$$

S_ϑ wie bei Formel 20.12 (Tabelle 20.3),
S_n Drehzahlfaktor, in DIN 740 keine näheren Angaben, ggf. = 1 setzen oder auf Herstellerangaben ausweichen.

Durch die Wellenverlagerungen treten axiale, radiale Rückstellkräfte und Rückstellbiegemomente auf, welche die Lager und Wellen belasten können (Bild 20.6):

$$F_a \geq \Delta W_a \cdot c_a$$
$$F_r \geq \Delta W_r \cdot c_{r\,dyn} \qquad (20.21)$$
$$M_w \geq \Delta W_w \cdot c_{w\,dyn}$$

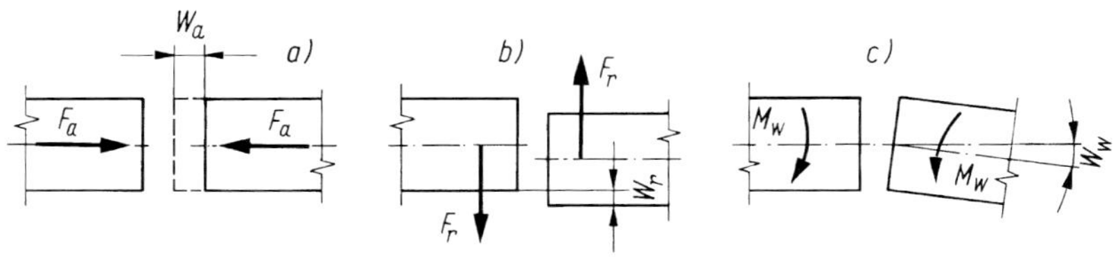

Bild 20.6 Rückstellkräfte und -momente bei Wellenverlagerungen
a) axial, b) radial, c) winklig

Reibungskupplungen

Berechnung der Kupplungsgröße

Eine Reibkupplung muss so groß sein, dass ihr schaltbares Drehmoment T_K mit Sicherheit größer als das Betriebslastdrehmoment T_L beim Anfahren ist. Ist das Lastdrehmoment T_L nicht bekannt, so wird sinngemäß wie bei den formschlüssig nachgiebigen Kupplungen gerechnet:

Schaltbares Drehmoment der Kupplung $$T_K > T_L = T_{LN} \cdot S_S = \frac{P_{LN}}{\omega} S_S \qquad (20.22)$$

T_L	in Nm	Lastdrehmoment,
T_{LN}	in Nm	Nenndrehmoment der Lastseite,
P_{LN}	in W	Nennleistung der Lastseite,
ω	in rad/s	Winkelgeschwindigkeit = $2\pi \cdot n_A$ mit n_A in s^{-1} als Drehzahl der Antriebsseite (sie ist gleich der Betriebsdrehzahl der Abtriebsseite),
S_S		Stoßfaktor, für den Erfahrungswerte in Tabelle 20.3 angegeben sind.

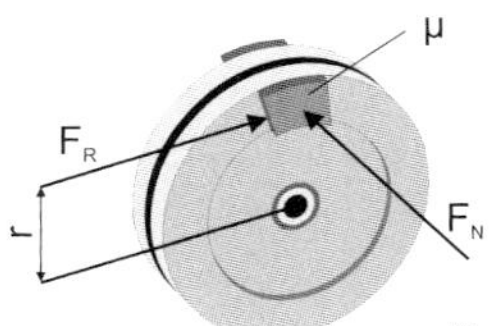

F_N = Normalkraft
F_R = Reibungskraft
μ = Reibwert
r = Kupplungsradius

Bild 20.7 Berechnungsgrößen einer Schaltkupplung

Das Kupplungsmoment T_K bei einer Einscheibenkupplung ist einfach Umfangskraft × Radius. Dabei ist die Umfangskraft die Reibkraft am Radius r. Die Reibkraft selbst ist Reibwert μ × Normalkraft F_N. Die Normalkraft F_N ist die Anpresskraft bzw. wirkende Federkraft. Der Faktor 2 kommt von den zwei Reibflächen (Vorder- und Rückseite der Kupplungsscheibe):

$$T_K = \mu \cdot F_N \cdot r \cdot 2 \qquad (20.23)$$

Streng genommen müsste man anstelle des Gleichheitszeichens eigentlich ein ≤-Zeichen wegen des Reibwerts setzen. Bei Mehrscheibenkupplungen mit z aktiven Reibflächen wird

$$T_K = \mu \cdot F_N \cdot r \cdot z \tag{20.24}$$

Bei einer Mehrscheibenkupplung bzw. einer Lamellenkupplung ist üblicherweise $z = 2 \cdot n$, wobei n die Anzahl der Lamellen ist. Mitunter wirkt besonders bei den Endlamellen konstruktiv bedingt aber nur eine Seite!

Für den Radius r setzt man üblicherweise den mittleren Radius ein:

$$r = r_m \approx \frac{r_A + r_I}{2} \tag{20.25}$$

Das Kupplungsmoment wird damit bei z Reibflächen

$$T = F_N \cdot \mu \cdot \frac{2}{3}\left(\frac{r_A^3 - r_I^3}{r_A^2 - r_I^2}\right) \cdot z \tag{20.26}$$

Der *exakte* mittlere Radius ist

$$r_m = \frac{2}{3}\left(\frac{r_A^3 - r_I^3}{r_A^2 - r_I^2}\right) \tag{20.27}$$

Berechnung des Schaltvorgangs

Stellen wir uns einen einfachen Antriebsstrang gemäß Bild 20.8 vor.

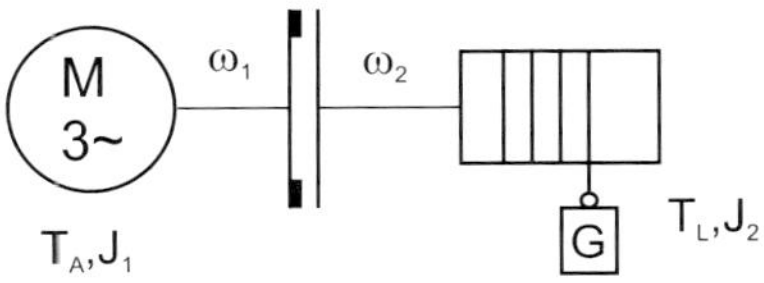

Bild 20.8
Antriebsstrang mit Elektromotor, Schaltkupplung und Last

Es wirken also das Antriebsmoment T_A, das Lastmoment T_L und das Beschleunigungsmoment T_B. Das *Beschleunigungsmoment* ist

$$T_B = J \cdot \dot{\omega} \quad (\text{d. h. } F = m \cdot a) \tag{20.28}$$

Die *kinetische Energie* ist

$$W = \frac{1}{2} J \cdot \omega^2 \quad \left(\text{d. h. } \frac{1}{2} m \cdot v^2\right) \tag{20.29}$$

Bild 20.9 zeigt den zeitlichen Verlauf der Antriebssituation. Dabei gelten folgende Zeiten: t_0 = einschalten, t_B = synchronisieren, t_C = Erreichen der Lastdrehzahl

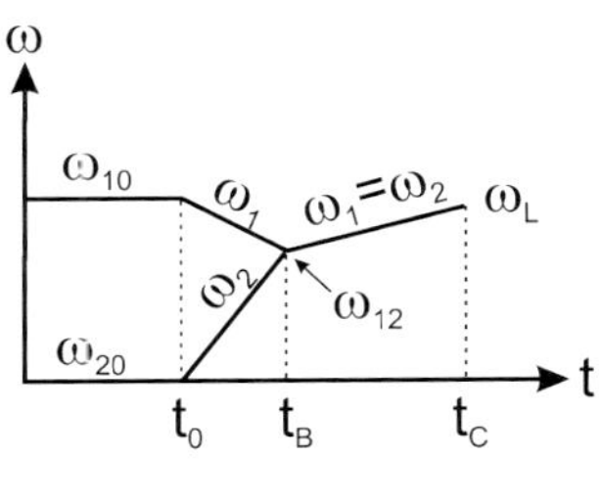

Bild 20.9
Zeitverläufe beim Schaltvorgang

$$t_B - t_0 = \frac{\omega_{10} - \omega_{20}}{\frac{T_K - T_L}{J_2} - \frac{T_A - T_K}{J_1}} = \frac{2 \cdot \pi \cdot (n_{10} - n_{20})}{\frac{T_K - T_L}{J_2} - \frac{T_A - T_K}{J_1}} \tag{20.30}$$

Beachte:

$$T_K = \mu \cdot F_N \cdot r_m \cdot z$$

n	in s^{-1}	Drehzahl,
T_A, T_L, T_K	in Nm	Drehmomente,
J_1, J_2	in kgm^2	Drehmassen.

Zur Zeit t_B ist

$$\omega_{12} = \left(\frac{T_K - T_L}{J_2}\right)(t_B - t_0) + \omega_{20} \tag{20.31}$$

$$t_C - t_B = (\omega_L - \omega_{12})\frac{J_1 + J_2}{T_A - T_L} = 2 \cdot \pi \cdot (n_L - n_{12})\frac{J_1 + J_2}{T_A - T_L} \tag{20.32}$$

n	in s^{-1}	Drehzahl,
T_A, T_L	in Nm	Drehmomente,
J_1, J_2	in kgm^2	Drehmassen.

Mit Formel 20.30 und Formel 20.32 können die Hochlaufzeiten berechnet werden.

Es muss nachgeprüft werden, welche Erwärmung beim Schaltvorgang auftritt. Der Kupplung wird durch den Reibvorgang (= Verlustleistung!) ein Wärmestrom $\dot{Q}_{zu}$ zugeführt, Wärme wird gespeichert ($\dot{Q}_{sp}$), und Wärme wird über die Kupplungsoberfläche abgeführt ($\dot{Q}_{ab}$). Die Wärmeabfuhr über Wärmestrahlung und Wärmeleitung soll vernachlässigt werden (Bild 20.10).

Dabei ist die Reibarbeit

$$W_R = \frac{1}{2} \cdot T_K \cdot (\omega_{10} - \omega_{20}) \cdot t_B \tag{20.33}$$

und die Verlustleistung

$$P_V = W_R \cdot Z \tag{20.34}$$

mit Z = Anzahl Schaltungen pro Zeit.

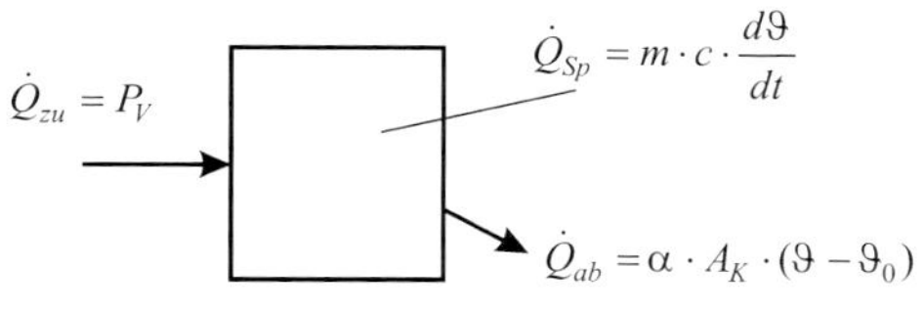

Bild 20.10 Wärmeströme beim Schalten einer Kupplung

Damit sind die Wärmeströme beim Aufheizen

$$\dot{Q}_{zu} = P_V = \dot{Q}_{sp} + \dot{Q}_{ab} = m \cdot c \cdot \frac{d\vartheta}{dt} + \alpha \cdot A_K \cdot (\vartheta - \vartheta_0)$$

m Masse,
c spezifische Wärmekapazität,
α Wärmeübergangszahl,
A_K Oberfläche der Kupplung.

20

Die Lösung dieser Differenzialgleichung ist

$$\vartheta - \vartheta_0 = \frac{P_V}{\alpha \cdot A_K} \cdot \left(1 - e^{\frac{-t}{T^*}}\right) \tag{20.35}$$

Dabei ist die Zeitkonstante

$$T^* = \frac{m \cdot c}{\alpha \cdot A_K} \tag{20.36}$$

ϑ	in °C, in K	Temperatur,
P_V	in W	Verlustleistung, Reibleistung,
t	in s	Rutschzeit,
α	in W/(m² · K)	Wärmeübergangszahl,
m	in kg	Kupplungsmasse,
c	in J/(kg · K)	spezifische Wärmekapazität,
A_K	in m²	Kupplungsoberfläche.

Umgekehrt gilt beim Abkühlen:

$$0 = -m \cdot c \cdot \frac{d\vartheta}{dt} + \alpha' \cdot A_K \cdot (\vartheta - \vartheta_0)$$

Die Lösung der Differenzialgleichung ist

$$\vartheta = \vartheta_e \cdot e^{\frac{-t'}{T'}} \tag{20.37}$$

und die der Abkühlzeitkonstanten

$$T' = \frac{m \cdot c}{\alpha' \cdot A_K} \tag{20.38}$$

Die Wärmeübergangszahl α kann näherungsweise wie folgt angesetzt werden (v: Umfangsgeschwindigkeit in m/s):

$$\alpha = 6 \cdot v^{0,75}\ \text{W/(m}^2 \cdot \text{K)} \tag{20.39}$$

Die Zeitkonstanten T^* für Aufheizen und T' für Abkühlen zeigt Bild 20.11.

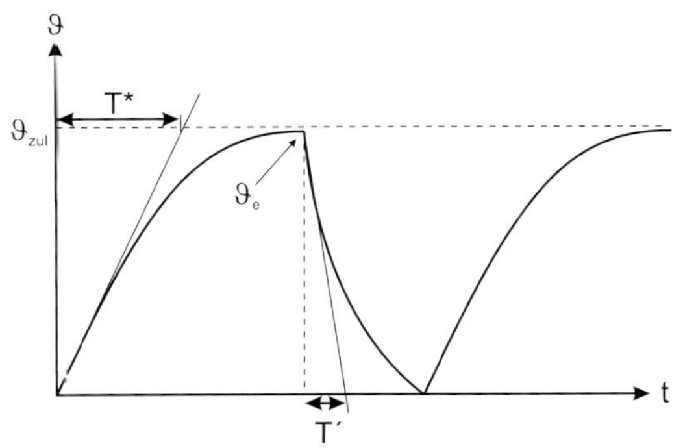

Bild 20.11
Aufheiz- und Abkühlvorgang beim Schalten

20

Jetzt ist festzustellen, ob *Schaltpausen* oder *Dauerschaltbetrieb* gegeben sind.

1. Fall: Die Schaltpausen sind größer als $(3\ldots4)\cdot T^*$:

$$P_{\mathrm{Vzul}} \leq m\cdot c\cdot\frac{\vartheta_{\mathrm{zul}}-\vartheta_0}{t_{\mathrm{B}}-t_0} \tag{20.40}$$

ϑ	in °C, in K	Temperatur,
$P_{\mathrm{V\,zul}}$	in W	zulässige Verlustleistung, Reibleistung,
t	in s	Rutschzeit (vgl. Formel 20.30),
m	in kg	Kupplungsmasse,
c	in J/(kg · K)	spezifische Wärmekapazität.

2. Fall: Dauerschaltbetrieb, d. h., die Kupplung hat keine Zeit mehr, zwischen den Schaltungen abzukühlen. Dann muss sein: $\dot{Q}_{\mathrm{zu}}=\dot{Q}_{\mathrm{ab}}$, und so ergibt sich

$$P_{\mathrm{Vzul}} \leq \alpha\cdot A_{\mathrm{K}}\cdot\left(\vartheta_{\mathrm{zul}}-\vartheta_0\right) \tag{20.41}$$

ϑ	in °C, in K	Temperatur,
$P_{\mathrm{V\,zul}}$	in W	zulässige Verlustleistung, Reibleistung,
α	in W/(m² · K)	Wärmeübergangszahl (vgl. Formel 20.36),
A_{K}	in m²	Kupplungsoberfläche.

Bei den Reibwerten kann man sich an den Werten aus Tabelle 20.6 orientieren. Genaue Angaben sind den Druckschriften der Reibbelaghersteller zu entnehmen.

Wird eine Kupplung gesucht, wenn die Beschleunigungszeit t_{B} nach Formel 20.30 gegeben ist, dann ist

$$T_{\mathrm{K}}=\frac{\dfrac{T_{\mathrm{A}}}{J_1}+\dfrac{T_{\mathrm{L}}}{J_2}+\dfrac{\omega_{10}}{t_{\mathrm{B}}}-\dfrac{\omega_{20}}{t_{\mathrm{B}}}}{\dfrac{1}{J_2}+\dfrac{1}{J_1}} \tag{20.42}$$

20

21 Grundlagen für Zahnräder und Getriebe

Übersetzung

Die Übersetzung i eines Radpaares ist das Verhältnis der Winkelgeschwindigkeit ω_a oder der Drehzahl n_a des treibenden Rades zur Winkelgeschwindigkeit ω_b oder Drehzahl n_b des getriebenen Rades:

$$\textit{Übersetzung} \quad i = \frac{\omega_a}{\omega_b} = \frac{n_a}{n_b} \tag{21.1}$$

Bei einem Außenradpaar haben die beiden Räder entgegengesetzten Drehsinn. Deshalb ist ihre Übersetzung **negativ**. Beim Innenradpaar haben beide Räder gleichen Drehsinn. Ihre Übersetzung ist also **positiv**. Bei $|i| > 1$ spricht man von einer **Übersetzung ins Langsame** und bei $|i| < 1$ von einer **Übersetzung ins Schnelle**.

Das Verhältnis der Zähnezahl z_2 des Großrades zur Zähnezahl z_1 des Kleinrades ist das

$$\textit{Zähnezahlverhältnis} \quad u = \frac{z_2}{z_1} \tag{21.2}$$

Bei Hohlrädern ist z_2 negativ, sodass Innenradpaare ein negatives Zähnezahlverhältnis u haben. Es ist stets $|u| \geq 1$.

Es ist die an beiden Rädern dem Betrag nach gleiche

$$\textit{Umfangsgeschwindigkeit der Wälzkreise} \quad |v_w| = d_{w1} \cdot \pi \cdot n_1 = d_{w2} \cdot \pi \cdot n_2 \tag{21.3}$$

v_w in m/s Umfangsgeschwindigkeit der Wälzkreise,
d_{w1} in m Wälzkreisdurchmesser des Kleinrades (Ritzels),
d_{w2} in m Wälzkreisdurchmesser des Großrades,
n_1 in s^{-1} Drehzahl des Kleinrades,
n_2 in s^{-1} Drehzahl des Großrades.

Daraus folgt für ein Radpaar mit **treibendem Kleinrad** der Betrag der

$$\textit{Übersetzung} \quad |i| = \frac{n_a}{n_b} = \frac{n_1}{n_2} = \frac{d_{w2}}{d_{w1}} = \frac{r_{w2}}{r_{w1}} = \frac{\omega_1}{\omega_2} = \frac{z_2}{z_1} = u \tag{21.4}$$

21

weil die Zähnezahlen z_1 und z_2 den Wälzkreisdurchmessern d_{w1} und d_{w2} direkt proportional sind. Bei **treibendem Großrad** ist $|i| = z_1/z_2 = 1/u$.

Evolventenverzahnung

Mit dem Eingriffswinkel $\hat{\alpha}$ in rad gilt für die Evolventenfunktion $\text{inv}\,\alpha = \tan\alpha - \hat{\alpha}$ (siehe Tabelle 22.2) und für die

$$\textit{Zahndicke} \quad s_y = d_y \left(\frac{s}{d} + \text{inv}\,\alpha - \text{inv}\,\alpha_y \right) \tag{21.5}$$

Der Winkel α_y folgt aus $\cos\alpha_y = \dfrac{d}{d_y}\cos\alpha$.

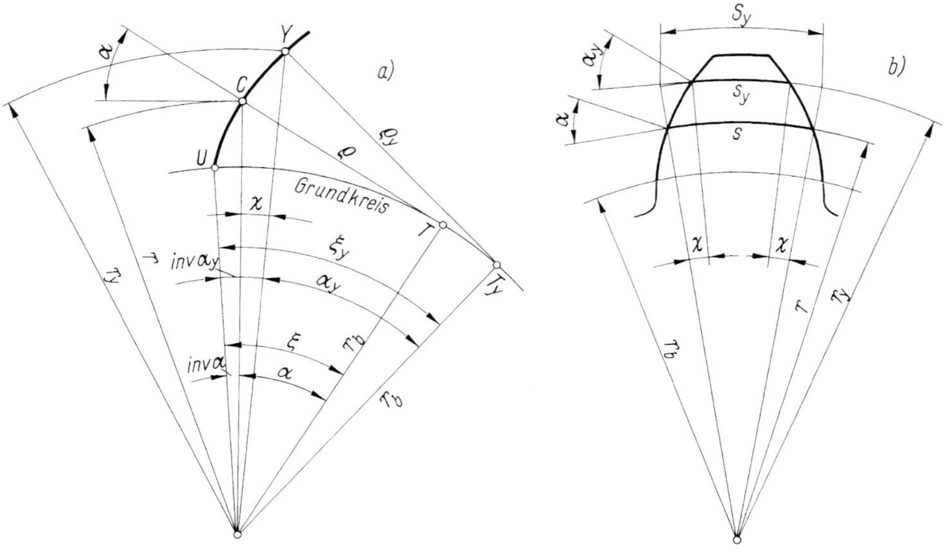

Bild 21.1 Evolventenfunktion
a) inv α und inv α_y, b) Zahndicke s_y

Spezifisches Gleiten des Rads 1: $\zeta_1 = 1 - \dfrac{\varrho_2}{u \cdot \varrho_1}$ (21.6)

Spezifisches Gleiten des Rads 2: $\zeta_2 = 1 - \dfrac{u \cdot \varrho_1}{\varrho_2}$ (21.7)

Hierin sind u das Zähnezahlverhältnis nach Formel 21.2 sowie ϱ_1 und ϱ_2 die Krümmungsradien der Flanken, deren Summe konstant bleibt. Mit den Wälzkreisradien r_{w1} und r_{w2} sowie dem Abstand b vom Berührpunkt B zum Wälzpunkt C sind $\varrho_1 = r_{w1} \cdot \sin \alpha - b$ und $\varrho_2 = r_{w2} \cdot \sin \alpha + b$. Demnach gilt: $\varrho_1 + \varrho_2 = (r_{w1} + r_{w2}) \sin \alpha$.

Planetengetriebe

Planetengetriebe mit Stirnrädern			
Bauform	**Getriebesinnbild**	**Standübersetzung**	**Standgetriebewirkungsgrad**
1	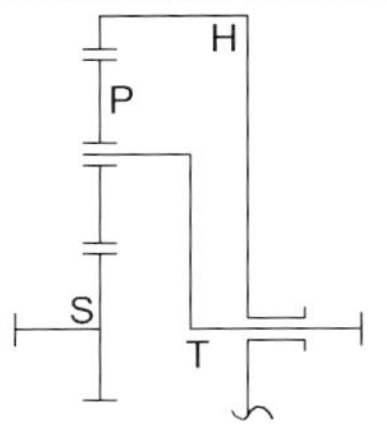	$i_0 = \frac{z_H}{z_S}$ $i_0 < 0$	$\eta_0 = \eta_{V,SP} \cdot \eta_{L,P} \cdot \eta_{V,PH}$ $\eta_0 \approx 98{,}0\%$
2	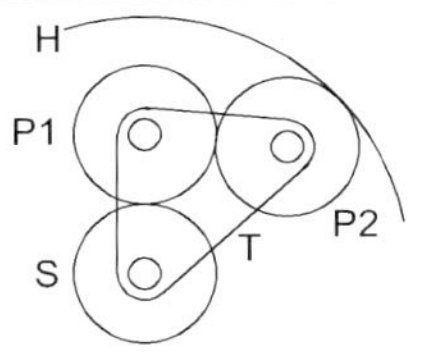	$i_0 = -\frac{z_H}{z_S}$ $i_0 > 0$	$\eta_0 = \eta_{V,SP1} \cdot \eta_{L,P1} \cdot \eta_{V,P1P2}$ $\cdot\, \eta_{L,P2} \cdot \eta_{V,P2H}$ $\eta_0 \approx 96{,}5\%$
3	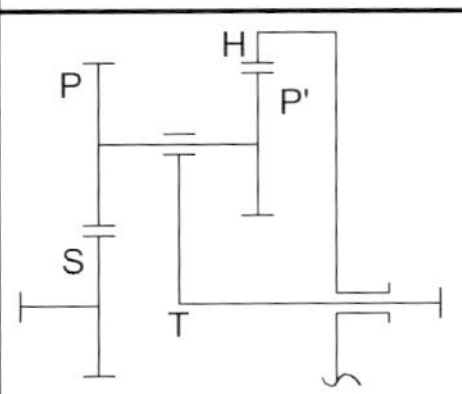	$i_0 = \frac{z_H \cdot z_P}{z_{P'} \cdot z_S}$ $i_0 < 0$	$\eta_0 = \eta_{V,SP} \cdot \eta_{L,P} \cdot \eta_{V,P'H}$ $\eta_0 \approx 98{,}0\%$
4	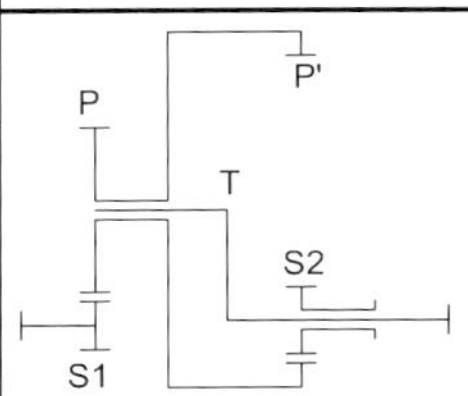	$i_0 = \frac{z_{S2} \cdot z_P}{z_{P'} \cdot z_{S1}}$ $i_0 < 0$	$\eta_0 = \eta_{V,S1P} \cdot \eta_{L,P} \cdot \eta_{V,P'S2}$ $\eta_0 \approx 98{,}0\%$
5	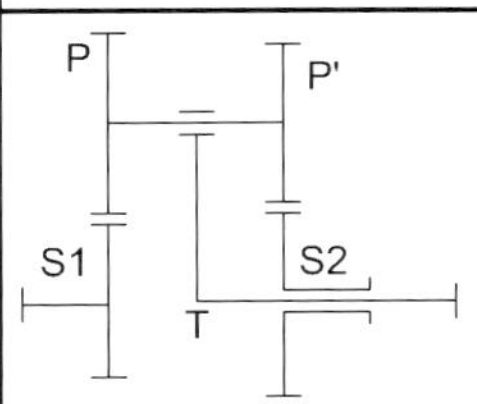	$i_0 = \frac{z_{S2} \cdot z_P}{z_{P'} \cdot z_{S1}}$ $i_0 > 0$	$\eta_0 = \eta_{V,S1P} \cdot \eta_{L,P} \cdot \eta_{V,P'S2}$ $\eta_0 \approx 97{,}5\%$
6	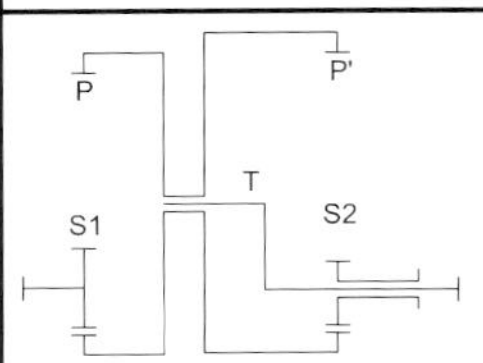	$i_0 = \frac{z_{S2} \cdot z_P}{z_{P'} \cdot z_{S1}}$ $i_0 > 0$	$\eta_0 = \eta_{V,S1P} \cdot \eta_{L,P} \cdot \eta_{V,P'S2}$ $\eta_0 \approx 98{,}5\%$
7	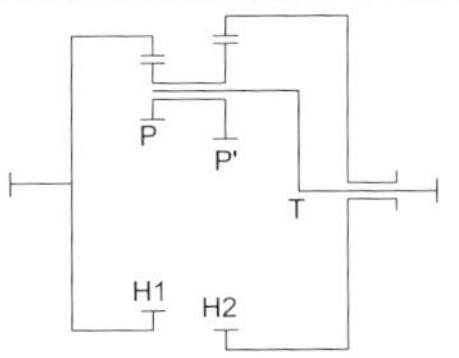	$i_0 = \frac{z_{H2} \cdot z_P}{z_{P'} \cdot z_{H1}}$ $i_0 > 0$	$\eta_0 = \eta_{V,H1P} \cdot \eta_{L,P} \cdot \eta_{V,P'H2}$ $\eta_0 \approx 98{,}5\%$

Bild 21.2 Systematik der einfachen rückkehrenden Umlaufrädergetriebe

21

Planetengetriebe mit Stirnrädern			
Bauform	**Getriebesinnbild**	**Standübersetzung**	**Standgetriebewirkungsgrad**
8	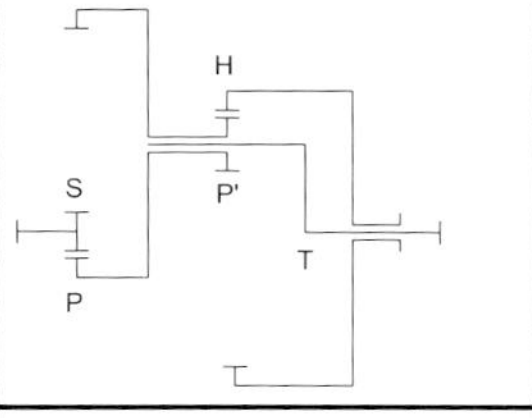	$i_0 = \frac{z_H \cdot z_P}{z_{P'} \cdot z_S}$ $i_0 > 0$	$\eta_0 = \eta_{V,SP} \cdot \eta_{L,P} \cdot \eta_{V,P'H}$ $\eta_0 \approx 98{,}5\%$
9	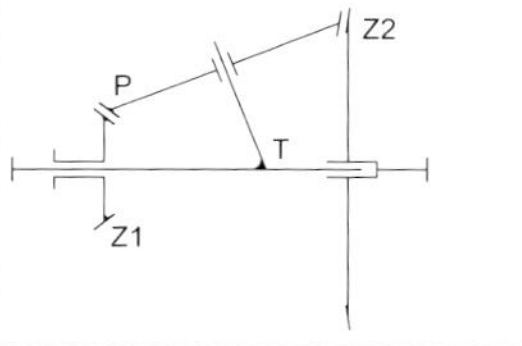	$i_0 = -\frac{z_{Z2}}{z_{Z1}}$ $i_0 < 0$	Für Planetengetriebe mit Kegelrädern ist eine allgemeingültige Angabe des Wirkungsgrades nicht möglich, da die Einzelwirkungsgrade von vielen konstruktiven Größen abhängen.
10	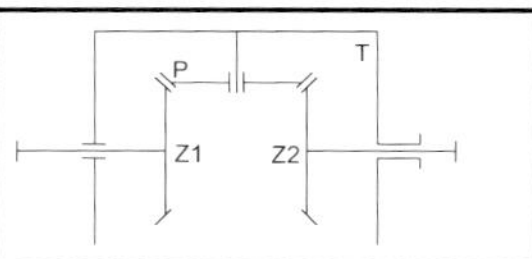	$i_0 = -\frac{z_{Z2}}{z_{Z1}}$ $i_0 = -1$	
11	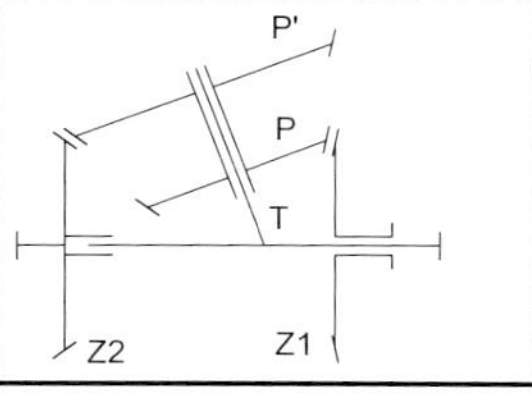	$i_0 = \frac{z_{H2} \cdot z_P}{z_{P'} \cdot z_{H1}}$ $i_0 < 0$	
12	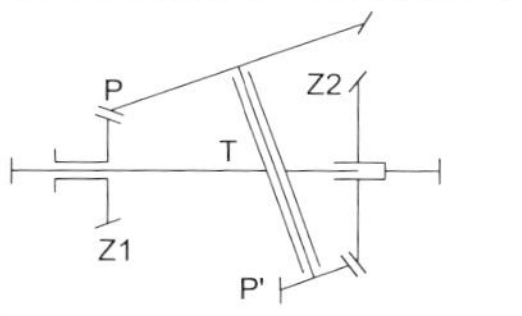	$i_0 = \frac{z_{Z2} \cdot z_P}{z_{P'} \cdot z_{Z1}}$ $i_0 < 0$	

i_0	Standübersetzung
z_H, z_{H1}, z_{H2}	Zähnezahl des Hohlrades
z_S, z_{S1}, z_{S2}	Zähnezahl des Sonnenrades
z_P, $z_{P'}$	Zähnezahl des Planetenrades
z_{Z1}, z_{Z2}	Zähnezahl eines allgemeinen Zahnrades
η_0	Standgetriebewirkungsgrad
$\eta_{V,xy}$	Verzahnungswirkungsgrad zwischen dem Zahnrad *x* und *y*
$\eta_{L,x}$	Lagerwirkungsgrad des Zahnrades *x*

Bild 21.2 Systematik der einfachen rückkehrenden Umlaufrädergetriebe *(Fortsetzung)*

Für ein Standgetriebe ergibt sich die Übersetzung (unter Beachtung der Drehrichtung bei z und unter Vernachlässigung von Wirkungsgraden bei den Drehmomenten) durch

$$i_0 = \frac{z_{\text{Abtrieb}}}{z_{\text{Antrieb}}} = \frac{n_{\text{Antrieb}}}{n_{\text{Abtrieb}}} = -\frac{T_{\text{Abtrieb}}}{T_{\text{Antrieb}}} \tag{21.8}$$

i_0		Standübersetzung,
z		Zähnezahl,
n	in min^{-1}	Drehzahl,
T	in $\text{N} \cdot \text{m}$	Drehmoment.

Bei der Berechnung der Standübersetzung eines Planetengetriebes wird ausgenutzt, dass sich die Gesamtübersetzung als Produkt der Teilübersetzungen ergibt. Das bedeutet, dass ausgehend vom Antrieb alle Teilübersetzungen bis zum Abtrieb berechnet und im Anschluss daran das Produkt betrachtet wird. Des Weiteren wird angenommen, dass der Antrieb über das Sonnenrad (oder Zahnrad Z1) erfolgt und der Abtrieb über die Hohlradwelle (nach Definition der Standübersetzung ist die Stegwelle fest). Somit berechnet sich beispielsweise die Standübersetzung des Planetengetriebes 5 in Bild 21.2 nach

$$i_0 = \left(-\frac{z_{\text{P}}}{z_{\text{S1}}}\right) \cdot \left(-\frac{z_{\text{S2}}}{z_{\text{P'}}}\right) = \frac{z_{\text{P}} \cdot z_{\text{S2}}}{z_{\text{S1}} \cdot z_{\text{P'}}}$$

Oder weiter das Getriebe 2:

$$i_0 = \left(-\frac{z_{\text{P1}}}{z_{\text{S}}}\right) \cdot \left(-\frac{z_{\text{P2}}}{z_{\text{P1}}}\right) \cdot \left(-\frac{z_{\text{H}}}{z_{\text{P2}}}\right) = -\frac{z_{\text{H}}}{z_{\text{S}}}$$

Oder weiter das Getriebe 11:

$$i_0 = \left(-\frac{z_{\text{P}}}{z_{\text{Z1}}}\right) \cdot \left(-\frac{z_{\text{Z2}}}{z_{\text{P'}}}\right) \cdot (-1) = -\frac{z_{\text{P}} \cdot z_{\text{Z2}}}{z_{\text{Z1}} \cdot z_{\text{P'}}}$$

Die Multiplikation mit −1 ist notwendig, um den Wechsel der Drehrichtung zu berücksichtigen. Bei Planetengetrieben ohne Kegelräder wird dies automatisch korrigiert, da die Innenverzahnung des Hohlrades als negativ angenommen wird. Bei Planetengetrieben mit Kegelrädern geschieht dies nicht, weil die Ausprägung des Hohlrades in ein Kegelrad übergegangen ist. Folglich muss ein Drehrichtungswechsel zwischen der An- und Abtriebswelle durch die Multiplikation mit −1 korrigiert werden.

21

Wird ein Planetengetriebe geplant, dann tritt hierbei die Besonderheit auf, dass eine **Einbaubedingung** beachtet werden muss. Dies bedeutet, dass die Zähnezahlen so gewählt werden müssen, dass die Planetenräder in dem Planetengetriebe montierbar sind. Schließlich wird mit der Montage des ersten Planetenrades die Lage der Zentralräder zueinander fixiert. Alle weiteren Planetenräder sind nur dann montierbar, wenn dem Planetenrad an der jeweiligen Position eine Zahnlücke in den Zentralrädern gegenübersteht. Dies ist genau dann gegeben, wenn der Stegteilungswinkel ein ganzzahliges Vielfaches des kleinsten Teilungswinkels ist. Für die Bauform 1 nach Bild 21.2 ergibt sich bei einer gleichmäßigen Verteilung der Planetenräder die Einbaubedingung

$$g = \frac{z_{\text{S}} - z_{\text{H}}}{p} \tag{21.9}$$

g	beliebige Ganzzahl,
p	Anzahl der gleichmäßig verteilten Planetenräder,
$z_{\text{S}}, z_{\text{H}}$	Zähnezahl des Hohlrades/Sonnenrades.

Dies bedeutet, dass p Planetenräder genau dann gleichmäßig über den Umfang verteilt werden können, wenn g eine Ganzzahl ist. Des Weiteren sind neben dieser ersten „Kollisionsprüfung" auch eine Eingriffsstörung bei evolventen Innenverzahnungen sowie Gesichtspunkte zum Belastungsausgleich zu prüfen. Weitere Informationen hierzu sind in *Volmer* ([21.1] in ME) zu finden.

Der folgende Berechnungsalgorithmus für Planetengetriebe ist unabhängig von der Art des Planetengetriebes. Alle Betrachtungen lassen sich analog übertragen. Allerdings wird von einem stationären Zustand des Getriebes ausgegangen. Dies bedeutet, dass das Getriebe nicht beschleunigt. Die Erweiterung der Berechnung um diesen Fakt sowie auf Selbsthemmung ist in der VDI-Richtlinie 2157 zu finden. Bei der Berechnung ist es unerheblich, in welche Richtung der positive Drehsinn definiert wird. Ist das Vorzeichen der Drehzahlen bei parallelen Wellen gleich, dann drehen diese in demselben Sinn. Ein negatives Vorzeichen verkörpert dementsprechend den Drehsinn in entgegengesetzter Richtung zur definierten. Eine der zentralen Rollen bei der Berechnung von Planetengetrieben spielt die **Drehzahlgrundgleichung** (auch **Willisgleichung**):

$$n_S + (i_0 - 1) \cdot n_T - i_0 \cdot n_H = 0 \tag{21.10}$$

n_S in min^{-1} Drehzahl des Sonnenrades,
n_T in min^{-1} Drehzahl Steg,
n_H in min^{-1} Drehzahl des Hohlrades,
i_0 Standübersetzung.

Dabei steht der Index S für das Sonnenrad des Planetengetriebes, T für den Steg (auch **Planetenträger** genannt) und H für das Hohlrad. In dieser Gleichung kommt auch die Bedeutung der Standübersetzung zum Tragen. Diese Gleichung enthält drei Unbekannte und ist folglich durch das Vorgeben von zwei Drehzahlen bestimmt. Dadurch wird der mögliche kinematische Freiheitsgrad 2 verkörpert.

Wird ein Planetengetriebe berechnet, so sind die **Relativdrehzahlen** für die wirkenden Kräfte von Bedeutung. Die Relativdrehzahl $\Delta n_{i,j}$ gibt dabei die relative Drehzahl der Welle i zur Welle j an und berechnet sich aus

$$\Delta n_{i,j} = n_i - n_j = -\Delta n_{j,i} \tag{21.11}$$

21

$\Delta n_{i,j}$ in min^{-1} Relativdrehzahl der Welle i zur Welle j,
n_i, n_j in min^{-1} Drehzahl der Welle i/der Welle j.

Hierbei ist die Relativdrehzahl der Planetenräder relativ zum Steg von besonderer Bedeutung, da diese benötigt wird, um die Lager der Planetenräder auszulegen, welche starken Belastungen ausgesetzt sind. Diese Relativdrehzahl ergibt sich zu:

$$\Delta n_{P,T} = n_P - n_T = \Delta n_{S,T} \cdot \left(-\frac{z_S}{z_P} \right) = (n_T - n_S) \cdot \frac{z_S}{z_P} \tag{21.12}$$

$\Delta n_{P,T}$ in min^{-1} Relativdrehzahl des Planetenrades zum Steg,
$\Delta n_{S,T}$ in min^{-1} Relativdrehzahl des Sonnenrades zum Steg,
n_P, n_T, n_S in min^{-1} Drehzahl Planetenrad/Steg/Sonnenrad,
z_S, z_P Zähnezahl des Sonnenrades/Planetenrades.

Dabei steht der Index P für ein Planetenrad. Diese Gleichung berechnet sich in folgender Art aus den bekannten Größen:

$$\frac{\Delta n_{P,T}}{\Delta n_{S,T}} = -\frac{z_S}{z_P}$$

$$\Delta n_{P,T} = \Delta n_{S,T} \cdot \left(-\frac{z_S}{z_P} \right) = (n_T - n_S) \cdot \frac{z_S}{z_P}$$

Oder anders formuliert aus

$$\Delta n_{P,T} = (n_T - n_H) \cdot \frac{z_H}{z_P} \tag{21.13}$$

$\Delta n_{,T}$ in min^{-1} Relativdrehzahl des Planetenrades zum Steg,
n_T, n_H in min^{-1} Drehzahl des Steges/Hohlrades,
z_H, z_P Zähnezahl des Hohlrades/Planetenrades.

Sind noch keine Zähnezahlen bekannt, wie in der Konzeptphase, dann kann folgende Näherung genutzt werden:

$$\Delta n_{P,T} \approx f \cdot (n_T - n_S) \cdot \frac{2}{|i_0| - 1}$$
$$f = \begin{cases} 1 & \text{kein zusätzliches Planetenrad vorhanden} \\ 1{,}05 \ldots 1{,}15 & \text{zusätzliches Planetenrad vorhanden} \end{cases} \tag{21.14}$$

$\Delta n_{P,T}$ in min^{-1} Relativdrehzahl des Planetenrades zum Steg,
n_T, n_S in min^{-1} Drehzahl des Steges/Sonnenrades,
i_0 Standübersetzung,
f Korrekturfaktor.

Hierbei ist f ein Faktor, um eine Korrektur für die Bauform 2 (Bild 21.2) zu berücksichtigen.

Einen einfachen Weg der grafischen Ermittlung aller Drehzahlen liefert der **Drehzahlplan nach Kutzbach** (auch **Kutzbachplan**).

1. Führe einen Schnitt so durch das Getriebe, dass alle relevanten Getriebeglieder in diesem Schnitt erfasst werden.
2. Konstruiere senkrecht zu dieser Schnittlinie eine senkrechte Gerade, die sogenannte Kutzbachgerade.
3. Der Schnittpunkt einer Parallelen der Schnittlinie mit der Kutzbachgeraden verkörpert die Drehzahl 0.
4. Lege einen Drehzahlmaßstab und die positive Richtung der Kutzbachgeraden fest.
5. Trage auf der Kutzbachgeraden die gegebenen Drehzahlen ab.
6. Konstruiere zwischen den gegebenen Drehzahlen und den ersichtlichen Momentanpolen (Punkt, der zum Zeitpunkt der Betrachtung ruht) die Geschwindigkeitsprofilgeraden. Dabei schneiden die Geschwindigkeitsprofilgeraden die Senkrechte zur Drehzahl 0 im entsprechenden Momentanpol.
7. Der senkrechte Abstand von der Senkrechten zur Drehzahl 0 zu einer Geschwindigkeitsprofilgeraden ist proportional zur Tangentialgeschwindigkeit. Sind zwei Tangentialgeschwindigkeiten eines Gliedes oder eine Tangentialgeschwindigkeit und deren Momentanpol bekannt, so kann durch deren Verbindung die zugehörige Geschwindigkeitsprofilgerade konstruiert werden.

8. Der Schnittpunkt einer Geschwindigkeitsprofilgeraden, welche durch den Momentanpol des entsprechenden Gliedes verläuft, mit der Kutzbachgeraden verkörpert die Drehzahl des entsprechenden Gliedes im festgelegten Maßstab.

Sind die Drehzahlen in den einzelnen Getriebegliedern bekannt, so können die wirkenden Drehmomente T (auch als Momente bezeichnet) berechnet werden. Dabei wird in einem ersten Schritt eine verlustfreie Betrachtung durchgeführt und im Anschluss daran die verlustbehaftete Berechnung durchgeführt.

Zwischen den einzelnen Zentralwellen des Planetengetriebes muss ein Drehmomenten-Gleichgewicht herrschen:

$$T_{\mathrm{H}} + T_{\mathrm{S}} + T_{\mathrm{T}} = 0 \tag{21.15}$$

T_{H}, T_{S}, T_{T} in N · m Drehmoment der Hohlradwelle/Sonnenradwelle/Stegwelle.

Außerdem gilt nach der Definition der Standübersetzung:

$$\frac{T_{\mathrm{H}}}{T_{\mathrm{S}}} = -i_0 \rightarrow T_{\mathrm{H}} + i_0 \cdot T_{\mathrm{S}} = 0 \tag{21.16}$$

T_{H}, T_{S} in N · m Drehmoment der Hohlradwelle/Sonnenradwelle,
i_0 Drehmoment der Hohlradwelle/Sonnenradwelle.

Durch die gegebenen zwei Gleichungen sind die Drehmomente bestimmt, sobald ein Drehmoment vorgegeben wird.

Sind die verlustfreien Drehmomente bekannt, können die verlustbehafteten Drehmomente berechnet werden. Um zu berücksichtigen, dass das Sonnenrad sowohl An- als auch Abtrieb sein kann und der Wirkungsgrad je nachdem als Faktor oder Divisor auf die Standübersetzung wirkt, wird folgende Gleichung genutzt:

$$w = \operatorname{sgn}\left(\Delta n_{\mathrm{S,T}} \cdot T_{\mathrm{S}}\right) = \begin{cases} 1 & \text{für} \quad \Delta n_{\mathrm{S,T}} \cdot T_{\mathrm{S}} > 0 \\ 0 & \text{für} \quad \Delta n_{\mathrm{S,T}} \cdot T_{\mathrm{S}} = 0 \\ -1 & \text{für} \quad \Delta n_{\mathrm{S,T}} \cdot T_{\mathrm{S}} < 0 \end{cases} \tag{21.17}$$

$\Delta n_{\mathrm{S,T}}$ in min^{-1} Relativdrehzahl des Sonnenrades zum Steg (siehe Formel 21.12),
T_{S} in N · m Drehmoment der Sonnenradwelle.

21

Die Funktion sgn wird auch als Signumsfunktion und w als **Richtung des Gleitwälzflusses** bezeichnet. Ein positiver Gleitwälzfluss steht folglich für einen Antrieb und ein negativer für einen Abtrieb. Damit ergibt sich die zuletzt formulierte Gleichung als

$$T_{\mathrm{H}} + \eta_0^{w} \cdot i_0 \cdot T_{\mathrm{S}} = 0 \tag{21.18}$$

η_0 Standgetriebewirkungsgrad,
w Richtung des Gleitwälzflusses (siehe Formel 21.17),
i_0 Standübersetzung,
T_{H}, T_{S} in N · m Drehmoment der Hohlradwelle/Sonnenradwelle.

Dabei bezeichnet η_0 den **Standgetriebewirkungsgrad**. Aus dieser Gleichung wird der Einfluss der Richtung des Gleitwälzflusses schnell ersichtlich. Ist w gleich 1, so entspricht dies der Multiplikation mit η_0 und folglich muss T_S ein Antriebsdrehmoment sein. Dies entspricht auch der Interpretation der Richtung des Gleitwälzflusses. Dieser ist gleich 1, wenn

1. die Relativdrehzahl des Sonnenrades relativ zum Steg und das anliegende Drehmoment positiv sind, oder
2. die Relativdrehzahl des Sonnenrades relativ zum Steg und das anliegende Drehmoment negativ sind.

Beide Formulierungen entsprechen hierbei einem Antrieb, da das Drehmoment und die Relativdrehzahl die gleiche Wirkungsrichtung haben. Liegt dagegen ein Abtrieb vor, so müssen die Relativdrehzahl und das Moment entgegengesetzt wirken. Folglich wird $\omega = -1$ und bewirkt die Division des Getriebewirkungsgrades in der Gleichung. Dies ist für einen Abtrieb korrekt.

Auch bei der verlustbehafteten Drehmomentberechnung muss das Drehmoment-Gleichgewicht nach Formel 21.15 gelten:

$$T_H + T_S + T_T = 0$$

Der für die Berechnung benötigte Standgetriebewirkungsgrad kann nur über Experimente exakt ermittelt werden. Eine Näherung ergibt sich jedoch durch die Betrachtung der einzelnen Verzahnungswirkungsgrade η_V und Lagerwirkungsgrade η_L. Der Näherungswert für den Standgetriebewirkungsgrad ergibt sich aus

$$\eta_0 = \eta_{V,1} \cdot \eta_{V,2} \cdot \ldots \cdot \eta_{V,m} \cdot \eta_{L,1} \cdot \eta_{L,2} \cdot \ldots \cdot \eta_{L,n} \quad (21.19)$$

η_0 Standgetriebewirkungsgrad,
$\eta_{V,i}$ Verzahnungswirkungsgrad der Verzahnung i,
$\eta_{L,j}$ Lagerwirkungsgrad der Lagerung j.

Dabei werden die Wirkungsgrade häufig angenommen als

- $\eta_{V,AA} \approx 0,99$
- $\eta_{V,AI} \approx 0,995$
- $\eta_L \approx 0,995$

Ein allgemeiner Ablauf der Berechnung ist in Bild 21.3 zu finden.

21

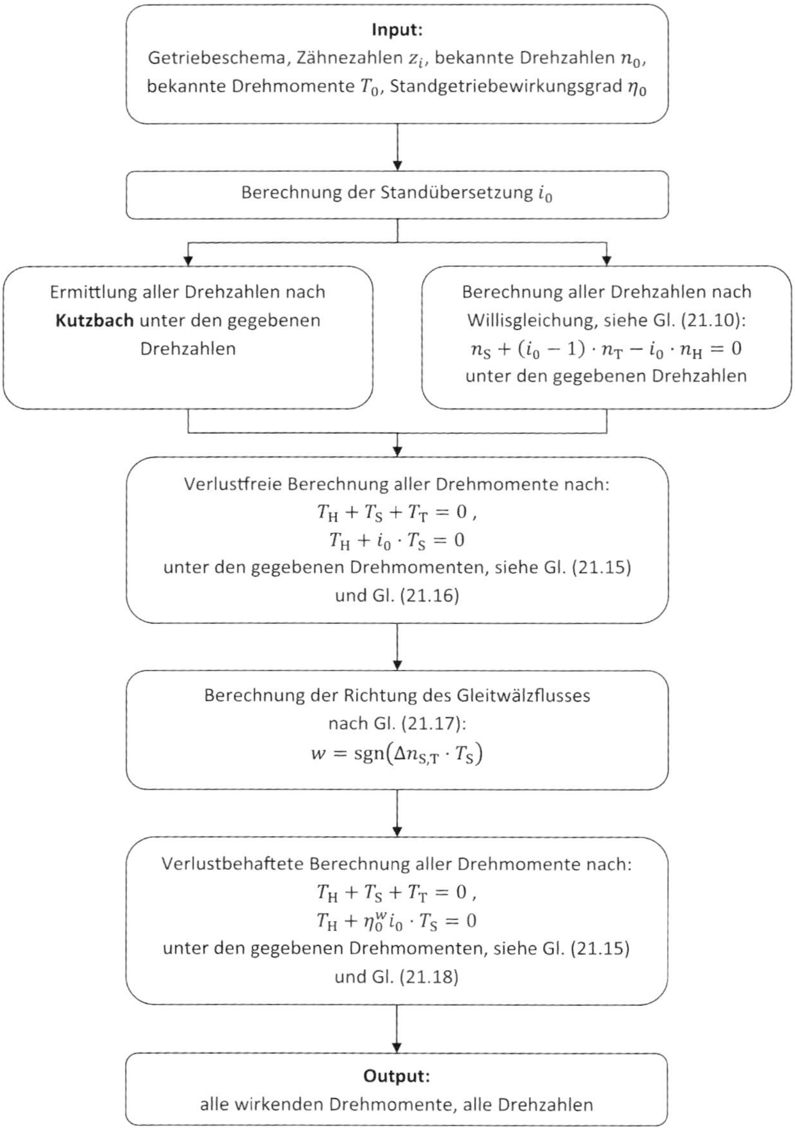

Bild 21.3 Berechnungsablauf eines verlustbehafteten Planetengetriebes im stationären Zustand

22 Abmessungen und Geometrie der Stirn- und Kegelräder

Null-Außenverzahnung

Für ein geradverzahntes Null-Außenrad betragen

Teilkreisdurchmesser $d = z \cdot m$ (22.1)

Kopfkreisdurchmesser (Außendurchmesser) $d_a = d + 2h_a$ (22.2)

Fußkreisdurchmesser $d_f = d - 2h_f$ (22.3)

Grundkreisdurchmesser $d_b = d \cdot \cos\alpha$ (22.4)

Teilung (Teilkreisteilung) $p = m \cdot \pi$ (22.5)

Eingriffsteilung $p_e = p \cdot \cos\alpha = m \cdot \pi \cdot \cos\alpha$ (22.6)

z		Zähnezahl des Rades,
h_a	in mm	Kopfhöhe, im Normalfall = Modul m,
h_f	in mm	Fußhöhe = h_a + c mit dem Kopfspiel c = 0,25m im Normalfall,
α	in °	Eingriffswinkel = 20° im Normalfall.

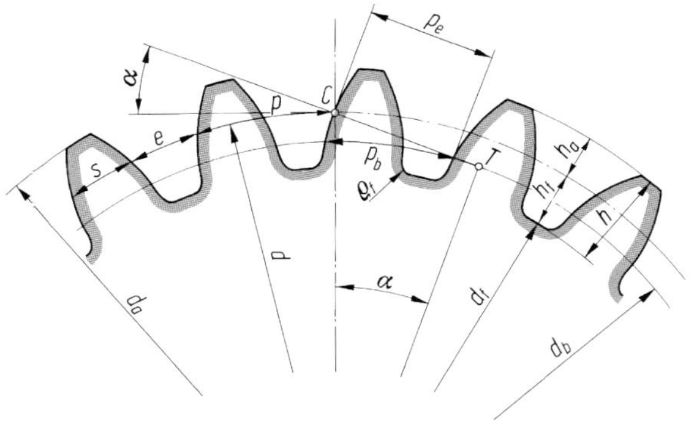

Bild 22.1
Null-Außenverzahnung

Ein geradverzahntes Außenradpaar besitzt den

Null-Achsabstand $a_d = r_1 + r_2 = \frac{m}{2}(z_1 + z_2)$ (22.7)

Zu genormten Werte für den **Modul *m*** in mm siehe Tabelle 22.1.

Null-Innenverzahnung

Wegen der negativen Krümmung gegenüber einem Außenrad wird die **Zähnezahl des Hohlrades negativ**. Für die Abmessungen gelten damit dieselben Gleichungen wie für Null-Außenräder und -Radpaare nach Formel 22.1 bis Formel 22.7, wobei die Durchmesser d, d_a, d_f und d_b, der Achsabstand a_d und das Zähnezahlverhältnis u nach Formel 22.2 negativ werden. Zu beachten ist, dass der Grundkreisdurchmesser d_{b2} dem Betrag nach niemals größer als der Kopfkreisdurchmesser d_{a2} sein darf, da die Evolventenflanke am Grundkreis beginnt. Es muss also stets $|d_{b2}| \leq |d_{a2}|$ sein. Anderenfalls ist wie nach Bild 22.2 eine Kopfkürzung erforderlich.

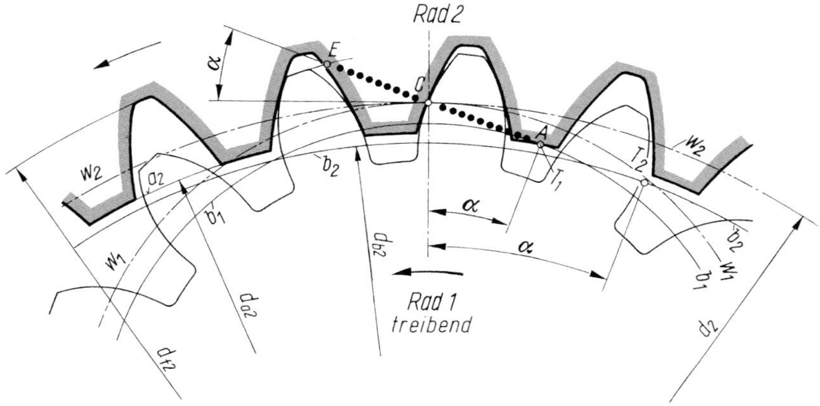

Bild 22.2 Evolventen-Innenverzahnung

Null-Schrägverzahnung

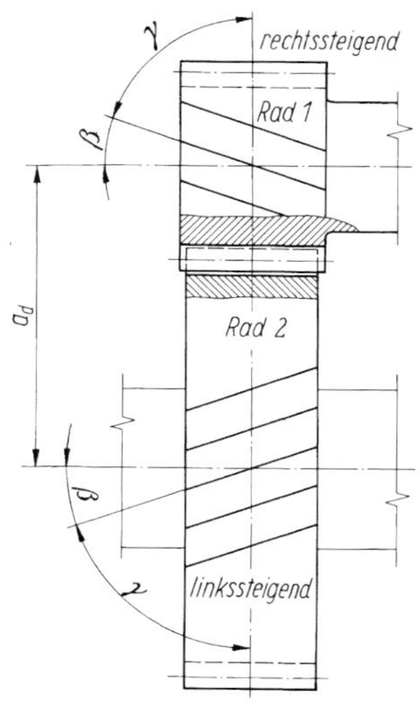

Bild 22.3
Schrägungs- und Steigungswinkel an gepaarten Stirnrädern, gemessen auf den Teilzylindern; Steigungswinkel $\gamma = 90° - \beta$

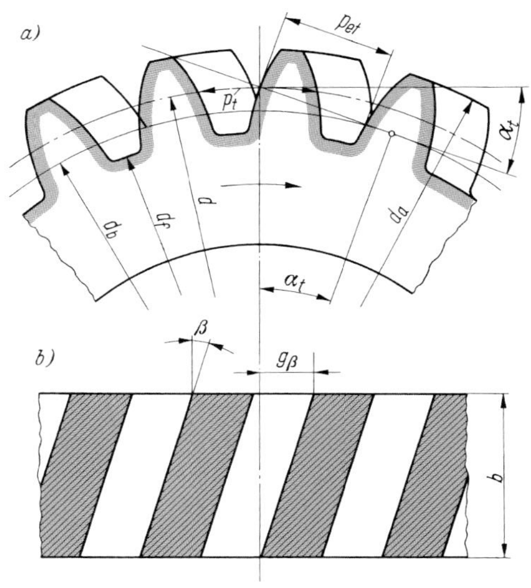

Bild 22.4
Schrägverzahntes Stirnrad
a) Stirn, b) Abwicklung des Teilzylinders;
Sprung $g_\beta = b \cdot \tan\beta$

Stirneingriffswinkel $\tan\alpha_t = \dfrac{\tan\alpha_n}{\cos\beta}$ (22.8)

Teilkreisdurchmesser $d = \dfrac{z \cdot m_n}{\cos\beta}$ (22.9)

Kopfkreisdurchmesser $d_a = d + 2h_a$ (22.10)

Fußkreisdurchmesser $d_f = d - 2h_f$ (22.11)

Grundkreisdurchmesser $d_b = d \cdot \cos\alpha_t$ (22.12)

Normalteilung $p_n = m_n \cdot \pi$ (22.13)

Normaleingriffsteilung $p_{en} = p_n \cdot \cos\alpha_n = m_n \cdot \pi \cdot \cos\alpha_n$ (22.14)

Stirnteilung $p_t = m_t \cdot \pi = \dfrac{m_n}{\cos\beta}\pi$ (22.15)

Stirneingriffsteilung $p_{et} = p_t \cdot \cos\alpha_t = \dfrac{m_n}{\cos\beta}\pi \cdot \cos\alpha_t$ (22.16)

Ersatzzähnezahl $z_n = \dfrac{z}{\cos^2\beta_b \cdot \cos\beta}$ (22.17)

Null-Achsabstand $a_d = r_1 + r_2 = \dfrac{m_n}{2\cos\beta}(z_1 + z_2)$ (22.18)

α_n	in °	Normaleingriffswinkel = 20° im Regelfall,
β	in °	Schrägungswinkel am Teilzylinder,
m_n	in mm	Normalmodul (Tabelle 22.1),
h_a	in mm	Zahnkopfhöhe, im Normalfall = m_n,
h_f	in mm	Zahnfußhöhe = $h_a + c$ mit $c = 0{,}25m$ im Normalfall,
β_b	in °	Schrägungswinkel am Grundzylinder aus Formel 22.19 oder Formel 22.20,
z_1, z_2		Zähnezahlen der Räder.

Auf den Grundzylinder bezogen gilt für den

Grundschrägungswinkel $\cos\beta_b = \cos\beta \dfrac{\cos\alpha_n}{\cos\alpha_t} = \dfrac{\sin\alpha_n}{\sin\alpha_t}$ (22.19)

$\sin\beta_b = \sin\beta \cdot \cos\alpha_n$ (22.20)

Die Schrägungswinkel β sind mit DIN 3978 genormt. In Tabelle 22.3 sind die zugehörigen Winkelfunktionen sin β in Abhängigkeit von den Normalmoduln m_n für die Schrägungswinkelreihe 1 angegeben.

Geradzahnräder können als Schrägzahnräder mit $\beta = 0°$ aufgefasst werden.

Profilverschiebung

Unter dem Betrag der Profilverschiebung versteht man den Abstand der Profilbezugslinie der Zahnstange vom Teilkreis (Bild 22.5). Mit dem **Profilverschiebungsfaktor *x*** wird er in Teilen des Normalmoduls ausgedrückt:

Profilverschiebung

$= x \cdot m$ bei Geradverzahnung

$= x \cdot m_n$ bei Schrägverzahnung

Je nach Paarung kennt man folgende Radpaare:

1. **Null-Radpaar**, wenn zwei Null-Räder gepaart sind.
2. **V_{null}-Radpaar**, wenn ein V_{plus} und ein V_{minus}-Rad derart gepaart sind, dass ihr Achsabstand gleich dem Null-Achsabstand ist.
3. **V_{plus}-Radpaar**, wenn V-Räder oder ein V_{plus}- und ein Null-Rad gepaart sind, dass ihr Achsabstand größer als der Null-Achsabstand ist.
4. **V_{minus}-Radpaar**, wenn V-Räder oder ein V_{minus}- und ein Null-Rad gepaart sind, dass ihr Achsabstand kleiner als der Null-Achsabstand ist.

22

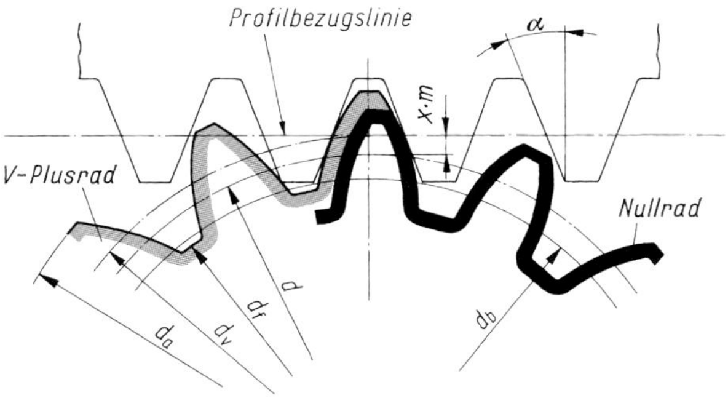

Bild 22.5 V_{plus}-Rad und Zahnstangen-Bezugsprofil

Nach DIN 3960 ist die Profilverschiebung

- **positiv**, wenn die Profilbezugslinie vom Teilkreis in Richtung zum Kopfkreis verschoben ist.
- **negativ**, wenn die Profilbezugslinie vom Teilkreis in Richtung zum Fußkreis verschoben ist.

An einem V-Rad betragen nach Bild 22.5

V-Kreis-Durchmesser $$d_v = d + 2x \cdot m_n \tag{22.21}$$

Kopfkreisdurchmesser $$d_a = d_v + 2h_a \tag{22.22}$$

Fußkreisdurchmesser $$d_f = d_v - 2h_f \tag{22.23}$$

d in mm Teilkreisdurchmesser nach Formel 22.1 bzw. Formel 22.9,
h_a in mm Kopfhöhe des Bezugsprofils = m bzw. m_n im Normalfall,
h_f in mm Fußhöhe des Bezugsprofils = $h_a + c$ mit $c = 0{,}25m_n$ im Normalfall.

Alle anderen Abmessungen sind dieselben wie bei Nullrädern.

Wenn zwei Räder zu einem V-Radpaar so gepaart werden, dass ihr Achsabstand gleich der Summe der V-Kreisradien ist, also um die Profilverschiebungen größer (oder kleiner) als der Null-Achsabstand a_d, haben sie den

V-Achsabstand $$a_v = r_{v1} + r_{v2} = a_d + (x_1 + x_2)m_n \tag{22.24}$$

Betriebs-Eingriffswinkel $$\cos\alpha_{wt} = \frac{a_d}{a_v}\cos\alpha_t \tag{22.25}$$

a_d in mm Null-Achsabstand nach Formel 22.7 bzw. Formel 22.18,
α_t in ° Stirneingriffswinkel nach Formel 22.8.

Bei der Paarung mit dem V-Achsabstand a_v entsteht ein **zusätzliches Flankenspiel**. Falls das größere Flankenspiel nicht zugelassen werden darf, so müssen die Räder mit einem Achsabstand $a_w < a_v$ gepaart werden, bei dem kein zusätzliches Flankenspiel entsteht. In diesem Falle betragen

Betriebs-Eingriffswinkel $$\text{inv}\,\alpha_{wt} = \text{inv}\,\alpha_t + 2\frac{x_1 + x_2}{z_1 + z_2}\tan\alpha_n \tag{22.26}$$

W-Achsabstand $$a_w = a_d\frac{\cos\alpha_t}{\cos\alpha_{wt}} \tag{22.27}$$

α_{wt} in ° Betriebs-Eingriffswinkel beim Achsabstand a_w (Evolventenfunktion inv α nach Tabelle 22.2),
α_t in ° Stirneingriffswinkel nach Formel 22.8,
x_1, x_2 Profilverschiebungsfaktoren der Räder,
z_1, z_2 Zähnezahlen der Räder,
α_n in ° Normaleingriffswinkel = 20° im Regelfall,
a_d in mm Achsabstand nach Formel 22.7 bzw. Formel 22.18.

22

Bei V-Innenradpaaren darf a_v nicht ausgeführt werden.

Ist ein bestimmter Achsabstand a_w einzuhalten, so sind erforderlich

Betriebs-Eingriffswinkel $$\cos\alpha_{wt} = \frac{a_d}{a_w}\cos\alpha_t \tag{22.28}$$

Summe der Profilverschiebungsfaktoren $$x_1 + x_2 = \frac{z_1 + z_2}{2\tan\alpha_n}(\text{inv}\,\alpha_{wt} - \text{inv}\,\alpha_t) \tag{22.29}$$

Ist der Achsabstand a mit a_v oder a_w festgelegt, so betragen

Betriebs-Wälzkreisdurchmesser $$d_{w1} = \frac{2a}{u+1} \tag{22.30}$$

$$d_{w2} = 2a - d_{w1} \qquad (22.31)$$

Stirneingriffsteilung $$p_{et} = \frac{m_n}{\cos\beta} \pi \cdot \cos\alpha_{wt} \qquad (22.32)$$

Geometrische Grenzen

Für Geradverzahnung mit Bezugsprofil nach DIN 867 sind noch ausführbar

z_{min} = 17 mit x = 0 ohne Unterschnitt

= 14 mit x = 0 und geringem Unterschnitt

= 9 mit x = +0,45 bei s_{an} = 0,2m

= 8 mit x = +0,57 bei Spitzgrenze

= 7 mit x = +0,41 bei geringem Unterschnitt

Des Weiteren soll der Kopfkreisdurchmesser eines Außenrades $d_a \geq d_b + 2m_n$ sein.

Bei negativer Profilverschiebung an Hohlrädern wird die Zahnlücke spitzer. Am Fußkreis soll sie den Betrag $e_{fn} = 0{,}2m_n$ nicht unterschreiten. Außerdem muss $|d_b| \leq |d_a|$ sein. Für ein geradverzahntes Hohlrad mit Bezugsprofil nach DIN 867 ist

$|z_{min}|$ = 34 mit x = 0 bei $d_a = d_b$

= 21 mit x = −0,38 bei e_{fn} = 0,2m

= 16 mit x = −0,52 bei Spitzgrenze der Zahnlücken

Bei Schrägverzahnung sind alle aufgeführten Mindestzähnezahlen auf die Ersatzzähnezahlen z_n zu beziehen.

In Diagramm 22.1 sind die Grenzen für die Zähnezahlen und Profilverschiebungen aufgetragen. Wenn an einem Außenrad ein geringer Unterschnitt in Kauf genommen werden kann, so darf der sich aus Diagramm 22.1 ergebende Wert für $\mathbf{x_{min}}$ **bis um 0,17 vermindert** werden.

Wird bei V-Außenradpaaren auf den Achsabstand a_w gegangen, so ist bei Radpaaren mit $z_1 + z_2 < 20$ eine Kopfkürzung an beiden Rädern um den Betrag $k \cdot m_n = a_v - a_w$ erforderlich, um das ursprüngliche Kopfspiel c wieder herzustellen. Hierbei ist k der **Kopfkürzungsfaktor**. Es sind dann die Kopfkreisdurchmesser $d_k = d_a - 2k \cdot m_n$ mit d_a als ungekürztem Kopfkreisdurchmesser auszuführen.

22

Kopfkürzung am Hohlrad

$$k \cdot m_n = 0{,}5\left(d_{a2} + \sqrt{d_{w2}^2 + d_{w1}^2 \cdot \sin^2\alpha_{wt} + 2d_{w1} \cdot d_{w2} \cdot \sin^2\alpha_{wt}}\right) \qquad (22.33)$$

d_{w1}	in mm	Wälzkreisdurchmesser des Außenrades,
d_{w2}	in mm	Wälzkreisdurchmesser des Hohlrades,
d_{a2}	in mm	Kopfkreisdurchmesser des Hohlrades im ungekürzten Zustand,
α_{wt}	in °	Betriebs-Eingriffswinkel.

Sollte sich $k \cdot m_n$ als **negativ** erweisen, so ist **keine** Kopfkürzung erforderlich. Falls $k \cdot m_n$ **positiv** ist, so ist $d_{k2} = d_{a2} - 2k \cdot m_n$ auszuführen.

Bei Innenradpaaren muss stets $|z_2| - z_1 \geq 10$ sein.

Profilüberdeckung

Profilüberdeckung

Außenradpaare $$\varepsilon_\alpha = \frac{\sqrt{d_{a1}^2 - d_{b1}^2} + \sqrt{d_{a2}^2 - d_{b2}^2} - 2a \cdot \sin\alpha_{wt}}{2p_{et}} \qquad (22.34)$$

Zahnstangenradpaare $$\varepsilon_\alpha = \frac{\sqrt{d_{a1}^2 - d_{b1}^2} + \dfrac{2h_a(1-x_1)}{\sin\alpha_t} - d_1 \cdot \sin\alpha_t}{2p_{et}} \qquad (22.35)$$

Innenradpaare $$\varepsilon_\alpha = \frac{\sqrt{d_{a1}^2 - d_{b1}^2} - \sqrt{d_{a2}^2 - d_{b2}^2} - 2a \cdot \sin\alpha_{wt}}{2p_{et}} \qquad (22.36)$$

d_{a1}, d_{a2}		Kopfkreisdurchmesser der Räder, bei Kopfkürzung = d_{k1} bzw. d_{k2},
d_{b1}, d_{b2}		Grundkreisdurchmesser der Räder,
d_1		Teilkreisdurchmesser des Außenrades,
α_{wt}	in °	Betriebs-Eingriffswinkel,
α_t	in °	Stirneingriffswinkel,
a		ausgeführter Achsabstand = a_d bzw. a_v oder a_w,
h_a		Kopfhöhe der Zahnstange von der Teilgeraden bis zur Kopfgeraden = m_n im Normalfall,
x_1		Profilverschiebungsfaktor am Rad 1,
p_{et}		Stirneingriffsteilung nach Formel 22.6 bzw. Formel 22.16.

Es soll stets $\varepsilon_\alpha \geq 1{,}1$ sein.

Bei schrägverzahnten Radpaaren wird der Eingriff um den Sprung g_β verlängert (siehe Bild 22.4). Es kommt deshalb die

Sprungüberdeckung $$\varepsilon_\beta = \frac{g_\beta}{p_t} = \frac{b \cdot \tan\beta}{p_t} = \frac{b \cdot \sin\beta}{m_n \cdot \pi} \qquad (22.37)$$

hinzu, wobei b die Zahnbreite darstellt. Meistens wird $\varepsilon_\beta \approx 1$ ausgeführt.

Gesamtüberdeckung $$\varepsilon_\gamma = \varepsilon_\alpha + \varepsilon_\beta \qquad (22.38)$$

Geradverzahnte Kegelräder

22

Der Winkel, den die Achsen eines Kegelradpaares einschließen, ist der **Achsenwinkel Σ** (Bild 22.6). Dieser und die Übersetzung i sind im Allgemeinen vorgegeben. Damit ist auch das Zähnezahlverhältnis u bekannt.

Teilkegelwinkel $$\tan\delta_1 = \frac{\sin\Sigma}{\cos\Sigma + u} \qquad (22.39)$$ $$\delta_2 = \Sigma - \delta_1 \qquad (22.40)$$

Bei Σ = 90° wird $$\tan\delta_1 = 1/u \qquad (22.41)$$

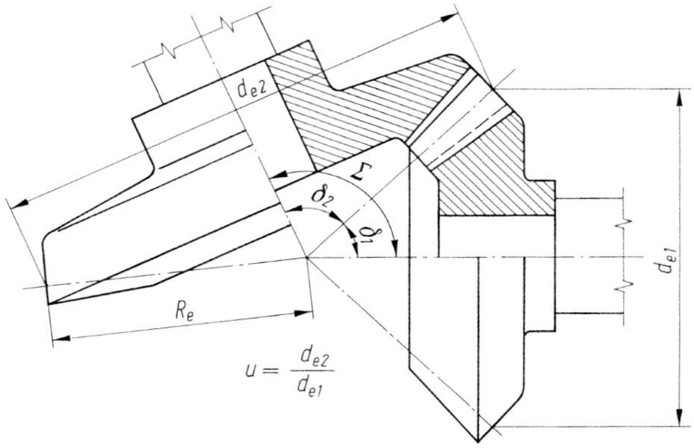

Bild 22.6 Kegelradpaar

Ein Rad mit dem Teilkegelwinkel δ = 90° besitzt eine Planverzahnung mit geraden Flanken, das als **Bezugs-Planrad** dient. Es soll die **Zahnbreite** $b \leq 10m_e \leq R_e/3$ sein.

Teilkreisdurchmesser $d = z \cdot m$ (22.42)

Kopfkreisdurchmesser $d_a = d + 2h_a \cdot \cos\delta$ (22.43)

Fußkreisdurchmesser $d_f = d - 2h_f \cdot \cos\delta$ (22.44)

Teilung $p = m \cdot \pi$ (22.45)

Teilkegellänge $R = \dfrac{d}{2\sin\delta}$ (22.46)

Mittlerer Modul $m_m = m_e(1 - 0{,}5b / R_e)$ (22.47)

Innerer Modul $m_i = m_e(1 - b / R_e)$ (22.48)

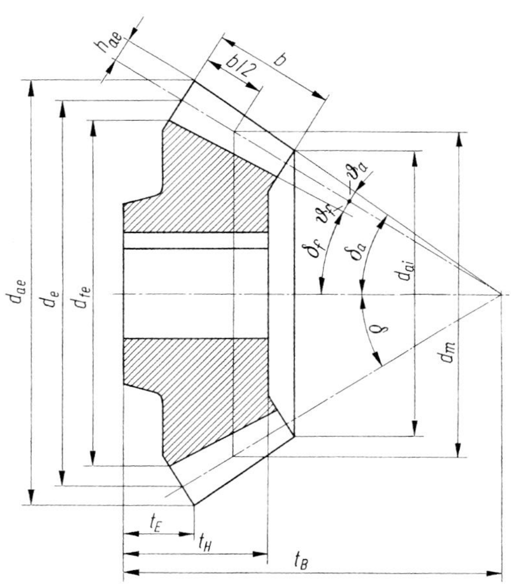

Bild 22.7
Abmessungen eines geradverzahnten Kegelrades
t_B Einbaumaß, t_H Hilfsebenenabstand,
t_E Kopfkreisabstand

Kopfwinkel $\tan\vartheta_a = \frac{h_a}{R}$ (22.49)

Fußwinkel $\tan\vartheta_f = \frac{h_f}{R}$ (22.50)

Kopfkegelwinkel $\delta_a = \delta + \vartheta_a$ (22.51)

Fußkegelwinkel $\delta_f = \delta - \vartheta_f$ (22.52)

Virtuelle Zähnezahl $z_v = \frac{z}{\cos\delta}$ (22.53)

Zähnezahl des Planrads $z_P = \frac{z}{\sin\delta}$ (22.54)

Planrad-Radius $R_P = \frac{d_e}{2\sin\delta}$ (22.55)

d	in mm	Teilkreisdurchmesser = d_e, d_m oder d_i,
z		Zähnezahl des Rades,
m	in mm	Modul = m_e, m_m oder m_i,
d_a	in mm	Kopfkreisdurchmesser = d_{ae}, d_{am} oder d_{ai},
d_f	in mm	Fußkreisdurchmesser = d_{fe}, d_{fm} oder d_{fi},
h_a	in mm	Kopfhöhe = m_e, m_m oder m_i im Normalfall,
h_f	in mm	Fußhöhe = $h_a + c$ mit $c = 0{,}25m$ im Normalfall,
R	in mm	Teilkegellänge = R_e, R_m oder R_i,
b	in mm	Zahnbreite.

Es soll die Zahnbreite $b \leq 10m_e \leq R_e/3$ sein.

Für ein Radpaar beträgt das

virtuelle Zähnezahlverhältnis $u_v = \frac{z_{v2}}{z_{v1}}$ (22.56)

Für die Ermittlung der **geometrischen Grenzen** und der **Profilüberdeckung** sind die virtuellen Zähnezahlen z_v maßgebend, d. h., man denkt sich die Kegelräder durch Stirnräder mit den virtuellen Zähnezahlen ersetzt.

22

Schräg- und bogenverzahnte Kegelräder

Ersatzzähnezahl $z_{vn} \approx \frac{z_v}{\cos^3\beta} = \frac{z}{\cos\delta \cdot \cos^3\beta}$ (22.57)

Hierin sind z_v die virtuelle Zähnezahl nach Formel 22.53 und δ der Teilkegelwinkel.

Als Schrägungs- oder Spiralwinkel β wird meistens mit dem mittleren β_m gerechnet, der eine mittlere Ersatzzähnezahl liefert.

Die **Teilkegelwinkel $\boldsymbol{\delta}$** sind mit Formel 22.39 bis Formel 22.41 zu errechnen.

Mittleres Stirnmodul $m_{tm} = \frac{m_{nm}}{\cos\beta_m}$ (22.58)

Mittlere Stirnteilung $p_{\mathrm{tm}} = \frac{m_{\mathrm{nm}}}{\cos\beta_{\mathrm{m}}}\pi$ (22.59)

Mittlerer Teilkreisdurchmesser $d_{\mathrm{m}} = \frac{z \cdot m_{\mathrm{nm}}}{\cos\beta_{\mathrm{m}}}$ (22.60)

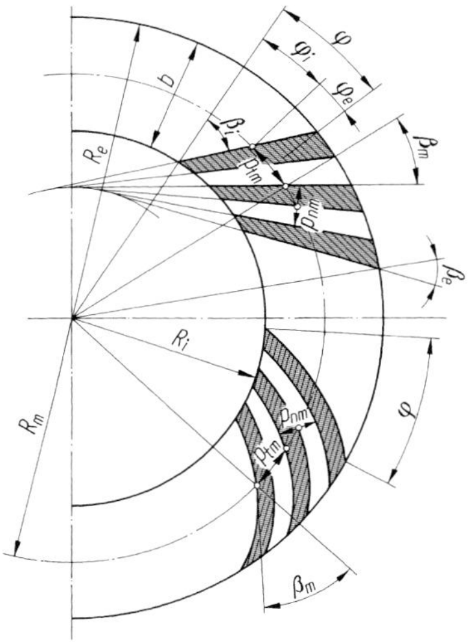

Bild 22.8
Abgewickelter Mantel von schräg- und bogenverzahnten Kegelrädern (rechtssteigend gezeichnet)

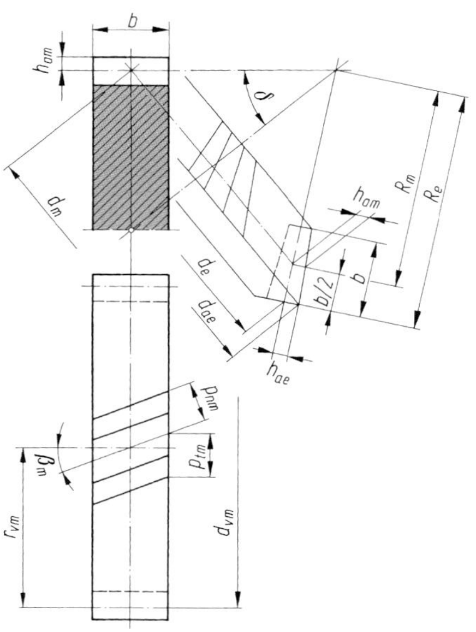

Bild 22.9
Zurückführen eines Schrägzahn-Kegelrades auf ein Schrägzahn-Stirnrad

Mittlerer Kopfkreisdurchmesser $d_{\mathrm{am}} = d_{\mathrm{m}} + 2h_{\mathrm{am}} \cdot \cos\delta$ (22.61)

Mittlerer Fußkreisdurchmesser $d_{\mathrm{fm}} = d_{\mathrm{m}} - 2h_{\mathrm{fm}} \cdot \cos\delta$ (22.62)

Mittlere Teilkegellänge $R_{\mathrm{m}} = \frac{d_{\mathrm{m}}}{2\sin\delta}$ (22.63)

Äußere Teilkegellänge $R_e = R_m + 0{,}5b$ (22.64)

Innere Teilkegellänge $R_i = R_m - 0{,}5b$ (22.65)

Äußerer Teilkreisdurchmesser $d_e = d_m \cdot R_e / R_m$ (22.66)

Äußerer Stirnmodul $m_{te} = d_e / z$ (22.67)

Innerer Teilkreisdurchmesser $d_i = d_m \cdot R_i / R_m$ (22.68)

Äußerer Kopfkreisdurchmesser $d_{ae} = d_{am} \cdot R_e / R_m$ (22.69)

Äußerer Fußkreisdurchmesser $d_{fe} = d_{fm} \cdot R_e / R_m$ (22.70)

m_{nm}	in mm	mittlerer Normalmodul, in der Regel nach Tabelle 22.1,
β_m	in °	mittlerer Schrägungs- bzw. Spiralwinkel,
h_{am}	in mm	mittlere Kopfhöhe = m_{nm} im Normalfall,
h_{fm}	in mm	mittlere Fußhöhe = $h_{am} + c_m = 1{,}25m_{nm}$ im Normalfall,
δ	in °	Teilkegelwinkel des betreffenden Rades,
b	in mm	Zahnbreite.

Alle anderen Abmessungen sind sinngemäß wie bei Geradzahn-Kegelrädern mit Formel 22.49 bis Formel 22.56 zu errechnen. Mitunter wird auch der äußere Normalmodul m_{ne} in den genormten Beträgen aus Tabelle 22.1 ausgeführt. Dann ist der Index m entsprechend durch e zu ersetzen.

Ist bei einer Schrägverzahnung der mittlere Schrägungswinkel β_m festgelegt, so sind der

äußere Sprungwinkel $$\cos\varphi_e = \frac{R_m(f_m - 1) + \sqrt{f_m\left(R_e^2 - R_m^2\right) + R_m^2}}{f_m \cdot R_e} \quad (22.71)$$

und der

äußere Schrägungswinkel $\beta_e = \beta_m - \varphi_e$ (22.72)

f_m Hilfsfaktor = $1 + \tan^2\beta_m$,
R_e äußere Teilkegellänge nach Formel 22.64,
R_m mittlere Teilkegellänge nach Formel 22.63.

Ist dagegen der äußere Schrägungswinkel β_e vorgegeben, so sind der

äußere Sprungwinkel $$\cos\varphi_e = \frac{R_e(f_e - 1) + \sqrt{f_e\left(R_m^2 - R_e^2\right) + R_e^2}}{f_e \cdot R_m} \quad (22.73)$$

und der

mittlere Schrägungswinkel $\beta_m = \varphi_e + \beta_e$ (22.74)

f_e Hilfsfaktor = $1 + \tan^2\beta_e$,
R_e, R_m siehe Legende zu Formel 22.72.

Die **Profilüberdeckungen** ε_α, ε_β und ε_γ werden auf die mittleren Schrägzahn-Stirnräder der Zähnezahlen z_{v1} und z_{v2} bezogen.

Für die **geometrischen Grenzen** sind die Ersatzzähnezahlen z_{vn} maßgebend, und zwar an der Teilkegellänge R mit dem kleinsten Schrägungs- bzw. Spiralwinkel β.

Die **übliche Zahnbreite** ist $b \le 10m_{nm} \le R_e/3{,}5$.

22

23 Gestaltung und Tragfähigkeit der Stirn- und Kegelräder

Zahnkräfte an Stirnrädern

Leistungsspitze $P_b = P_{Nb} \cdot K_A$ (23.1)

P_{Nb} in W vom getriebenen Rad aufgezwungene Nennleistung,
K_A Anwendungsfaktor (Anhaltswerte siehe Tabelle 23.1).

Auf das **treibende Rad 1** eines schrägverzahnten Stirnradpaares wirken folgende Kräfte:

Tangentialkraft $F_{t1} = \frac{P_b}{v_w} = F_{Nt} \cdot K_A$ (23.2)

Radialkraft $F_{r1} = F_{t1} \cdot \tan\alpha_{wt}$ (23.3)

Axialkraft $F_{a1} = F_{t1} \cdot \tan\beta_w$ (23.4)

P_b in W Leistungsspitze nach Formel 23.1,
v_w in m/s Umfangsgeschwindigkeit der Wälzkreise nach Formel 21.3),
F_{Nt} in N Nennumfangskraft am Wälzkreis,
K_A Anwendungsfaktor nach Tabelle 23.1,
α_{wt} in ° Betriebs-Eingriffswinkel nach Formel 22.25 bzw. Formel 22.28, bei Null-Schrägverzahnung = α_t nach Formel 22.8, bei Null-Geradverzahnung = α,
β_w in ° Schrägungswinkel am Wälzkreis, der ≈ β gesetzt werden kann.

Auf das **getriebene Rad 2** wirken die *Tangentialkraft* $F_{t2} = F_{t1}$, die *Radialkraft* $F_{r2} = F_{r1}$ und die *Axialkraft* $F_{a2} = F_{a1}$, und zwar jeweils entgegengesetzt zu den Kräften am Rad 1. Die Richtung der Kräfte ist je nach Steigungssinn der Zähne in Bild 23.1 zusammengestellt. Bei umgekehrter Drehrichtung kehren sich bis auf F_{r1} und F_{r2} alle Kräfte um. Bei geradverzahnten Stirnrädern mit $\beta = 0°$ verschwinden die Axialkräfte F_{a1} und F_{a2}.

Das **Drehmoment** eines Rades ist jeweils $M = F_t \cdot r_w$, wenn die Reibkräfte an den Flanken vernachlässigt werden. Das gilt auch für Kegelräder.

23

Zahnkräfte an Kegelrädern

Folgende Kräfte wirken an den Flanken eines geradverzahnten Kegelradpaares

auf das **treibende Rad 1:**

Tangentialkraft $$F_{t1} = \frac{P_b}{v_m} \quad (23.5)$$

Axialkraft $$F_{a1} = F_{t1} \cdot \tan\alpha \cdot \sin\delta_1 \quad (23.6)$$

Radialkraft $$F_{r1} = F_{t1} \cdot \tan\alpha \cdot \cos\delta_1 \quad (23.7)$$

auf das **getriebene Rad 2:**

$$F_{t2} = F_{t1} \quad (23.8)$$

$$F_{a2} = F_{t2} \cdot \tan\alpha \cdot \sin\delta_2 \quad (23.9)$$

$$F_{r2} = F_{t2} \cdot \tan\alpha \cdot \cos\delta_2 \quad (23.10)$$

P_b	in W	Leistungsspitze nach Formel 23.1,
v_m	in m/s	Umfangsgeschwindigkeit der mittleren Teilkreise $= d_m \cdot \pi \cdot n$,
α	in °	Eingriffswinkel = 20° im Regelfall,
δ_1, δ_2	in °	Teilkegelwinkel der Räder nach Formel 22.39 bis Formel 22.41.

Auf das **treibende Rad 1** eines schrägverzahnten Kegelradpaares wirken folgende Kräfte:

Tangentialkraft $$F_{t1} = \frac{P_b}{v_m} \quad (23.11)$$

Axialkraft $$F_{a1} = F_{t1}\left(\tan\alpha_n \frac{\sin\delta_1}{\cos\beta_m} \pm \tan\beta_m \cdot \cos\delta_1\right) \quad (23.12)$$

Radialkraft $$F_{r1} = F_{t1}\left(\tan\alpha_n \frac{\cos\delta_1}{\cos\beta_m} \mp \tan\beta_m \cdot \sin\delta_1\right) \quad (23.13)$$

Auf das **getriebene Rad 2** wirken folgende Kräfte:

Tangentialkraft $$F_{t2} = F_{t1} \quad (23.14)$$

Axialkraft $$F_{a2} = F_{t2}\left(\tan\alpha_n \frac{\sin\delta_2}{\cos\beta_m} \mp \tan\beta_m \cdot \cos\delta_2\right) \quad (23.15)$$

Radialkraft $$F_{r2} = F_{t2}\left(\tan\alpha_n \frac{\cos\delta_2}{\cos\beta_m} \pm \tan\beta_m \cdot \sin\delta_2\right) \quad (23.16)$$

P_b	in W	Leistungsspitze nach Formel 23.1,
v_m	in m/s	Umfangsgeschwindigkeit der mittleren Teilkreise $= d_m \cdot \pi \cdot n$,
α_n	in °	Normaleingriffswinkel = 20° im Regelfall,
δ_1, δ_2	in °	Teilkegelwinkel der Räder nach Formel 23.40 bis Formel 23.42,
β_m	in °	mittlerer Schrägungswinkel der Verzahnung.

Die vorangegangenen Gleichungen gelten nur für die in Bild 23.1 angegebenen Drehrichtungen. Die oberen Plus- oder Minuszeichen gelten für das linkssteigende Rad 1 (Bild 23.1a) und die unteren für das rechtssteigende Rad (Bild 23.1b). Bei Drehrichtungsänderung kehren sich die Zahnkräfte F_{N1} und F_{N2} sowie F_{n1} und F_{n2} um und wirken spiegelbildlich. Die angreifenden Kräfte sind dann sinngemäß zu errechnen.

23

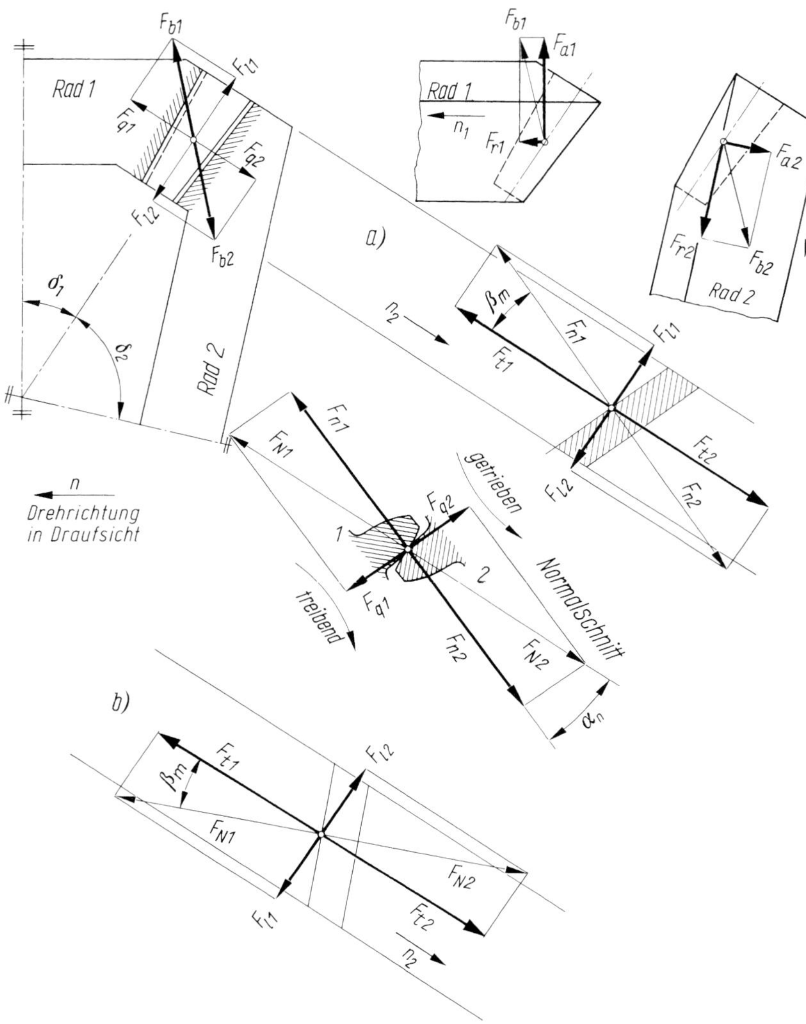

Bild 23.1 Kräfte am schrägverzahnten Kegelradpaar
a) Rad 1 linkssteigend, Rad 2 rechtssteigend, b) Rad 1 rechtssteigend, Rad 2 linkssteigend

23

Auch für bogenverzahnte Kegelräder können die vorangegangenen Gleichungen benutzt werden. In diesem Falle ist β_m der mittlere Spiralwinkel.

Wirkungsgrad und Gesamtübersetzung

Das Verhältnis der *Abtriebsleistung* P_b zur *Antriebsleistung* P_a ist der

Wirkungsgrad $\eta = P_b / P_a \leq 1$

Während des Zahneingriffs schwankt der Wirkungsgrad. Deshalb wird mit einem Mittelwert gerechnet. Erfahrungsgemäß beträgt er einschließlich Lagerreibung für ein Radpaar

bei rohen, gegossenen Zähnen		$\eta \approx 0{,}9\ldots0{,}92$
bei geschlichteten und geschmierten Flanken		$\approx 0{,}94$
bei fein bearbeiteten Flanken unter Flüssigkeitsreibung		$\approx 0{,}96$
bei Paarung Stahlrad/Kunststoffrad	trocken	$\approx 0{,}83$
	geschmiert	$\approx 0{,}88$
bei Paarung Kunststoffrad/Kunststoffrad	trocken	$\approx 0{,}8$
	geschmiert	$\approx 0{,}85$

Bei mehrstufigen Getrieben:

Gesamtwirkungsgrad $\eta_{ges} = \eta_I \cdot \eta_{II} \cdot \eta_{III} \cdots$ (23.17)

Damit ist eine

Antriebsleistung $P_a = P_b / \eta_{ges}$ (23.18)

erforderlich, wenn P_b die Antriebsleistung des Getriebes bedeutet.

Die Gesamtübersetzung eines mehrstufigen Getriebezuges ist gleich dem Produkt der Einzelübersetzungen:

Gesamtübersetzung $i_{ges} = i_I \cdot i_{II} \cdot i_{III} \cdots$ (23.19)

mit $i_I = n_1/n_2$ und $i_{II} = n_3/n_4$ und $i_{III} = n_5/n_6$, wobei $n_3 = n_2$ und $n_5 = n_4$ sind.

Bei **Übersetzungen ins Langsame** ist auch die

Gesamtübersetzung $|i_{ges}| = u_I \cdot u_{II} \cdot u_{III} \cdots$ (23.20)

mit u als Zähnezahlverhältnisse nach Formel 21.2.

Die Gesamtübersetzung i_{ges} kann bei Übersetzungen ins Langsame wie folgt aufgeteilt werden:

$\lvert i_{ges}\rvert \approx$	10	20	30	40	50	70	100	200
$u_I \approx$	3,5	4,8	6,5	4,1	4,5	5,5	6,9	9,5
$u_{II} \approx$	2,9	4,2	4,6	3,3	3,5	3,9	4,5	5,5
$u_{III} \approx$	–	–	–	2,9	3,2	3,2	3,2	3,8

Es sind möglichst keine ganzzahligen Einzelübersetzungen zu wählen, damit nicht periodisch die gleichen Zahnpaare zum Eingriff kommen.

Es haben sich etwa folgende Einzelübersetzungen bewährt:

in Getrieben des allgemeinen Maschinenbaus	$\lvert i\rvert = 3\ldots7$
in Hebemaschinen	$\lvert i\rvert = 7\ldots10$
in Umformern (Turbinengetrieben, Getrieben in Turbolokomotiven und Dieselmotorenantrieben und dergleichen)	$\lvert i\rvert = 15\ldots30$

Sind die Antriebsleistung P_a oder das Abtriebsdrehmoment (Lastdrehmoment) M_b bekannt, so beträgt das

Antriebsdrehmoment $T_a = \dfrac{P_a}{\omega_a} = \dfrac{T_b}{|i_{ges}| \cdot \eta_{ges}}$ (23.21)

mit ω_a als Winkelgeschwindigkeit des Antriebsrades.

23

Gestaltung der Räder aus Stahl und aus Gusseisen

Für Umfangsgeschwindigkeiten bis $v = 1$ m/s, in Sonderfällen bis 2 m/s, eignen sich Grauguss- und Stahlgussräder mit unbearbeitet bleibenden Zähnen.

Die **Ritzel** werden meistens aus einem festeren Werkstoff vorgesehen als ihre Gegenräder, und zwar ist eine um ≈ 50 N/mm² höhere Schwellfestigkeit üblich. Wegen der Kerbwirkungen durch eine Passfedernut soll der Abstand vom Kopfkreis bis zum Nutgrund mindestens $4 \cdot m$ betragen (m = Modul).

Große Räder werden fast stets gegossen. Zahnkranz und Nabe mit Armen verbunden (Bild 23.2). Erfahrungsgemäß werden $Z = 4 \dots 8$ Arme vorgesehen, und zwar

$$\text{Armzahl} \quad Z \approx \sqrt{f \cdot d} \tag{23.22}$$

f		= 0,021 mm^{-1} bei ungeteilten Rädern,
		= 0,0156 mm^{-1} bei geteilten Rädern,
d	in mm	Teilkreisdurchmesser des Rades.

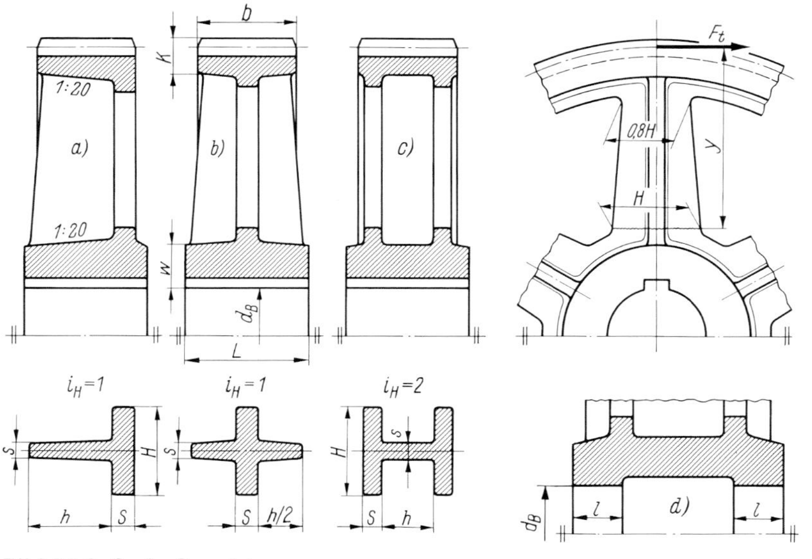

Bild 23.2 Große Gussräder

Übliche Abmessungen gemäß Bild 23.2 sind dann

Höhe der Hauptrippen	$H \approx 8 \dots 10m$	*Kranzdicke*	$K \approx 4m$
Höhe der Nebenrippen	$h \approx 6 \dots 8m$	*Teilnabenlänge*	$l \approx 0{,}5d_B$
Dicke der Hauptrippen	$S \approx 1{,}5 \dots 2m$	*Nabenlänge*	$L \approx b + 0{,}025\,d \geq 1{,}2\,d_B$
Dicke der Nebenrippen	$s \approx 0{,}7S$	*Nabenwanddicke*	$w \approx 0{,}4\,d_B + 10$ mm bei Grauguss
			$\approx 0{,}3\,d_B + 10$ mm bei Stahlguss

Hierin sind m der Modul und d_B der Bohrungsdurchmesser.

Im gefährdeten Armquerschnitt beträgt die

$$\textit{Biegespannung} \quad \sigma_b = \frac{4F_t \cdot y}{Z \cdot W_b} \tag{23.23}$$

σ_b in N/mm² Biegespannung im Armquerschnitt,
F_t in N Umfangskraft am Teilkreis entsprechend Formel 23.2,
y in mm Abstand der Umfangskraft vom gefährdeten Armquerschnitt,
Z Anzahl der Arme nach Formel 23.22,
W_b in mm³ Widerstandsmoment des Armquerschnitts $\approx i_H \cdot S \cdot H^2/6$, wenn i_H die Anzahl der Hauptrippen in einem Armquerschnitt ist.

Zulässige Biegespannung $\sigma_{b\,zul} \approx 0{,}6R_e$ (R_e = Streckgrenze des Radwerkstoffs, siehe Tabelle 1.5).

Für **geschweißte Zahnräder** sind folgende Abmessungen üblich:

Scheibendicke	$S \approx 0{,}8\ldots1m$	*Nabenlänge*	$L \approx d_B$
Rippendicke	$s \approx 0{,}7S$	*Nabenwanddicke*	$w \approx 0{,}2\, d_B + 8$ mm
		Kranzdicke	$K \approx 3\ldots3{,}5m$

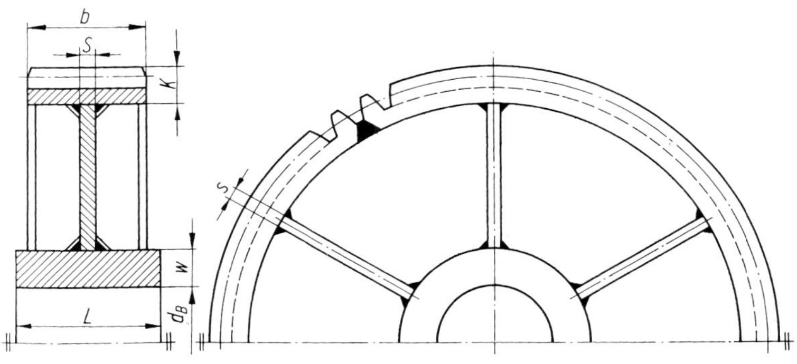

Bild 23.3 Geschweißtes Stirnrad

Bei **großen Räder in Hochleistungsgetrieben** mit auf gusseiserne Felgen (Bild 23.4) geschrumpften Stahlringen werden erfahrungsgemäß ausgeführt:

- *Zahnkranzdicke:* $K \approx 0{,}8\ldots1{,}4\,(d/80 + 10\text{ mm}) + 2{,}5m$
- *Felgenkranzdicke:* $k \approx 0{,}8\ldots1{,}4\,(d/80 + 18\text{ mm})$

mit d als Teilkreisdurchmesser. Kleine Werte bei schmalen ($b \leq 15m$) und große bei breiten Rädern.

Zu Richtwerten für die **Zahnbreite *b*** siehe Tabelle 23.2. **Schrägverzahnung** ist ab einer Umfangsgeschwindigkeit v_w = 12 m/s üblich. Sehr große Räder (etwa ab d = 2 m) werden geteilt ausgeführt.

23

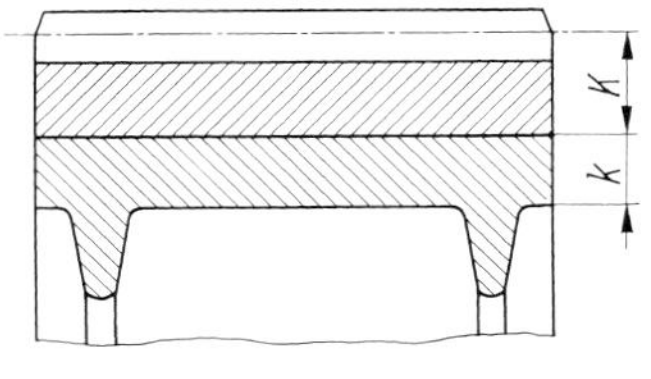

Bild 23.4
Aufgepresster Zahnkranz eines Stirnrades

Gestaltung der Räder aus Kunststoffen

Zahnräder aus Thermoplasten werden nach Bild 23.5 erfahrungsgemäß ausgeführt:

Vollräder	bei	$d < 3d_B$
Scheibenräder	bei	$d \geq 3d_B$
Zahnkranzdicke		$K \approx 4{,}2\ldots4{,}7m$
Nabenwanddicke		$w \approx 0{,}3\ldots0{,}4d_B$
Stegdicke		$S \approx 3m \leq w$
Nabenlänge		$L \geq d_B$

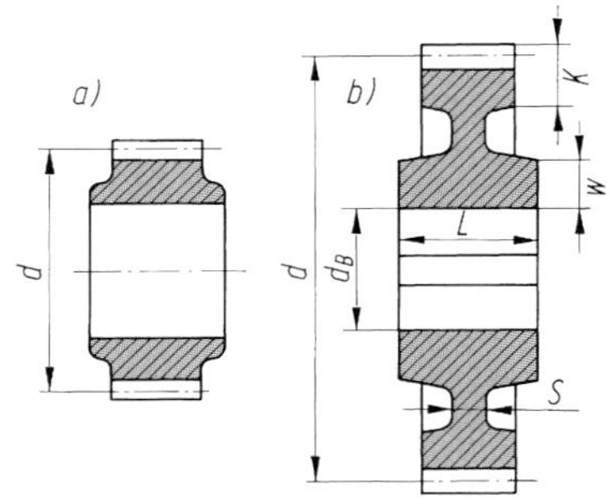

Bild 23.5
Zahnräder aus Thermoplasten
a) Vollrad, b) Scheibenrad

Schmierung, Schmierstoffe

Bei Umfangsgeschwindigkeiten **bis v = 1 m/s** genügt das **Auftragen oder Aufsprühen von Haftschmierstoffen**.

Bis v = 4 m/s ist eine **Fett-Tauchschmierung** mit weichem Getriebefett üblich, in das ein Zahnrad eintaucht, oder das Aufsprühen von Haftschmierstoff.

Bis v = 15 m/s ist die **Öl-Tauchschmierung** vorherrschend. Die Eintauchtiefe der Zahnräder soll nicht größer als $6m$ und nicht kleiner als $1m$ sein (m = Modul).

Über v = 15 m/s ist eine **Öl-Spritzschmierung** erforderlich.

Für die Bestimmung der erforderlichen Ölviskosität wird zunächst die

23

stribecksche Wälzpressung $$k_S \approx \frac{3F_t}{b \cdot d_1} \cdot \frac{u+1}{u} \qquad (23.24)$$

berechnet.

k_S	in N/mm²	Stribecksche Wälzpressung,
F_t	in N	Umfangskraft am Teilkreis bei Stirnrädern bzw. am mittleren Teilkreis bei Kegelrädern entsprechend Formel 23.2 und Formel 23.5,
b	in mm	Zahnbreite,
d_1	in mm	Durchmesser des Teilkreises, bei Kegelrädern des mittleren Teilkreises des Ritzels,
u		Zähnezahlverhältnis nach Formel 21.2, bei Kegelrädern u_v nach Formel 22.56.

Mit dieser wird der **Schmierkennwert k_S/v** in N/mm² · s/m gebildet, wobei v in m/s die Umfangsgeschwindigkeit der Teilkreise und bei Kegelrädern der mittleren Teilkreise ist. In Abhängigkeit von k_S/v kann aus Tabelle 23.8 die erforderliche Viskosität ν bzw. η bei 40 °C des Schmieröls abgelesen werden.

Die Tabellenwerte für v sind zu **erhöhen**

1. für je 10 K, mit denen die Umgebungstemperatur ständig über 25 °C liegt, um etwa 10 %.
2. wenn die Zahnpaarungen aus ähnlich zusammengesetzten Stählen oder aus CrNi-Stahl bestehen (ausgenommen oberflächengehärtete oder nitrierte Zahnflanken), um etwa 35 %.
3. bei fressempfindlichen Zahnpaarungen, wenn keine Schmierstoffe mit verschleißverringernden Wirkstoffen eingesetzt werden können, um etwa 35 %. Fressempfindlich sind gehärtete Zahnflanken.

Die Tabellenwerte für v sind zu **senken**

1. für je 3 K, mit denen die Umgebungstemperatur ständig unter 10 °C liegt, um etwa 10 %.
2. wenn die Zahnflanken phosphatiert, sulfuriert oder verkupfert sind, um etwa 25 %.

In Betracht kommende Viskositätsklassen (siehe Diagramm 16.1), von denen die nächstliegende zu wählen ist.

Schmieröle mit verschleißverringernden Wirkstoffen sind bei gehärteten Zahnflanken zweckmäßig, wenn $k_S > 7{,}5\ \text{N/mm}^2$ ist, besonders für Verzahnungen mit stark einseitiger Profilverschiebung, oder wenn $v_g/v > 0{,}3$ ist (v_g = größte Gleitgeschwindigkeit der Flanken nach Formel 23.27).

Zur Ermittlung der größten Gleitgeschwindigkeit sind bei Außenradpaaren für das Rad 1 die

Kopfeingriffsstrecke $$g_a = 0{,}5\left(\sqrt{d_{a1}^2 - d_{b1}^2} - d_{b1} \cdot \tan\alpha_{wt}\right) \qquad (23.25)$$

Fußeingriffsstrecke $$g_f = 0{,}5\left(\sqrt{d_{a2}^2 - d_{b2}^2} - d_{b2} \cdot \tan\alpha_{wt}\right) \qquad (23.26)$$

zu errechnen.

d_{a1}, d_{a2}	in mm	Kopfkreisdurchmesser der Räder,
d_{b1}, d_{b2}	in mm	Grundkreisdurchmesser der Räder,
α_{wt}	in °	Betriebs-Stirneingriffswinkel.

Bei Kegelrädern sind die Durchmesser d_{vma} und d_{vmb} der mittleren virtuellen Stirnräder einzusetzen. Bei Innenradpaaren und Zahnstangenradpaaren ist entsprechend zu verfahren.

Mit den Eingriffsstrecken ergibt sich die

größte Gleitgeschwindigkeit $$v_g = \omega_1 \cdot g_i (1 + 1/u) \qquad (23.27)$$

ω_1	in rad/s	Winkelgeschwindigkeit des Rades 1,
g_i	in m	maßgebende Eingriffsstrecke als größere von g_f und g_a,
u		Zähnezahlverhältnis nach Formel 21.2, bei Kegelrädern u_v nach Formel 22.56.

Bei **Öltauchschmierung** ist je kW Reibleistung eine Ölmenge von 3…6 l im Getriebekasten erforderlich und bei **Ölspritzschmierung** je kW Reibleistung eine Ölmenge von 3…5 l/min. Die Reibleistung beträgt $P_f = P_{Na} - P_{Nb} = P_{Na} \cdot (1 - \eta)$ mit P_{Na} als Antriebs-, P_{Nb} als Abtriebsnennleistung und η als Wirkungsgrad.

23

Allgemeine Einflussfaktoren für die Tragfähigkeit

$$\text{Dynamikfaktor } K_v = 1 + \left(\frac{K_1}{K_A \cdot \frac{F_{Nt}}{b}} + K_2 \right) \cdot \frac{z_1 \cdot v}{100} \cdot \sqrt{\frac{u^2}{1+u^2}}, \text{ für } \varepsilon_\beta = 0 \text{ und } \varepsilon_\beta \geq 1 \tag{23.29}$$

$$K_v = K_{v\alpha} - \varepsilon_\beta \cdot \left(K_{v\alpha} - K_{v\beta} \right), \text{ für } 0 < \varepsilon_\beta < 1$$

K_A		Anwendungsfaktor (nach DIN 3990) nach Tabelle 23.1,
K_1		Faktor nach Tabelle 23.9,
K_2		Faktor nach Tabelle 23.9,
z_1		Zähnezahl des Ritzels,
v	in m/s	Umfangsgeschwindigkeit der Teilkreise = $d_1 \cdot \pi \cdot n_1 = d_2 \cdot \pi \cdot n_2$,
u		Zähnezahlverhältnis nach Formel 21.2.
b	in mm	Zahnbreite,
$K_{v\alpha}$		Dynamikfaktor für $\varepsilon_\beta = 0$,
$K_{v\beta}$		Dynamikfaktor für $\varepsilon_\beta = 1$,
ε_β		Sprungüberdeckung nach Formel 22.37,
F_{Nt}	in N	Nennumfangkraft am Teilkreis.

Breitenfaktor (Flanke)

$$K_{H\beta} = \sqrt{\frac{2F_{\beta y} \cdot c_Y}{(F_m / b)}}, \text{ für } \frac{F_{\beta y} \cdot c_Y}{2F_m / b} \geq 1 \tag{23.30}$$

$$K_{H\beta} = 1 + \frac{F_{\beta y} \cdot c_Y}{2 \cdot (F_m / b)}, \text{ für } \frac{F_{\beta y} \cdot c_Y}{2F_m / b} < 1$$

F_m	in N	mittlere Umfangskraft am Teilkreis für den berechneten Eingriff $F_m = F_{Nt} \cdot K_A \cdot K_v$,
$F_{\beta y}$	in µm	wirksame Flankenlinienabweichung (nach dem Einlauf, siehe folgende Gleichung),
b	in mm	im Eingriff befindliche Zahnbreite,
c_Y	in N/(mm · µm)	Eingriffsfedersteifigkeit $c_Y \approx 20$ N/(mm · µm) für Werkstoffpaarung Stahl/Stahl, $c_Y \approx 17$ N/(mm · µm) für Werkstoffpaarung Gusseisen mit Kugelgraphit/Gusseisen mit Kugelgraphit, $c_Y \approx 12$ N/(mm · µm) für Werkstoffpaarung Gusseisen mit Lamellengraphit/Gusseisen mit Lamellengraphit. Bei unterschiedlichen Werkstoffen ist der Mittelwert anzunehmen.

Wirksame Flankenlinienabweichung

(nach dem Einlauf) $$F_{\beta y} = F_{\beta x} - y_\beta \tag{23.31}$$

(vor dem Einlauf) $$F_{\beta x} = 1{,}33 \cdot f_{sh} + f_{ma};\ F_{\beta x} \geq F_{\beta x}\,\text{min}$$

$F_{\beta x}$	in µm	wirksame Flankenlinienabweichung vor dem Einlauf,
y_β	in µm	Einlaufbetrag (Flankenlinienabweichung, siehe Tabelle 23.12),
f_{sh}	in µm	Flankenlinienabweichung infolge der Ritzel- und Wellenverformung (siehe folgende Gleichungen),
f_{ma}	in µm	Flankenlinienabweichung infolge von Herstellungsabweichungen $f_{ma} = 0{,}5 \cdot f_{H\beta}$ für Radpaare mit Anpassungsmaßnahmen, wie z. B. einstellbare Lager oder Einläppen, $f_{ma} = 1{,}0 \cdot f_{H\beta}$ für Radpaare ohne Anpassungsmaßnahmen,
$f_{H\beta}$	in µm	Flankenlinienabweichung (siehe Tabelle 23.10).

23

Flankenlinienabweichung infolge Ritzel- und Wellenverformung

$$f_{sh} = \frac{F_m}{b} \cdot 0{,}023 \left[\left| 0{,}7 + K' \frac{l \cdot s}{d_1^2} \cdot \left(\frac{d_1}{d_{sh}} \right)^4 \right| + 0{,}3 \right] \cdot \left(\frac{b}{d_1} \right)^2 \tag{23.32}$$

F_M	in N	mittlere Umfangskraft am Teilkreis für den berechneten Eingriff $F_m = F_{Nt} \cdot K_A \cdot K_v$,
b	in mm	im Eingriff befindliche Zahnbreite,
d_1	in mm	Teilkreisdurchmesser des Ritzels,
d_{sh}	in mm	Wellendurchmesser an der Stelle des Ritzels,
l	in mm	Abstand der Lager, Lagerstützweite,
s	in mm	Lage des Ritzels zu den Lagern (siehe Tabelle 23.11),
K'		Faktor zur Berücksichtigung der Ritzellage (siehe Tabelle 23.11).

Breitenfaktor für die Zahnfußtragfähigkeit

$$K_{F\beta} = K_{H\beta}^{N_F}, \quad N_F = \frac{(b/h)^2}{1 + b/h + (b/h)^2} = \frac{1}{1 + h/b + (h/b)^2} \tag{23.33}$$

h	in mm	Zahnhöhe: $h = h_a + h_f$ $h = 2 \cdot m + c$ $h \approx 2{,}25 \cdot m$ (siehe auch Abschnitt 22.4 und Abschnitt 22.5) Für b/h ist der kleinere der Werte b_1/h_1 bzw. b_2/h_2 einzusetzen. Bei einem Verhältnis von $b/h < 3$ ist $b/h = 3$ zu setzen. Beachte: Bei Kegelrädern b_{eH} verwenden!

Stirnfaktor bei $\varepsilon_Y \leq 2$: $$K_{F\alpha} = K_{H\alpha} = \frac{\varepsilon_Y}{2}\left(0{,}9 + 0{,}4\,\frac{c_Y\left(f_{pe} - y_\alpha\right)}{F_{tH}/b}\right)$$

Stirnfaktor bei $\varepsilon_Y > 2$: $$K_{F\alpha} = K_{H\alpha} = 0{,}9 + 0{,}4\sqrt{\frac{2\left(\varepsilon_Y - 1\right)}{\varepsilon_Y} \cdot \frac{c_Y\left(f_{pe} - y_\alpha\right)}{F_{tH}/b}} \tag{23.34}$$

F_{tH}	in N	maßgebende Umfangskraft im Stirnschnitt $F_{tH} = F_{Nt} \cdot K_A \cdot K_v \cdot K_{H\beta}$
b	in mm	im Eingriff befindliche Zahnbreite
ε_Y		Gesamtüberdeckung nach Formel 22.38 (bei $\beta = 0$ ist $\varepsilon_Y = \varepsilon_\alpha$),
c_Y	in N/(mm · µm)	Eingriffssteifigkeit (Zahnsteifigkeit), siehe Bemerkungen unter Formel 23.30,
f_{pe}	in µm	zulässige Eingriffsteilungsabweichung im Getriebe nach Tabelle 23.6,
y_α	in µm	Einlaufbetrag, um den sich die Eingriffsteilungsabweichung beim Einlaufen verringert (nach Tabelle 23.12b),
$K_{F\beta}$		Breitenfaktor nach Formel 23.31.

Ergeben sich $K_{F\alpha} = K_{H\alpha} < 1$, so ist $K_{F\alpha} = K_{H\alpha} = 1$ einzusetzen. Wenn Formel 23.34 einen Wert ergibt, der gleich oder größer ist als nach Formel 23.35 bzw. Formel 23.36, dann ist dieser Wert für die Grenzbedingung einzusetzen:

Grenzbedingung für die Zahnfußtragfähigkeit $$K_{F\alpha} = \frac{\varepsilon_Y}{\varepsilon_\alpha \cdot Y_\varepsilon} \tag{23.35}$$

Grenzbedingung für die Flankentragfähigkeit $$K_{H\alpha} = \frac{\varepsilon_Y}{\varepsilon_\alpha \cdot Z_\varepsilon^2} \tag{23.36}$$

Überdeckungsfaktor für die Zahnfußtragfähigkeit $$Y_\varepsilon = 0{,}25 + 0{,}75/\left(\varepsilon_\alpha / \cos^2 \beta_b\right) \tag{23.37}$$

Überdeckungsfaktor für die Flankentragfähigkeit $$Z_\varepsilon = \sqrt{\frac{4 - \varepsilon_\alpha}{3}\left(1 - \varepsilon_\beta\right) + \frac{\varepsilon_\beta}{\varepsilon_\alpha}} \tag{23.38}$$

In Formel 23.38 ist $\varepsilon_\beta = 1$ zu setzen, falls $\varepsilon_\beta > 1$ ist. Bei Geradverzahnung ist $\varepsilon_\beta = 0$, womit sich für $Z_\varepsilon = \sqrt{\left(4 - \varepsilon_\alpha\right)/3}$ ergibt. Der Grundschrägungswinkel β_b ergibt sich aus Formel 22.19.

Zahnfußtragfähigkeit der Stirnräder

Zahnfußnennspannung $\sigma_{F0} = \frac{F_{Nt}}{b \cdot m_n} Y_{Fa} \cdot Y_{Sa} \cdot Y_\varepsilon \cdot Y_\beta$ (23.40)

F_{Nt} in N	Nennumfangskraft am Teilkreis entsprechend Formel 23.2, d. h. $F_{Nt} = P_{Nb}/v$ mit P_{Nb} als zu übertragende Nennleistung und v als Umfangsgeschwindigkeit der Teilkreise,
b in mm	Zahnbreite,
m_n in mm	Normalmodul,
Y_{Fa}	Formfaktor nach DIN 3990 (Tabelle 23.27); er berücksichtigt die Zahnform,
Y_{Sa}	Spannungskorrekturfaktor, der den Kraftangriff am Zahnkopf auf die entsprechend örtliche Zahnfußspannung umrechnet, d. h., er erfasst die spannungserhöhende Wirkung der Kerbe (der Fußrundung), nach DIN 3990-3 (Tabelle 23.14),
Y_ε	Überdeckungsfaktor nach Formel 23.37,
Y_β	Schrägenfaktor nach Formel 23.41.

Schrägenfaktor $Y_\beta = 1 - \varepsilon_\beta \frac{\beta}{120°}$ (23.41)

ε_β	Sprungüberdeckung nach Formel 22.37 (bei $\varepsilon_\beta > 1$ ist $\varepsilon_\beta = 1$ einzusetzen),
β in °	Schrägungswinkel (bei $\beta > 30°$ ist $\beta = 30°$ einzusetzen).

Zahnfußspannung $\sigma_F = \sigma_{F0} \cdot K_A \cdot K_v \cdot K_{F\beta} \cdot K_{F\alpha}$ (23.42)

σ_{F0} in N/mm²	Zahnfußnennspannung nach Formel 23.41,
K_A	Anwendungsfaktor nach Tabelle 23.1,
K_v	Dynamikfaktor nach Formel 23.29,
$K_{F\beta}$	Breitenfaktor nach Formel 23.31,
$K_{F\alpha}$	Stirnfaktor nach Formel 23.34.

Sicherheitsfaktor $S_F = \frac{\sigma_{FE} \cdot Y_{NT} \cdot Y_\delta \cdot Y_R \cdot Y_X}{\sigma_F}$ (23.43)

σ_{FE} in N/mm²	Schwell-Dauerfestigkeit des Zahnradwerkstoffs nach Tabelle 23.15 (bei Wechselbeanspruchung etwa 0,7-fache Werte),
Y_{NT}	Lebensdauerfaktor für Zahnfußbeanspruchung, der die höhere Tragfähigkeit für eine begrenzte Anzahl von Lastspielen (Lastwechseln) N_L berücksichtigt (siehe hierzu nachfolgende Angaben),
Y_δ	relative Stützziffer, die den Einfluss der Kerbempfindlichkeit des Werkstoffs berücksichtigt (in DIN 3990 mit $Y_{\delta\,rel\,T}$ bezeichnet). Bei normaler Fußrundung kann $Y_\delta = 1$ gesetzt werden.
Y_R	relativer Oberflächenfaktor, der die Oberflächenrauheit in der Fußrundung berücksichtigt (in DIN 3990 mit $Y_{R\,rel\,T}$ bezeichnet, siehe hierzu die nachfolgenden Angaben),
Y_X	Größenfaktor für die Zahnfußfestigkeit nach Tabelle 23.16,
σ_F in N/mm²	Zahnfußspannung nach Formel 23.43.

23

Wenn die Zähne auf Dauer halten sollen (Dauergetriebe), dann ist $Y_{NT} = 1$ zu setzen. Braucht die Verzahnung weniger als $N_L = 3 \cdot 10^6$ Lastspiele auszuhalten, so ist Y_{NT} aus Tabelle 23.17 zu entnehmen.

Im Bereich bis zu einer Rautiefe $R_z = 40$ µm können die im Folgenden genannten Zahlenwertgleichungen dienen.

Für Baustahl und Stahlguss:

$$Y_R = 5{,}306 - 4{,}203(R_z + 1)^{0{,}01}$$

Für Gusseisen mit Lamellengraphit (Grauguss), Gusseisen mit Kugelgraphit EN-GJS-400-15 und -600-3 (GGG-40 und 60) sowie Vergütungs- und Nitrierstahl (nitriert oder nitrocarburiert):

$$Y_R = 4{,}299 - 3{,}259(R_z + 1)^{0{,}005}$$

Für Vergütungsstahl und Gusseisen mit Kugelgraphit EN-GJS-800-2 (GGG-80), Einsatzstahl und randschichtgehärteten Stahl mit gehärtetem Zahngrund:

$$Y_R = 1{,}674 - 0{,}529\left(R_z + 1\right)^{0{,}1}$$

Achtung: Die Zahnfußspannung σ_F und der Sicherheitsfaktor S_F als Sicherheit gegen Zahndauerbruch müssen für beide Räder errechnet werden.

Zu üblichen **Sicherheitsfaktoren** siehe Tabelle 23.28.

Grübchentragfähigkeit der Stirnräder

Nominelle Flankenpressung $$\sigma_{H0} = Z_H \cdot Z_E \cdot Z_\varepsilon \cdot Z_\beta \sqrt{\frac{F_{Nt}}{d_1 \cdot b} \cdot \frac{u+1}{u}} \quad (23.44)$$

Z_H		Zonenfaktor nach Formel 23.46, der die Krümmung der Flanken erfasst,
Z_E	in $\sqrt{N/mm^2}$	Elastizitätsfaktor nach Tabelle 23.18 bzw. $Z_E = \sqrt{0{,}35 \cdot E_1 \cdot E_2 / (E_1 + E_2)}$,
Z_ε		Überdeckungsfaktor nach Formel 23.38,
Z_β		Schrägenfaktor $= \sqrt{\cos\beta}$ mit β als Schrägungswinkel (bei β = 0 ist Z_β = 1),
F_{Nt}	in N	Nennumfangskraft am Teilkreis (siehe Legende zu Formel 23.41),
d_1	in mm	Teilkreisdurchmesser des Ritzels (niemals d_2 einsetzen!),
b	in mm	Zahnbreite,
u		Zähnezahlverhältnis nach Formel 21.2).
E_1	in N/mm²	Elastizitätsmodul des Ritzels (des Rades 1),
E_2	in N/mm²	Elastizitätsmodul des Gegenrades (des Rades 2) nach Tabelle 23.18.

Zonenfaktor $$Z_H = \sqrt{\frac{2\cos\beta_b}{\cos^2\alpha_t \cdot \tan\alpha_{wt}}} \quad (23.45)$$

β_b	in °	Grundschrägungswinkel nach Formel 22.19 oder Formel 22.20,
α_{wt}	in °	Betriebs-Eingriffswinkel nach Formel 22.25 bzw. Formel 22.28,
α_t	in °	Stirneingriffswinkel nach Formel 22.8.

Bei Null-Geradzahn-Stirnrädern wird $Z_H = \sqrt{2/\tan\alpha} \cdot (\cos\alpha)^{-1}$ und bei α = 20° ist Z_H = 2,49.

Ritzel-Einzeleingriffsfaktor (Geradverzahnung)

$$Z_B = \frac{\tan\alpha_{wt}}{\sqrt{\left[\sqrt{\frac{d_{a1}^2}{d_{b1}^2}} - 1 - \frac{2\pi}{z_1}\right]\left[\sqrt{\frac{d_{a2}^2}{d_{b2}^2}} - 1 - (\varepsilon_\alpha - 1) \cdot \frac{2\pi}{z_2}\right]}}$$

Falls $Z_B < 1$, dann setzen Sie $Z_B = 1$

Rad-Einzeleingriffsfaktor $$Z_D = \frac{\tan\alpha_{wt}}{\sqrt{\left[\sqrt{\frac{d_{a2}^2}{d_{b2}^2}} - 1 - \frac{2\pi}{z_2}\right]\left[\sqrt{\frac{d_{a1}^2}{d_{b1}^2}} - 1 - (\varepsilon_\alpha - 1) \cdot \frac{2\pi}{z_1}\right]}} \quad (23.46)$$

(Geradverzahnung) Falls $Z_D < 1$, dann setzen Sie $Z_D = 1$

Ritzel- und Rad- Einzeleingriffsfaktor Schrägverzahnung $\varepsilon_\beta \geq 1$	$Z_B = Z_D = 1$
Ritzel-und Rad-Einzeleingriffsfaktor Schrägverzahnung $\varepsilon_\beta < 1$	Z_B, Z_D lineare Interpolation zwischen Geradverzahnung und $\varepsilon_\beta = 1$

$d_{a1/2}$ in mm Kopfkreisdurchmesser (nach Formel 22.11),
$d_{b1/2}$ in mm Grundkreisdurchmesser (nach Formel 22.12),
$z_{1/2}$ Zähnezahl Ritzel, Rad,
ε_α Profilüberdeckung (nach Formel 22.34 bis Formel 22.36),
α_{wt} in ° Betriebseingriffswinkel (nach Formel 22.28).

Maßgebende Flankenpressung

$$\text{– Rad} \quad \sigma_H = Z_D \cdot \sigma_{H0} \cdot \sqrt{K_A \cdot K_v \cdot K_{H\beta} \cdot K_{H\alpha}}$$
$$\text{– Ritzel} \quad \sigma_H = Z_B \cdot \sigma_{H0} \cdot \sqrt{K_A \cdot K_v \cdot K_{H\beta} \cdot K_{H\alpha}} \qquad (23.47)$$

Z_B, Z_D Einzeleingriffsfaktor nach Formel 23.47,
σ_{H0} in N/mm² nominelle Flankenpressung nach Formel 23.45,
K_A Anwendungsfaktor nach Tabelle 23.1,
K_v Dynamikfaktor nach Formel 23.29,
$K_{H\beta}$ Breitenfaktor nach Formel 23.32,
$K_{H\alpha}$ Stirnfaktor nach Formel 23.33, Formel 23.34 bzw. Formel 23.36.

$$\textit{Sicherheitsfaktor } S_H = \frac{\sigma_{H\lim} \cdot Z_{NT}}{\sigma_H} Z_L \cdot Z_v \cdot Z_R \cdot Z_W \cdot Z_X \qquad (23.48)$$

$\sigma_{H\lim}$ in N/mm² Dauerfestigkeit für Flankenpressung des betreffenden Radwerkstoffs nach Tabelle 23.15,
Z_{NT} Lebensdauerfaktor, der eine höhere Tragfähigkeit bei einer begrenzten Lebensdauer (Zeitgetriebe) berücksichtigt (nach Tabelle 23.17), abhängig von der Lastspielzahl N_L. Bei Dauergetrieben ist $Z_{NT} = 1$.
Z_L Schmierstofffaktor, der den Einfluss des Schmieröls berücksichtigt (nach Tabelle 23.19),
Z_v Geschwindigkeitsfaktor, der den Einfluss der Gleitgeschwindigkeit an den Flanken berücksichtigt (nach Tabelle 23.19),
Z_R Rauheitsfaktor, der die Oberflächenrauheit der Zahnflanken berücksichtigt (nach Tabelle 23.19),
Z_W Werkstoffpaarungsfaktor, der die Wirkung von oberflächengehärteten Gegenflanken berücksichtigt (siehe Tabelle 23.19). Sind beide Flanken ungehärtet oder gehärtet oder nitriert, so ist $Z_W = 1$ zu setzen,
Z_X Größenfaktor, der den Einfluss der Zahngröße berücksichtigt (nach Tabelle 23.16).

Achtung: Der **Sicherheitsfaktor** ist bei unterschiedlichen Werkstoffen von Rad und Gegenrad für beide Räder zu errechnen (für übliche Werte siehe Tabelle 23.28).

Zahnfußtragfähigkeit der Kegelräder

$$\textit{Linienbelastung} \quad w = \frac{F_{Nt}}{b_{eH}} K_A = \frac{F_t}{b_{eH}} \qquad (23.49)$$

23

w in N/mm Linienbelastung des Zahnpaares ohne Dynamikfaktor,
F_{Nt} in N Nennumfangskraft am mittleren Teilkreis = P_{Nb}/v_m mit P_{Nb} als zu übertragende Nennleistung in W und v_m in m/s als Umfangsgeschwindigkeit der mittleren Teilkreise = $d_{m1} \cdot \pi \cdot n_1 = d_{m2} \cdot \pi \cdot n_2$,
b_{eH} in mm siehe Bemerkungen zu Formel 23.50,
K_A Anwendungsfaktor nach Tabelle 23.1,
F_t in N Umfangskraft am mittleren Teilkreis unter Berücksichtigung der Betriebsbedingungen = $F_{Nt} \cdot K_A$.

$$\textit{Dynamikfaktor } K_v = \left(\frac{K_1 K_2}{F_{Nt} / b_{eH} \cdot K_A} + K_3\right) \frac{z_1 \cdot v_m}{100} \cdot \sqrt{\frac{u^2}{u^2+1}} + 1 \qquad (23.50)$$

K_1, K_2, K_3 Einflussfaktoren (siehe Tabelle 23.13),
F_{Nt} in N siehe Legende zu Formel 23.49,
v_m in m/s Umfangsgeschwindigkeit der mittleren Teilkreise (siehe Legende zu Formel 23.49),
u Zähnezahlverhältnis,
b_{eH} in mm Effektive Zahnbreite bezüglich Flankenbeanspruchung $b_{eH} = 0{,}85 \cdot b$,
z_1 Zähnezahl des Ritzels,

K_A Anwendungsfaktor nach Tabelle 23.1,
Für eine Linienbelastung von $w < 100$ N/mm ist $w = 100$ N/mm zu setzen.

$$\textit{Zahnfußnennspannung}\ \sigma_{F0} = \frac{F_{Nt}}{b_{eH} \cdot m_{nm}} \cdot Y_\varepsilon \cdot Y_\beta \cdot Y_{Fa} \cdot Y_{Sa} \quad (23.51)$$

F_{Nt} in N siehe Legende zu Formel 23.49,
m_{nm} in mm mittlerer Normalmodul nach Formel 22.47 und ggf. nach Tabelle 22.1,
Y_ε Überdeckungsfaktor $Y_\varepsilon = 1/\varepsilon_\alpha$,
Y_β Schrägenfaktor $Y_\beta = 1 - \varepsilon_\beta \cdot \beta_m/120°$ mit $\varepsilon_\beta \le 1$ entsprechend Formel 23.41,
b_{eH} in mm effektive Zahnbreite $b_{eH} \approx 0{,}85 \cdot b$,
b in mm Zahnbreite,
Y_{Fa} Formfaktor zur Berücksichtigung der Zahnform auf die Biegenennspannung nach Tabelle 23.27 für die Zähnezahl z_{vm} des Ersatzstirnrades im Normalschnitt
$z_{vn1} = z_{v1}/(\cos^2\beta_{vb} \cdot \cos\beta_m)$, $z_{vn2} = u_v \cdot z_{vn1}$ mit z_{v1}, β_m siehe Legende zu Formel 23.55 und $\beta_{vb} = \arcsin(\sin\beta_m \cdot \cos\alpha_n)$,
α_n in ° Normaleingriffswinkel, in der Regel $\alpha_n = 20°$,
Y_{Sa} Spannungskorrekturfaktor zur Berücksichtigung der spannungserhöhenden Wirkung der Kerbe durch die Fußrundung nach Tabelle 23.14 (siehe auch Hinweise zu Y_{Fa}).

$$\textit{Zahnfußspannung}\ \sigma_F = \sigma_{F0} \cdot K_A \cdot K_v \cdot K_{F\alpha} \cdot K_{F\beta} \quad (23.52)$$

σ_{F0} in N/mm² Zahnfußnennspannung nach Formel 23.51,
K_A Anwendungsfaktor nach Tabelle 23.1,
K_v Dynamikfaktor nach Formel 23.50,
$K_{F\alpha}$ Stirnfaktor für Zahnfußtragfähigkeit, nach Tabelle 23.20,
$K_{F\beta}$ Breitenfaktor für Zahnfußtragfähigkeit
Für Industriegetriebe gelten folgende Werte:
$K_{F\beta} \approx 1{,}65$ bei beidseitiger Lagerung von Ritzel und Rad,
$K_{F\beta} \approx 1{,}88$ bei einer einseitigen und einer fliegenden Lagerung,
$K_{F\beta} \approx 2{,}25$ bei fliegender Lagerung von Ritzel und Rad.

$$\textit{Sicherheitsfaktor}\ S_F = \frac{\sigma_{FE} \cdot Y_{NT}}{\sigma_F} Y_X \quad (23.53)$$

σ_{FE} in N/mm² Schwell-Dauerfestigkeit des Zahnradwerkstoffs (der ungekerbten Probe) nach Tabelle 23.15 (bei Wechselbeanspruchung etwa 0,7-fache Werte),
Y_{NT} Lebensdauerfaktor für eine höhere Tragfähigkeit bei Zeitgetrieben nach Tabelle 23.17 (bei Dauergetrieben ist $Y_{NT} = 1$),
Y_X Größenfaktor nach Tabelle 23.16.

Zu den **üblichen Sicherheiten S_F** gegen Zahndurchbruch siehe Tabelle 23.28.

Grübchentragfähigkeit der Kegelräder

23

$$\textit{Nominelle Flankenpressung}\ \sigma_{H0} = Z_H \cdot Z_E \cdot Z_\varepsilon \cdot Z_\beta \sqrt{\frac{F_{Nt}}{d_{vm1} \cdot b_{eH}} \cdot \frac{u_v + 1}{u_v}} \quad (23.54)$$

Z_H Zonenfaktor, der für Null-Kegelradpaare die Krümmung der Flanken erfasst, $Z_H = 2\sqrt{\cos\beta_b / \sin(2\alpha_t)}$,
Z_E $\sqrt{\text{in N/mm}^2}$ Elastizitätsfaktor nach Tabelle 23.18 oder Formel 23.46,
Z_ε Überdeckungsfaktor nach Formel 23.38,
Z_β Schrägenfaktor $\sqrt{\cos\beta_m}$ mit β_m als mittlerem Schrägungswinkel,
F_{Nt} in N Nennumfangskraft am mittleren Teilkreis (siehe Legende zu Formel 23.49)
d_{vm1} in mm mittlerer Teilkreisdurchmesser des virtuellen Ersatzstirnrades $= z_{v1} \cdot m_{nm}/\cos\beta_m$ (niemals d_{vm2} einsetzen!),
b_{eH} in mm tragende Zahnbreite $\approx 0{,}85b$, d. h. 85 % der Zahnbreite b werden als tragend angenommen,
u_v virtuelles Zähnezahlverhältnis $= z_{v2}/z_{v1}$.
β_b in ° Grundschrägungswinkel aus $\sin\beta_b = \sin\beta_m \cdot \cos\alpha_n$ nach Formel 22.20, wobei in der Regel $\alpha_n = 20°$ ist,
in ° Stirneingriffswinkel aus $\tan\alpha_t = \tan\alpha_n/\cos\beta_m$ nach Formel 22.8.

Einzeleingriffsfaktor Ritzel $Z_B = \dfrac{\tan \alpha_{vt}}{\sqrt{\left(\sqrt{\dfrac{d_{va1}^2}{d_{vb1}^2}-1}-\dfrac{2\pi}{z_{v1}}\right)\left(\sqrt{\dfrac{d_{va2}^2}{d_{vb2}^2}-1}-(\varepsilon_{va}-1)\cdot\dfrac{2\pi}{z_{v2}}\right)}}$

Einzeleingriffsfaktor Rad $Z_D = \dfrac{\tan \alpha_{vt}}{\sqrt{\left(\sqrt{\dfrac{d_{va2}^2}{d_{vb2}^2}-1}-\dfrac{2\pi}{z_{v1}}\right)\left(\sqrt{\dfrac{d_{va1}^2}{d_{vb1}^2}-1}-(\varepsilon_{va}-1)\cdot\dfrac{2\pi}{z_{v1}}\right)}}$ (23.55)

Einzeleingriffsfaktor Ritzel und Rad $Z_B = Z_D = 1$
Schräg- und Bogenverzahnung $\varepsilon_{v\beta} \geq 1$

Einzeleingriffsfaktor Ritzel und Rad Z_B, Z_D lineare Interpolation zwischen
Schräg- und Bogenverzahnung $\varepsilon_{v\beta} < 1$ Geradverzahnung und $\varepsilon_{v\beta} = 1$

$d_{va1/2}$ in mm Kopfkreisdurchmesser der Ersatz-Stirnradverzahnung $d_{va1/2} = d_{m1/2}/\mathrm{co}\ \delta_{1/2} + 2h_{am}$,
$d_{vb1/2}$ in mm Grundkreisdurchmesser der Ersatz-Stirnradverzahnung $d_{vb1/2} = d_{m1/2}/\cos\delta_{1/2}\cdot\cos\alpha_{vt}$,
$z_{v1/2}$ Zähnezahl der Ersatz-Stirnradverzahnung
$z_{v1} = z_1 \cdot \sqrt{u^2+1/u}$
$z_{v2} = z_2 \cdot \sqrt{u^2+1}$,
$\varepsilon_{v\alpha}$ Profilüberdeckung der Ersatz-Stirnradverzahnung $\varepsilon_{v\alpha} = g_{v\alpha}\cdot\cos\beta_m/(m_{nm}\cdot\pi\cdot\cos\alpha_{vt})$ mit
$g_{v\alpha} = (1/2)\cdot\left(\sqrt{d_{va1}^2-d_{vb1}^2}+\sqrt{d_{va2}^2-d_{vb2}^2}\right)-a_v\cdot\sin\alpha_{vt}$
α_{vt} in ° Stirneingriffswinkel der Ersatz-Stirnradverzahnung $\alpha_{vt} = \arctan(\tan\alpha_n/\cos\beta_m)$,
$d_{m1/2}$ in mm mittlerer Teilkreisdurchmesser $d_{m1/2} = z_{1/2}\cdot m_m$, m_m siehe Formel 22.47 bzw. m_{nm} für schräg- und bogenverzahnte Kegelräder,
$\delta_{1/2}$ in ° Teilkegelwinkel,
h_{am} in mm Zahnkopfhöhe in Mitte Zahnbreite $h_{am} = m_m$ (im Normalfall),
β_m in ° mittlerer Schrägungs- bzw. Spiralwinkel,
a_v in mm Achsabstand der Ersatzstirnradverzahnung $a_v = (d_{v1}+d_{v2})/2$,
$d_{v1/2}$ in mm Teilkreisdurchmesser der Ersatzstirnradverzahnung $d_{v1/2} = \dfrac{d_{m1/2}}{\cos\delta_{1/2}}$,
$\varepsilon_{v\beta}$ Sprungüberdeckung $\varepsilon_{v\beta} = \dfrac{b\cdot\sin\beta_m}{m_{nm}\cdot\pi}\cdot\dfrac{b_{eH}}{b}$.

Maßgebende Flankenpressung

– Rad $\sigma_H = Z_D\cdot\sigma_{H0}\cdot\sqrt{K_A\cdot K_v\cdot K_{H\beta}\cdot K_{H\alpha}}$
– Ritzel $\sigma_H = Z_B\cdot\sigma_{H0}\cdot\sqrt{K_A\cdot K_v\cdot K_{H\beta}\cdot K_{H\alpha}}$ (23.56)

23

σ_{H0} in N/mm² nominelle Flankenpressung nach Formel 23.54,
K_A Anwendungsfaktor nach Tabelle 23.1,
K_v Dynamikfaktor nach Formel 23.50,
$K_{H\beta}$ Breitenfaktor nach Formel 23.33,
$K_{H\alpha}$ Stirnfaktor nach Tabelle 23.20.

Sicherheitsfaktor $S_H = \dfrac{\sigma_{Hlim}\cdot Z_{NT}}{\sigma_H} Z_X$ (23.57)

$\sigma_{H\,lim}$ in N/mm² Dauerfestigkeit für Flankenpressung des betreffenden Radwerkstoffs nach Tabelle 23.15,
Z_{NT} Lebensdauerfaktor, der eine höhere Tragfähigkeit bei einer begrenzten Lebensdauer (Zeitgetriebe) berücksichtigt (nach Tabelle 23.17). Bei Dauergetrieben ist $Z_{NT} = 1$.
Z_X Größenfaktor, der den Einfluss der Zahngröße berücksichtigt (nach Tabelle 23.16).

Zu **üblichen Sicherheiten S_H** gegen Grübchenschäden siehe Tabelle 23.28. Wenn genauere Werte vorliegen, kann mit Formel 23.48 gerechnet werden.

Berechnung der Räder aus thermoplastischen Kunststoffen auf Tragfähigkeit und Verformung

$$\textit{Belastungskennwert}\ c = \frac{F_{Nt}}{b \cdot p_t} \tag{23.58}$$

F_{Nt}	in N	Nennumfang am Teilkreis entsprechend Formel 23.2,
b	in mm	Zahnbreite,
p_t	in mm	Stirnteilung = $m_n \cdot \pi/\cos\beta$.

In Tabelle 23.21 sind für verschiedene Kunststoffe die Erfahrungswerte für c in Abhängigkeit von der erreichbaren Lastspielzahl N aufgeführt. Die Lebensdauer in Stunden ist dann $L_h = N/n$ mit n als Drehzahl bzw. Anzahl der Eingriffe eines Zahnes je Stunde. Für Dauergetriebe ist c_{zul} bei $N = 10^8$ maßgebend.

Bei $v \geq 5$ m/s lauten erfahrungsgemäß die **Zahlenwertgleichungen** für die

Zahntemperatur

$$t_F \approx t_0 + 136 \cdot P_N \cdot \mu \frac{u+1}{z_2+5} \left[\frac{17100}{b \cdot z} \cdot \frac{K_{F1}}{(v \cdot m_n)^{\kappa}} + 6{,}3 \frac{K_{F2}}{A} \right] \text{ in °C} \tag{23.59}$$

Flankentemperatur

$$t_F \approx t_0 + 136 \cdot P_N \cdot \mu \frac{u+1}{z_2+5} \left[\frac{17100}{b \cdot z} \cdot \frac{K_{H1}}{(v \cdot m_n)^{\kappa}} + 6{,}3 \frac{K_{H2}}{A} \right] \text{ in °C} \tag{23.60}$$

t_0	in °C	Umgebungstemperatur (im Normalfall 20 °C),
P_N	in kW	zu übertragende Nennleistung,
μ		Reibzahl nach Tabelle 23.22,
u		Zähnezahlverhältnis nach Formel 21.2,
z_2		Zähnezahl des Großrades,
z		Zähnezahl des Kunststoffrades (das kann z_1 oder z_2 sein),
b	in mm	Zahnbreite,
K_{F1}, K_{F2}		Beiwerte für die Zahntemperatur nach Tabelle 23.22,
K_{H1}, K_{H2}		Beiwerte für die Flankentemperatur nach Tabelle 23.22,
v	in m/s	Umfangsgeschwindigkeit der Teilkreise, bei Kegelrädern der mittleren Teilkreise,
m_n	in mm	Normalmodul,
κ		Exponent nach Tabelle 23.22,
A	in m²	wärmeabführende Oberfläche des Getriebegehäuses, die aus der Konstruktionszeichnung zu entnehmen ist. Sie entfällt bei offenen Getrieben.

P_N, b, v, m_n und A sind nur mit ihren **Zahlenwerten** unter Fortlassung ihrer vorangehend aufgeführten Einheiten einzusetzen. 23

Bei $v < 5$ m/s entfällt die Berechnung der Temperaturen. In diesen Fällen ist mit der Umgebungstemperatur zu rechnen, d. h. mit $t_F = t_H = t_0$.

Berechnung auf Zahnfußtragfähigkeit

$$\textit{Zahnfußspannung}\ \sigma_F = \frac{w}{m_n} Y_{Fa} \cdot Y_{\varepsilon} \cdot Y_{\beta} \tag{23.61}$$

w	in N/mm	$= F_{Nt} \cdot K_A/b$ nach Formel 23.30 ist die Linienbelastung mit $F_{Nt} = P_N/v$ als Nennumfangskraft am Teilkreis und b als Zahnbreite. P_N ist die zu übertragende Nennleistung, v die Umfangsgeschwindigkeit der Teilkreise und K_A der Anwendungsfaktor nach Tabelle 23.1,

m_n in mm — Normalmodul, bei Kegelrädern m_{nm},
Y_{Fa} — Zahnformfaktor nach Tabelle 23.27. Kerbwirkungen brauchen nicht in Betracht gezogen zu werden,
Y_ε — Lastanteilfaktor = $1/\varepsilon_\alpha$ mit ε_α als Profilüberdeckung nach Formel 23.34 bis Formel 23.36 (bei Kegelrädern ist $Y_\varepsilon = 1$),
Y_β — Schrägenfaktor $= \sqrt{\cos\beta} \geq 0{,}75$.

Sicherheit gegen Zahn-Dauerbruch $$S_F = \frac{\sigma_{FN}}{\sigma_F} \quad (23.62)$$

σ_{FN} in N/mm² — Zeit-Schwellfestigkeit des betreffenden Kunststoffs bei der erforderlichen Lastspielzahl N nach Tabelle 23.23,
σ_F in N/mm² — Zahnfußspannung nach Formel 23.61.

Zu üblichen Sicherheiten S_F gegen Zahn-Dauerbruch siehe Tabelle 23.28.

Berechnung auf Flankentragfähigkeit

Hertzsche Pressung im Wälzpunkt $$\sigma_H = \sqrt{\frac{w}{d_1} \cdot \frac{u+1}{u}}\, Z_H \cdot Z_E \cdot Z_\varepsilon \quad (23.63)$$

w in N/mm — siehe Legende zu Formel 23.61,
d_1 in mm — Teilkreisdurchmesser des Ritzels, bei Kegelrädern $d_{vm1} = z_{v1} \cdot m_{tm}$ (niemals d_2 bzw. d_{vm2} einsetzen!),
u — Zähnezahlverhältnis nach Formel 21.2, bei Kegelrädern u_v nach Formel 22.56,
Z_H — Zonenfaktor nach Formel 23.45 bzw. Formel 23.55,
Z_E in N/mm² — Elastizitätsfaktor nach Tabelle 23.24,
Z_ε — Überdeckungsfaktor nach Formel 23.38.

Sicherheit gegen Flankenschäden $$S_H = \frac{\sigma_{HN}}{\sigma_H} \quad (23.64)$$

σ_{HN} in N/mm² — Zeitwälzfestigkeit des Kunststoffs bei der Lastspielzahl N_L (siehe folgende Angaben),
σ_H in N/mm² — Hertz'sche Pressung nach Formel 23.63.

Die Zeitwälzfestigkeit σ_{HN} kann für PA 66 aus Tabelle 23.25 entnommen werden. Für PA 6 sind die abgelesenen Werte mit 0,8 und für PA 6 G (Guss) mit 0,9 zu multiplizieren (Werte für POM siehe ebenfalls Tabelle 23.25).

Zu üblichen Sicherheiten S_F gegen Flankenschäden siehe Tabelle 23.28.

Berechnung auf Zahnverformung

Die Verschiebung des Zahnkopfes in Umfangsrichtung ist die

Verformung $$\lambda = \frac{0{,}67 w_N}{\cos\alpha_t} \varphi \left(\frac{\psi_1}{E_1} + \frac{\psi_2}{E_2} \right) \quad (23.65)$$

23

λ in mm — Verschiebung des Zahnkopfes in Umfangsrichtung,
w_N in N/mm — spezifische Nennumfangskraft = F_{Nt}/b ($F_{Nt} = P_N/v$ mit P_N als Nennleistung),
α_t in ° — Stirneingriffswinkel nach Formel 22.8,
φ — Beiwert nach Tabelle 23.26,
ψ_1, ψ_2 — Beiwerte für die betreffenden Kunststoffräder nach Tabelle 23.26. Für ein Metallrad ist $\psi = 0$ zu setzen,
E_1, E_2 in N/mm² — Elastizitätsmoduln der Kunststoffe der Räder $\approx 1{,}36 Z_E^2$ mit Z_E aus Tabelle 23.26.

Messungen zeigten, dass bei Verformungen $\lambda > 0{,}1\, m_n$ das Laufgeräusch zunimmt und die Zahnfußfestigkeit überschritten werden kann. Deshalb gilt: $\lambda \leq 0{,}1\, m_n$.

24 Zahnradpaare mit sich kreuzenden Achsen

Eingriffsverhältnisse von Schraub-Stirnradpaaren

Achsenwinkel $\Sigma = \beta_1 + \beta_2$ (24.1)

Gleitgeschwindigkeit $v_g = v_1 \dfrac{\sin\Sigma}{\cos\beta_2} = v_2 \dfrac{\sin\Sigma}{\cos\beta_1}$ (24.2)

β_1, β_2 in ° Schrägungswinkel,
v_1, v_2 in m/s Umfangsgeschwindigkeiten der Teilkreise $v_1 = d_1 \cdot \pi \cdot n_1$ bzw. $v_2 = d_2 \cdot \pi \cdot n_2$.

Die empfohlene **Radbreite** ist $\boldsymbol{b \approx 10 m_n \geq b_e}$. Es ist jeweils die

Eingriffsbreite $b_e = \varepsilon_\alpha \cdot m_n \cdot \pi \cdot \sin\beta$ (24.3)

mit ε_α als Profilüberdeckung nach Formel 22.34 des geradverzahnten Ersatz-Stirnradpaares und m_n in mm als Normalmodul.

Radabmessungen und Achsabstand entsprechen denen von schrägverzahnten Stirnrädern.

Wirkungsgrad und Zahnkräfte an Schraub-Stirnradpaaren

Wirkungsgrad der Schraubung $\eta_S = \dfrac{\cos(\beta_2 + \varrho) \cdot \cos\beta_1}{\cos(\beta_1 - \varrho) \cdot \cos\beta_2}$ (24.4)

ϱ ist der wirksame Reibwinkel, für den $\tan\varrho = \mu/\cos\alpha_n$ gilt. Erfahrungsgemäß kann bei guter Schmierung $\varrho \approx 5\ldots6°$ gesetzt werden. Der größtmögliche Wirkungsgrad wird erzielt, wenn $\beta_1 - \beta_2 = \varrho$ ist, also $\beta_1 = 0{,}5(\Sigma + \varrho)$.

Mit dem Wirkungsgrad η_W durch das Wälzgleiten der Zahnflanken wird der **Gesamtwirkungsgrad** $\eta_{ges} = \eta_W \cdot \eta_S \approx 0{,}97\,\eta_S$ (ohne Lagerreibung). Bei vorgegebener Abtriebs-Nennleistung P_{N2} beträgt die

Antriebsnennleistung $P_{N1} = \dfrac{P_{N2}}{\eta_{ges}}$ (24.5)

Die **Reibleistung** (der Reibverlust), der sich in Wärme umsetzt und abgeführt werden muss, beträgt somit $P_f = P_{N1} - P_{N2}$.

Kräfte am Abtriebsrad 2

Tangentialkraft $F_{t2} = \dfrac{P_{N2}}{v_2} K_A$ (24.6)

Axialkraft $F_{a2} = F_{t2} \cdot \tan(\beta_2 + \varrho)$ (24.7)

Radialkraft $F_{r2} = F_{t2} \dfrac{\tan\alpha_n \cdot \cos\varrho}{\cos(\beta_2 + \varrho)}$ (24.8)

Kräfte am Antriebsrad 1

Tangentialkraft $$F_{t1} = F_{t2}\frac{\cos(\beta_1 - \varrho)}{\cos(\beta_2 + \varrho)} \tag{24.9}$$

Axialkraft $$F_{a1} = F_{t1} \cdot \tan(\beta_1 - \varrho) \tag{24.10}$$

Radialkraft $$F_{r1} = F_{r2} \tag{24.11}$$

P_{N2} in W — Abtriebsnennleistung,
v_2 in m/s — Umfangsgeschwindigkeit des Rades 2, d. h. $v_2 = d_2 \cdot \pi \cdot n_2$,
K_A — Anwendungsfaktor zur Berücksichtigung ungleichförmiger Belastung (für Richtwerte siehe Tabelle 23.1),
α_n in ° — Normaleingriffswinkel = 20° (im Regelfall).

Tragfähigkeit von Schraub-Stirnradpaaren, Schmierung

Überschlägliche Tragfähigkeitsberechnung:

Belastungskennwert $$C = \frac{F_{t1}}{b_1 \cdot p_n} \tag{24.12}$$

Sicherheit gegen Flankenschäden $$S = \frac{d_1 \cdot b_1}{q \cdot P_f} \tag{24.13}$$

F_{t1} in N — Tangentialkraft am Rad 1 nach Formel 24.9,
b_1 in mm — ausgeführte Breite des Antriebsrades,
p_n in mm — Normalteilung = $m_n \cdot \pi$,
d_1 in mm — Teilkreisdurchmesser des Rades 1,
q in mm²/W — Temperaturfaktor nach Tabelle 24.1,
P_f in W — Reibleistung = $P_{N1} - P_{N2}$.

Der Belastungskennwert C ist mit dem zulässigen nach Tabelle 24.1 zu vergleichen. Bei gehärtetem und geschliffenem Gegenrad zu Grauguss oder Bronze sind 1,25fache Werte und für zeitweise laufende Getriebe ≈ 1,5-fache Werte zulässig. Besonders bei Stahl auf Stahl ist eine reichliche Schmierung wichtig. Die Sicherheit gegen Flankenschäden (Fressen) soll $S \geq 1{,}2$ sein.

Bei Gleitgeschwindigkeiten nach Formel 24.2

- bis v_g = 0,5 m/s oder bis v_1 = 1 m/s ist eine Tauchschmierung in Getriebefett,
- bis v_g = 2 m/s oder bis v_1 = 4 m/s eine Öl-Tauchschmierung, und
- bei v_g > 2 m/s oder v_1 > 4 m/s eine Spritzölschmierung in Eingriffsrichtung üblich.

24

Die Viskosität des Schmieröls kann etwa gewählt werden bei

v_g =	0,5	0,8	1,2	2...5	8	12 m/s
ISO VG	320	220	150	100	68	23

Geometrie der Schneckenradsätze

Das **Zähnezahlverhältnis *u*** ist das Verhältnis der Zähnezahl z_2 des Schneckenrades zur Zähnezahl z_1 der Schnecke:

$$\textit{Zähnezahlverhältnis} \quad u = z_2 / z_1 \tag{24.14}$$

Das Zähnezahlverhältnis ist gleich dem Betrag der Übersetzung $i = n_1/n_2$ als Verhältnis der Drehzahlen. Es sind folgende Zähnezahlen z_1 der Schnecke üblich:

$i =$	5...10	10...15	15...30	> 30
$z_1 =$	4	3	2	1

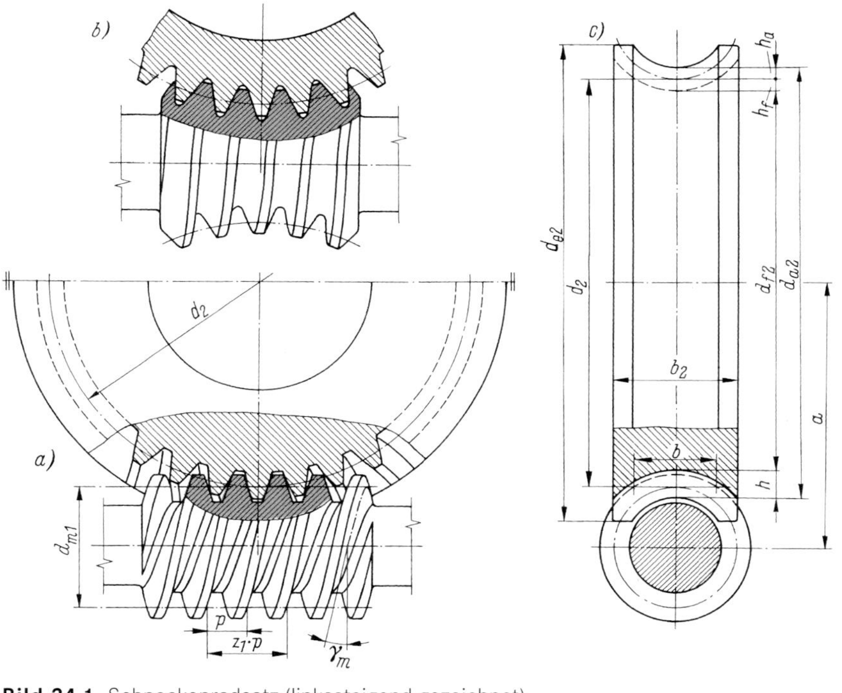

Bild 24.1 Schneckenradsatz (linkssteigend gezeichnet)
a) mit Zylinderschnecke, b) mit Globoidschnecke, c) mit Zylinderschnecke

$$\textit{Axialteilung} \quad p = m \cdot \pi \tag{24.15}$$

mit m in mm als Axialmodul. In Schneckenradsätzen hat die Schnecke den Axialmodul m_x und das Schneckenrad den Stirnmodul m_t. Bei $\Sigma = 90$ ° ist $m_x = m_t = m$.

24

$$\textit{Formzahl der Schnecke} \quad q = d_{m1} / m \tag{24.16}$$

$$\textit{Teilkreisdurchmesser des Rads} \quad d_2 = m \cdot z_2 \tag{24.17}$$

$$\textit{Achsabstand} \quad a = \frac{d_{m1} + d_2}{2} + x \cdot m = \frac{m}{2}(q + z_2 + 2x) \tag{24.18}$$

Mit der **Profilverschiebung $x \cdot m$** am Schneckenrad, vorzugsweise $x \geq 0$.

Kopfkreisdurchmesser $d_{a1} = d_{m1} + 2h_{a1}$ (24.19)

Fußkreisdurchmesser $d_{f1} = d_{m1} + 2h_{f1}$ (24.20)

Kopfkreisdurchmesser $d_{a2} = d_2 + 2h_{a2}$ (24.21)

Fußkreisdurchmesser $d_{f2} = d_2 + 2h_{f2}$ (24.22)

Mittensteigungswinkel $\tan\gamma_m = \frac{m \cdot z_1}{d_{m1}} = \frac{z_1}{q}$ (24.23)

Normalteilung $p_n = p \cdot \cos\gamma_m$ (24.24)

Normaleingriffswinkel $\tan\alpha_n = \tan\alpha \cdot \cos\gamma_m$ (24.25)

d_{m1}	in mm	Mittenkreisdurchmesser der Schnecke,
d_2	in mm	Teilkreisdurchmesser des Schneckenrades nach Formel 24.17,
m	in mm	Axialmodul,
q		Formzahl nach Formel 24.16,
z_2		Zähnezahl des Schneckenrades,
x		Profilverschiebungsfaktor am Schneckenrad,
h_{a1}	in mm	Kopfhöhe der Schnecke = m im Normalfall,
h_{f1}	in mm	Fußhöhe der Schnecke = $1{,}2m$ im Normalfall,
h_{a2}	in mm	Kopfhöhe des Rades = $m\,(1 + x)$ im Normalfall,
h_{f2}	in mm	Fußhöhe des Rades = $m\,(1 - x) + c_2$ mit $c_2 = 0{,}167\ldots0{,}3m$, wobei das Kopfspiel $c_2 = 0{,}2m$ bevorzugt wird,
p	in mm	Axialteilung nach Formel 24.15,
α	in °	Eingriffswinkel im Axialschnitt,
α_n	in °	Eingriffswinkel im Normalschnitt,
z_1		Zähnezahl der Schnecke.

Profilüberdeckung $\varepsilon_\alpha = \frac{\sqrt{d_{a2}^2 - d_{b2}^2} + \frac{2m(1-x)}{\sin\alpha} - d_2 \cdot \sin\alpha}{2p_e}$ (24.26)

d_{a2}	in mm	Kopfkreisdurchmesser des Rades nach Formel 24.21,
d_{b2}	in mm	Grundkreisdurchmesser des Rades = $d_2 \cdot \cos\alpha$,
m	in mm	Axialmodul,
x		Profilverschiebungsfaktor am Schneckenrad,
d_2	in mm	Teilkreisdurchmesser des Rades nach Formel 24.17,
p_e	in mm	Eingriffsteilung = $p \cdot \cos\alpha = m \cdot \pi \cdot \cos\alpha$,
α	in °	Eingriffswinkel im Axialschnitt.

Gleitgeschwindigkeit $v_g = \frac{v_1}{\cos\gamma_m} = \frac{d_{m1} \cdot \pi \cdot n_1}{\cos\gamma_m}$ (24.27)

24

v_g	in m/s	Geschwindigkeit, mit der die Flanken in Richtung der Schraubenlinie aufeinander gleiten,
v_1	in m/s	Umfangsgeschwindigkeit des Mittenkreises der Schnecke,
d_{m1}	in m	Mittenkreisdurchmesser der Schnecke,
n_1	in s^{-1}	Drehzahl der Schnecke,
γ_m	in °	Mittensteigungswinkel nach Formel 24.23.

Bei einer Profilverschiebung weicht v_g unwesentlich vom Betrag nach Formel 24.27 ab.

Wirkungsgrad und Zahnkräfte an Schneckenradsätzen

Wirkungsgrad der Schraubung $$\eta_S = \frac{\tan\gamma_m}{\tan(\gamma_m + \varrho)} \qquad (24.28)$$

ϱ ist der wirksame Reibwinkel, für den $\tan\varrho = \mu/\cos\alpha_n$ gilt. Der größtmöglichste Wirkungsgrad wird bei $\gamma_m \approx 45°$ erzielt. Erfahrungswerte für ϱ enthält Tabelle 24.3.

Mit dem Wirkungsgrad η_W durch das Wälzgleiten der Zahnflanken wird für einen Schneckenradsatz der **Gesamtwirkungsgrad** $\boldsymbol{\eta_{ges} = \eta_W \cdot \eta_S \approx 0{,}98\eta_S}$ (ohne Lagerreibung). Bei vorgegebener Abtriebsnennleistung $P_{N2} = P_{Nb}$ beträgt somit die erforderliche

Antriebsnennleistung $$P_{N1} = \frac{P_{N2}}{\eta_{ges}} \qquad (24.29)$$

	Kräfte am Schneckenrad		**Kräfte an der Schnecke**	
Tangentialkraft	$F_{t2} = \frac{P_{N2}}{v_2} K_A$	(24.30)	$F_{t1} = F_{a2}$	(24.33)
Axialkraft	$F_{a2} = F_{t2} \cdot \tan(\gamma_m + \varrho)$	(24.31)	$F_{a1} = F_{t2}$	(24.34)
Radialkraft	$F_{r2} = F_{t2} \frac{\cos\varrho \cdot \tan\alpha_n}{\cos(\gamma_m + \varrho)}$	(24.32)	$F_{r1} = F_{r2}$	(24.35)

P_{N2} in W	Abtriebsnennleistung,
v_2 in m/s	Umfangsgeschwindigkeit des Rad-Teilkreises = $d_2 \cdot \pi \cdot n_2 = v_1 \cdot \tan\gamma_m$,
K_A	Anwendungsfaktor zur Berücksichtigung ungleichförmiger Belastung (für Anhaltswerte siehe Tabelle 23.1),
γ_m in °	Mittensteigungswinkel nach Formel 24.23,
α_n in °	Normaleingriffswinkel nach Formel 24.25,
ϱ in °	wirksamer Reibwinkel nach Tabelle 24.3.

Die **Drehmomente** betragen $M_1 = F_{t1} \cdot r_{m1}$ an der Schnecke und $M_2 = F_{t2} \cdot r_2$ am Rad, wobei $r_{m1} = d_{m1}/2$ und $r_2 = d_2/2$ sind.

Bei treibender Schnecke beträgt der Wirkungsgrad der Schraubung

$$\eta_S = \frac{\tan(\gamma_m - \varrho)}{\tan\gamma_m}$$

Sobald $\gamma_m \le \varrho$ wird, ergibt sich $\eta_S \le 0$. In diesem Fall tritt **Selbsthemmung** ein.

Gestaltung der Schnecken und Schneckenräder

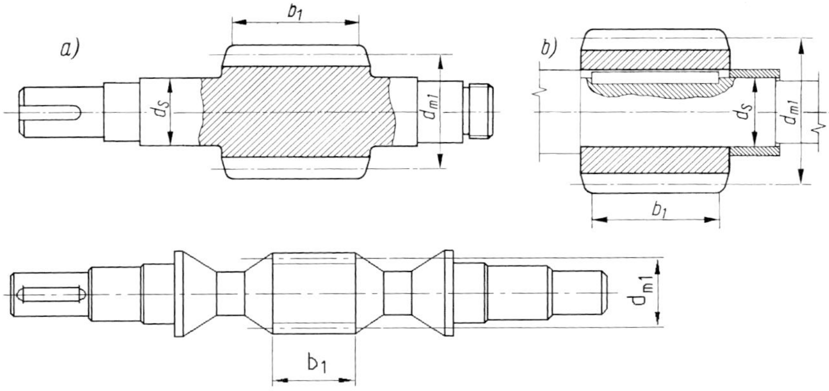

Bild 24.2 Ausführung von Schnecken
a) Schneckenwelle (Schnecke und Welle aus einem Stück), b) aufgesetzte Schnecke, c) eingeschnittene Vollschnecke

Schneckenbreite $b_1 \approx \sqrt{d_{a2}^2 - d_2^2}$ (24.36)

Radbreite $b_2 \approx \sqrt{d_{a1}^2 - d_{m1}^2} + 2m = b + 2m$ (24.37)

mit b gemäß Bild 24.3a und m als Axialmodul. Als Richtwert gilt auch $b_2 \approx 0{,}8\ d_{m1}$.

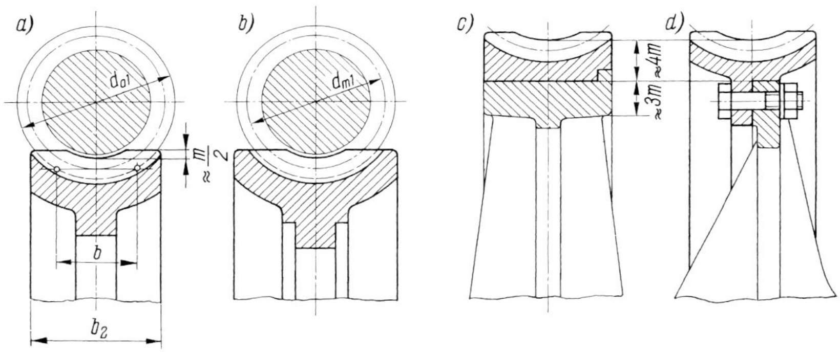

Bild 24.3 Ausbildung der Schneckenradkränze
a) Grauguss, b) Leichtmetallguss, c) aufgepresst, d) angeschraubt

24

Schmierung von Schneckenradsätzen

Es kommen folgende Schmierungsarten zur Anwendung:

1. **Schnecke eintauchend**, und zwar
   bis v_1 = 4 m/s Tauchschmierung in Getriebefett,
   bis v_1 = 10 m/s Tauchschmierung in Schmieröl,
   über v_1 = 10 m/s Spritzölschmierung in Eingriffsrichtung.

2. **nur Schneckenrad eintauchend**, und zwar
   bis v_1 = 1 m/s Tauchschmierung in Getriebefett,
   bis v_1 = 4 m/s Tauchschmierung in Schmieröl,
   über v_1 = 4 m/s Spritzölschmierung in Eingriffsrichtung.

Für die Ermittlung der erforderlichen Ölviskosität dient der

$$\textit{Schmierkennwert} \quad K_S = \frac{T_2}{a^3 \cdot n_1} \tag{24.38}$$

K_S in $N \cdot s/m^2 = Pa \cdot s$ Schmierkennwert,
T_2 in Nm Drehmoment des Schneckenrades,
a in m Achsabstand nach Formel 24.18,
n_1 in s^{-1} Drehzahl der Schnecke.

Mit diesem geht aus Tabelle 24.4 die erforderliche Viskosität des Schmieröls hervor. Weitere Informationen über die Erhöhung oder Senkung der Tabellenwerte, die Wahl der Viskositätsklasse, die Wahl des Getriebeöls und die erforderliche Ölmenge enthalten die Ausführungen nach der Legende zu Formel 23.24.

Tragfähigkeit von Schneckenradsätzen

Überschlagsberechnung der Grübchentragfähigkeit von metallischen Schneckenradsätzen mit dem Mittelwert der

$$\textit{Hertzschen Pressung} \quad \sigma_H = \sqrt{\frac{F_{t2} \cdot r_2}{a^3}} Z_E \cdot Z_\varrho \tag{24.39}$$

F_{t2} in N Tangentialkraft am Schneckenrad nach Formel 24.30,
r_2 in mm Teilkreisdurchmesser des Schneckenrades,
a in mm Achsabstand des Schneckenradsatzes nach Formel 24.18,
Z_E in $\sqrt{N/mm^2}$ Elastizitätsfaktor nach Tabelle 24.6,
Z_ϱ Kontaktfaktor, der die Flankenkrümmung und die Berührungslänge berücksichtigt, nach Tabelle 24.5.

$$\textit{Sicherheit gegen Grübchen} \quad S_H = \frac{\sigma_{H\,lim}}{\sigma_H} \tag{24.40}$$

$\sigma_{H\,lim}$ in N/mm^2 Wälzfestigkeit (Grübchenfestigkeit) des Schneckenradwerkstoffes nach Tabelle 24.6,
σ_H in N/mm^2 Hertzsche Pressung der Zahnflanken nach Formel 24.39.

Bei einer Sicherheit S_H = 1 ist eine Lebensdauer L_h = 25 000 h zu erwarten. Bei einer längeren Lebensdauer muss S_H > 1 und bei einer kürzeren < 1 sein, und zwar

erforderliche Sicherheit gegen Grübchen bei $L_h \neq 25000\,h$

$$S_H = \left(\frac{L_h}{25000\,h}\right)^{1/6} \tag{24.41}$$

L_h in h gewünschte Lebensdauer. Bei $S_H \geq 1{,}6$ handelt es sich um ein Dauergetriebe.

24

25 Kettentriebe

Kettenräder

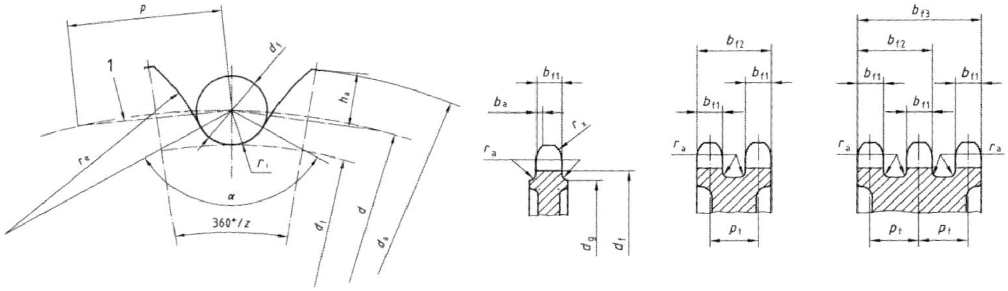

Bild 25.1 Kettenrad-Verzahnungen nach DIN ISO 606

Für die **Räder von Rollenketten** sind entsprechend Bild 25.1 folgende Durchmesser zu errechnen:

Teilkreisdurchmesser $$d = \frac{p}{\sin(\tau / 2)} \quad (25.1)$$

Fußkreisdurchmesser $$d_f = d - d_1 \quad (25.2)$$

Kopfkreisdurchmesser $$d_{amax} = d + 1{,}25p - d_1 \quad (25.3)$$

$$d_{amin} = d + (1 - 1{,}6 / z)p - d_1 \quad (25.4)$$

Durchmesser der Freidrehung

– für Kettennummern 04C, 06C $$d_g = \frac{p}{\tan(\tau / 2)} - 1{,}05 \cdot h_2 - 1{,}00 - 2r_a \quad (25.5a)$$

– für alle anderen Ketten $$d_g = \frac{p}{\tan(\tau / 2)} - 1{,}04 \cdot h_2 - 0{,}76\ \text{mm} \quad (25.5b)$$

p	in mm	Teilung der Kette,
τ	in °	Teilungswinkel = 360°/z,
z		Zähnezahl,
d_1	in mm	Rollendurchmesser (Tabelle 25.2),
h_2	in mm	maximale Innenlaschenhöhe (Tabelle 25.2),
r_a	in mm	Radfasenradius (Tabelle 25.3).

25

Für die Form der Zähne sind folgende Abmessungen zu errechnen:

	Minimale Zahnlückenform		*Maximale Zahnlückenform*	
Rollenbettradius	$r_{i\,min} = 0{,}505d_1$	(25.6)	$r_{i\,max} = 0{,}505d_1 + 0{,}069\sqrt[3]{d_1}$	(25.7)
Zahnflankenradius	$r_{e\,min} = 0{,}12d_1(z + 2)$	(25.8)	$r_{e\,max} = 0{,}008d_1(z^2 + 180)$	(25.9)

Rollenbettwinkel $\alpha_{max} = 140^\circ - 90^\circ / z$ (25.10) $\alpha_{min} = 120^\circ - 90^\circ / z$ (25.11)

Abfasung $b_a = 0{,}06p$ für Kettennummern 081, 083, 084, 085 (25.12a)

$b_a = 0{,}13p$ für alle anderen Ketten (25.12b)

Zahnfasenradius $r_x = p$

Zu den **Zahnbreiten** b_{f1} bis b_{fi} siehe Tabelle 25.3.

Es ist bei Übersetzungen ins Langsame $i = n_1/n_2 = z_2/z_1 > 1$ und bei Übersetzungen ins Schnelle $i = n_2/n_1 = z_1/z_2 < 1$ (Index 1 für das kleine Rad).

Übersetzung $i = n_a / n_b = z_b / z_a$ (25.13)

n_a in min^{-1} Drehzahl des treibenden Rads,
n_b in min^{-1} Drehzahl des getriebenen Rads,
z_a Zähnezahl des treibenden Rads,
z_b Zähnezahl des getriebenen Rads.

Mit P_C ist aus Diagramm 25.1 bis Diagramm 25.3 eine geeignete Rollenkette zu wählen.

Korrigierte Leistung $P_C = P \cdot f_1 \cdot f_2$ (25.14)

P in kW zu übertragende Nennleistung,
f_1 Betriebsfaktor zur Berücksichtigung ungleichförmigen Betriebes nach Tabelle 25.4,
f_2 Zähnezahlfaktor, der die Auswirkungen der Zähnezahl z_1 des Kleinrades berücksichtigt (nach Tabelle 25.7).

Kettengeschwindigkeit $v = z \cdot p \cdot n$ (25.15)

v in m/s durchschnittliche Kettengeschwindigkeit,
z Zähnezahl des betreffenden Rades,
p in m Teilung der Kette (Tabelle 25.2),
n in s^{-1} Drehzahl des betreffenden Rades.

Gliederzahlfaktor $f_3 = \left(\dfrac{|z_2 - z_1|}{2\pi}\right)^2$ (25.16)

Gliederzahl $X_0 = 2\dfrac{a_0}{p} + \dfrac{z_1 + z_2}{2} + \dfrac{f_3 \cdot p}{a_0}$ (25.17)

a_0 in mm vorläufiger Achsabstand,
z_1 Zähnezahl des Kleinrades,
z_2 Zähnezahl des Großrades,
p in mm Kettenteilung.

X_0 ist möglichst auf eine gerade Zahl X zu runden.

Übersetzungsfaktor $f_Ü = \left|\dfrac{X - z_s}{z_2 - z_1}\right|$ (25.18)

25

Mit dem für $f_Ü$ errechneten Wert kann der Achsabstandsfaktor f_4 aus Tabelle 25.8 entnommen werden. Der Achsabstand ist dann

Achsabstand $a = f_4 \cdot p \cdot [2X - (z_1 + z_2)]$ für $z_1 \neq z_2$

$a = p \cdot \left(\dfrac{X - z}{2}\right)$ für $z_1 = z_2$ (25.19)

Zur **Tragfähigkeitsberechnung** der Kette werden die

statische Zugkraft der Kette $F = \frac{P}{v}$ (25.20)

dynamische Zugkraft der Kette $F_d = F \cdot f_1$ (25.21)

benötigt.

P	in kW	zu übertragende Nennleistung,
v	in m/s	Kettengeschwindigkeit nach Formel 25.14,
f_1		Betriebsfaktor nach Tabelle 25.4.

Fliehzugkraft $F_f = q \cdot v^2$ (25.22)

F_f	in N	Wirkung der Fliehkraft auf jedes der beiden Kettentrums,
q	in kg/m	Längengewicht der Kette (Tabelle 25.2). Das Längengewicht q wird als längenbezogene Masse auch mit m' bezeichnet (siehe DIN 1304),
v	in m/s	Kettengeschwindigkeit nach Formel 25.14.

Gesamtzugkraft $F_g = F_d + F_f$ (25.23)

F_d	in kN	dynamische Zugkraft nach Formel 25.21,
F_f	in kN	Fliehzugkraft nach Formel 25.22.

Statische Bruchsicherheit $S_B = \frac{F_u}{F} \geq 7$ (25.24)

Dynamische Bruchsicherheit $S_D = \frac{F_u}{F_g} \geq 5$ (25.25)

F_B	in kN	Bruchkraft der Kette (Tabelle 25.2).

Gelenkpressung $p_g = \frac{F_g}{A}$ (25.26)

F_g	in N	Gesamtzugkraft der Kette nach Formel 25.23,
A	in cm²	gepresste Gelenkfläche (Tabelle 25.2).

Zulässige Gelenkpressungen nach Tabelle 25.9. Weicht p_g von p_{zul} ab, so ändert sich die zu erwartende Lebensdauer L_h entsprechend Tabelle 25.9.

Die auf die Wellen wirkende **Achskraft** $\boldsymbol{F_W \approx F_g}$.

25

Schmierung der Kettentriebe

Die von der Kettengeschwindigkeit v und von der Kettenteilung p abhängende Schmierungsart geht aus Diagramm 25.4 hervor. Je nach Umgebungstemperatur t_0 sind nach DIN 8195 Öle folgender Viskositätsklassen geeignet:

t_0 =	–5…+25	25…45	45…65 °C
nach DIN 51519 ISO VG	100	150…220	220…320
nach DIN 51511 SAE	30	40	50

26 Flachriementriebe

Theoretische Grundlagen für Riementriebe

Eytelweinsche Gleichung oder Seilreibungsgleichung $\frac{F_1}{F_2} = e^{\mu\beta}$ (26.1)

Trumkraftverhältnis $m = e^{\mu\beta}$ (26.2)

mit e = 2,718 ... als Eulerzahl und Basis der natürlichen Logarithmen. Somit gilt:

Größte Riemenspannkraft $F_1 = F_2 \cdot m$ (26.3)

Ausbeute $k = \frac{F}{F_1} = \frac{m-1}{m}$ (26.4)

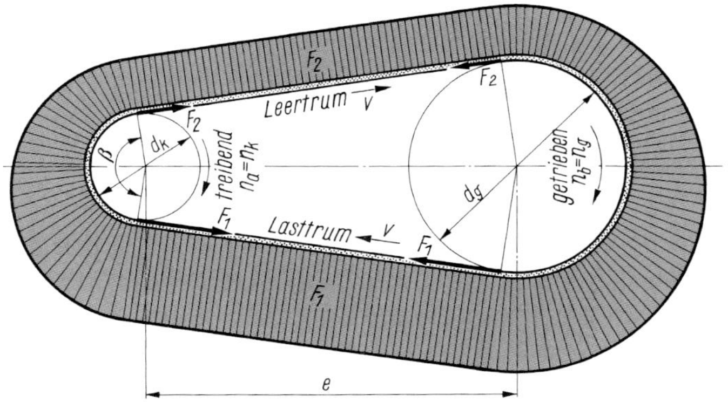

Bild 26.1 Kräfte am laufenden Treibriemen (Fliehkraftwirkungen vernachlässigt)

Riemenscheiben

Für **Hauptabmessungen** siehe Tabelle 26.1. Für große **Armscheiben** erfahrungsgemäß nach oben aufzurundende

Armzahl $z \approx \sqrt{0{,}023\,\text{mm}^{-1} \cdot d}$ (26.5)

d in mm Scheibenaußendurchmesser.

Der Querschnitt der Arme ist meistens elliptisch mit dem Verhältnis $a_1/a_2 = 2 \ldots 2{,}5$ (Bild 26.2). Übliche Abmessungen nach Bild 26.2 sind

Nabenlänge		$L_N \approx 1{,}2 \ldots 1{,}5\ d_B$		
Kranzdicke	*zylindrischer Scheiben*	$k \approx 0{,}005\ d + 2$ mm	*Nabendicke*	$w \approx 0{,}4\ d_B + 10$ mm
	gewölbter Scheiben	$k \approx 0{,}0033\ d + 3$ mm	*Wölbhöhe*	h nach Tabelle 26.1

26

Bei geteilten Scheiben ($d > 2$ m) ist Dicke der Halbarme etwa $a_3 = 0{,}6\ a_1$ und die Breite der Sprengleisten $c \approx 5$ mm.

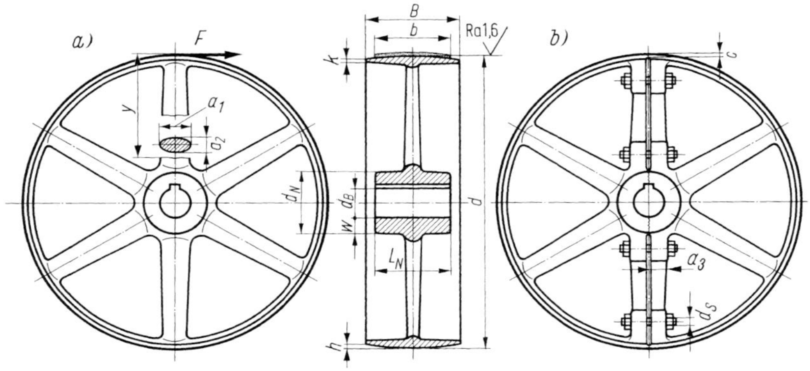

Bild 26.2 Große Grauguss-Riemenscheibe
a) ungeteilt, b) geteilt

$$\textit{Biegespannung}\ \sigma_b = \frac{3F \cdot y}{W_b \cdot z} \qquad (26.6)$$

σ_b in N/mm² Biegespannung im gefährdeten Armquerschnitt,
F in N Zugkraft = Umfangskraft an der Scheibe,
y in mm Abstand von F zum gefährdeten Armquerschnitt $\approx 0{,}5(d - d_N)$ mit dem Nabendurchmesser $d_N = d_B + 2w$, worin d_B = Bohrungsdurchmesser und w = Nabendicke,
W_b in mm³ Widerstandsmoment des Armquerschnitts, für elliptische Querschnitte $\approx 0{,}1 a_1^2 \cdot a_2$,
z Armzahl.

Als **zulässige Biegespannung** kann etwa $\sigma_{b\ zul} \approx 0{,}25\ R_m$ gesetzt werden, wenn R_m die Zugfestigkeit des Scheibenwerkstoffs bedeutet, z. B. $R_m = 200$ N/mm² für EN-GJL-200 (GG-20).

Ist die Scheibenbreite $B > 0{,}1\ d + 200$ mm, so werden **zwei Armsterne** im Abstand $l_A = 0{,}5 \ldots 0{,}6\ B$ vorgesehen.

Für geteilte Scheiben gilt als Anhalt für den

$$\textit{Durchmesser der Verbindungsschrauben}\quad d_S \approx 0{,}2\sqrt{L_N \cdot w} + 7\,\text{mm} \qquad (26.7)$$

L_N in mm Nabenlänge,
w in mm Nabendicke.

Geometrie der Flachriementriebe

26

1. Für den offenen Flachriementrieb

$$\textit{Trumneigungswinkel}\ \sin\alpha = \frac{d_g - d_k}{2e} \qquad (26.8)$$

$$\textit{Umschlingungswinkel an der kleinen Scheibe}\quad \beta = 180° - 2\alpha \qquad (26.9)$$

Innenlänge des Riemens $L_i = 2e \cdot \cos\alpha + \frac{\pi}{2}\left(d_k + d_g\right) + \widehat{\alpha}\left(d_g - d_k\right)$ (26.10)

d_k in mm Durchmesser der kleinen Scheibe,
d_g in mm Durchmesser der großen Scheibe,
e in mm Achsabstand,
α in ° Trumneigungswinkel,
$\widehat{\alpha}$ in rad Trumneigungswinkel.

Achsabstand $e \approx f_1 + \sqrt{f_1^2 - f_2}$ (26.11)

mit $f_1 = \frac{L_i}{4} - \frac{\pi}{8}\left(d_k + d_g\right)$ und $f_2 = \frac{\left(d_g - d_k\right)^2}{8}$.

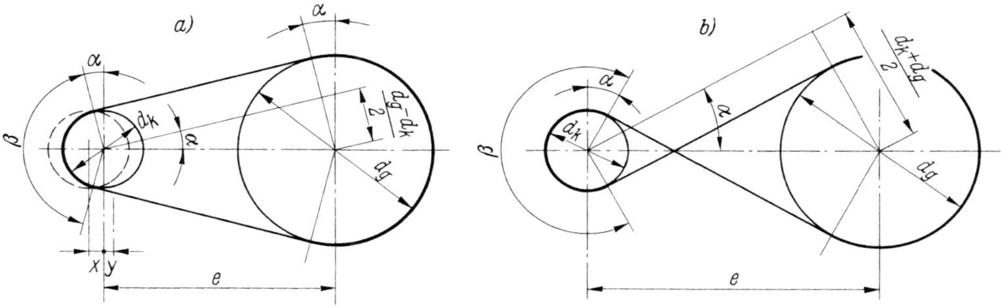

Bild 26.3 Schemata von Riementrieben
a) offener Riementrieb, b) gekreuzter Riementrieb

2. Für den gekreuzten Riementrieb

Trumneigungswinkel $\sin\alpha = \frac{d_k + d_g}{2e}$ (26.12)

Umschlingungswinkel an der kleinen Scheibe $\beta = 180^\circ + 2\alpha$ (26.13)

Innenlänge des Riemens $L_i = 2e \cdot \cos\alpha + \frac{\widehat{\beta}}{2}\left(d_k + d_g\right)$ (26.14)

Bei gegebener Innenlänge L_i gilt auch für den gekreuzten Riementrieb die Näherungsgleichung aus Formel 26.11, jedoch ist für $f_2 = \frac{\left(d_k + d_g\right)^2}{8}$ einzusetzen. Die Näherung ist nicht so genau wie für offene Riementriebe.

In Tabelle 26.2 sind die **üblichen Innenlängen** der endlosen Riemen, gemessen unter der anfänglichen Montagespannung, angegeben.

Erforderliche **Verstellbarkeit des Achsabstandes:** $x = 0{,}03\, L_i$ und $y = 0{,}015\, L_i$.

Übersetzung, Riemengeschwindigkeit, Biegefrequenz

Übersetzung $i = n_a / n_b \approx d_b / d_a$ (26.15)

n_a Drehzahl der treibenden Scheibe,
n_b Drehzahl der getriebenen Scheibe,
d_a Durchmesser der treibenden Scheibe,
d_b Durchmesser der getriebenen Scheibe.

Bei Übersetzungen ins Langsame ist $i = n_k/n_g \approx d_g/d_k > 1$ und bei Übersetzungen ins Schnelle $i = n_g/n_k \approx d_k/d_g < 1$ (Index k für die kleine Scheibe, g für die große Scheibe).

Riemengeschwindigkeit $v \approx d_k \cdot \pi \cdot n_k \approx d_g \cdot \pi \cdot n_g$ (26.16)

n_k, n_g	in s^{-1}	Drehzahlen der Scheiben,
d_k, d_g	in m	Durchmesser der Scheiben.

Biegefrequenz $f_B = \dfrac{v \cdot Z}{L_i}$ (26.17)

f_B	in s^{-1}	Biegehäufigkeit des Riemens in 1 s,
v	in m/s	Riemengeschwindigkeit nach Formel 26.16,
Z		Anzahl der Scheiben im Trieb, einschließlich von Spannrollen,
L_i	in m	Innenlänge des Riemens.

Berechnung der Antriebe mit Leder- und Geweberiemen

Biegespannung $\sigma_b = E_b \dfrac{s}{d_k + s} \approx E_b \dfrac{s}{d_k}$ (26.18)

E_b	in N/cm^2	Biegeelastizitätsmodul des Riemenwerkstoffs nach Tabelle 26.3,
s	in cm	Riemendicke,
d_k	in cm	Durchmesser der kleinen Scheibe.

Damit die Biegespannung nicht zu groß wird, soll das in Tabelle 26.3 angegebene Verhältnis s/d_k nicht überschritten werden.

Fliehzugspannung $\sigma_f = \varrho \cdot v^2$ (26.19)

σ_f	in N/m^2	Zugspannung im Riemen durch die Fliehkraft ($1\ N/cm^2 = 10^4\ N/m^2$),
ϱ	in kg/m^3	Dichte des Riemenwerkstoffs (Tabelle 26.3),
v	in m/s	Riemengeschwindigkeit nach Formel 26.16.

Zulässige Lasttrumspannung $\sigma_{1zul} = \sigma_{zul} - \sigma_b - \sigma_f$ (26.20)

σ_{zul}	in N/cm^2	zulässige Zugspannung des Riemenwerkstoffs nach Tabelle 26.3,
σ_b	in N/cm^2	Biegespannung im Riemen nach Formel 26.18,
σ_f	in N/cm^2	Fliehzugspannung im Riemen nach Formel 26.19.

26

Spezifische Nennleistung $P_n = \sigma_{1zul} \cdot k \cdot s \cdot v$ (26.21)

P_n	in W/cm	je cm Riemenbreite übertragbare Nennleistung,
$\sigma_{1\,zul}$	in N/cm^2	zulässige Lasttrumspannung nach Formel 26.20,
k		Ausbeute nach Formel 26.4,
s	in cm	Riemendicke,
v	in m/s	Riemengeschwindigkeit nach Formel 26.16.

Optimale Riemengeschwindigkeit $$v_{opt} = \sqrt{\frac{\sigma_{zul} - \sigma_b}{3\varrho}} \tag{26.22}$$

v_{opt} in m/s leistungsgünstigste Riemengeschwindigkeit,
σ_{zul} in N/m² zulässige Zugspannung im Riemen nach Tabelle 26.3 (1 N/cm² = 10^4 N/m²),
σ_b in N/m² Biegespannung im Riemen auf der kleinen Scheibe nach Formel 26.18,
ϱ in kg/m³ Dichte des Riemenwerkstoffs nach Tabelle 26.3.

Erforderliche Riemenbreite $$b_{erf} = \frac{P \cdot C_B \cdot C_\mu}{P_n} \tag{26.23}$$

b_{erf} in cm erforderliche Riemenbreite, aufzurunden auf ein genormtes Maß nach Tabelle 26.1,
P in kW zu übertragende Nennleistung,
P_n in kW/cm spezifische Nennleistung des Riemens nach Formel 26.21,
C_B Betriebsfaktor zur Berücksichtigung der auftretenden Spitzendrehmomente (Stöße) nach Tabelle 26.4,
C_μ Reibfaktor, der den Einfluss der durch Umweltbedingungen veränderten Reibzahl erfasst (nach Tabelle 26.5).

Auflegestreckung $$\Delta L = \varepsilon_0 \cdot L_i \tag{26.24}$$

ε_0 Dehnung des Riemens beim Vorspannen nach Tabelle 26.6,
L_i in mm Innenlänge des Riemens.

Die auf die Wellen wirkende resultierende **Achskraft** F_W nach Tabelle 26.6 isz abhängig von der Zugkraft $F = P/v$ mit P als zu übertragende Nennleistung in W und v als Riemengeschwindigkeit in m/s.

Berechnung von Antrieben mit Mehrschichtriemen

1. Mit Extremultus-Mehrschichtriemen, Bauart 80

Vorzugsweise werden d_k und d_g so gewählt, dass $v \approx 20 \ldots 30$ m/s beträgt. Die Riemengröße (Dicke des Riemens) ergibt sich aus dem Produkt $d_k \cdot C_1$ nach Tabelle 26.7. Danach wird nach Tabelle 26.8 kontrolliert, ob $f_B \le f_{B\,zul}$ ist. Sollte $f_B > f_{B\,zul}$ sein, so ist die nächstkleinere Riemengröße zu wählen. Danach ist die erforderliche Riemenbreite zu errechnen:

Erforderliche Riemenbreite $$b_{erf} = \frac{P \cdot C_B \cdot C_\beta}{P_N} \tag{26.25}$$

b_{erf} in cm erforderliche Riemenbreite, zu der die nächstliegende nach Tabelle 26.7 zu wählen ist,
P in kW zu übertragende Nennleistung,
P_N in kW/cm übertragbare Nennleistung eines 1 cm breiten Riemens bei β = 180° nach Tabelle 26.9,
C_B Betriebsfaktor (Belastungsfaktor) zur Berücksichtigung ungleichförmigen Betriebes nach Tabelle 26.10,
C_β Umschlingungsfaktor (Winkelfaktor) zur Berücksichtigung des Umschlingungswinkels β nach Tabelle 26.11.

Auflegestreckung $$\Delta L = \varepsilon_0 \cdot L_i = \frac{C_2 + C_3 + C_4}{100} L_i \tag{26.26}$$

mit den Beiwerten C_2 bis C_4 nach Tabelle 26.12, der Riemenlänge L_i und der Auflegedehnung ε_0. Auf jede der beiden Wellen wirkt während des Betriebes die

Achskraft $$F_W = C_2 \cdot F_N \cdot b \,/\, C_\beta \tag{26.27}$$

C_2 Dehnfaktor nach Tabelle 26.12,
F_N in N/cm Nennzugkraft = Dehnkraft an der Welle für einen 1 cm breiten Riemen bei 1 % Riemendehnung nach Tabelle 26.9,
B in cm ausgeführte Riemenbreite,
C_β Umschlingungsfaktor nach Tabelle 26.11.

26

2. Mit Habasit-Mehrschichtriemen

Aus Tabelle 26.14 ist zunächst mit dem Verhältnis P/n_k der wirtschaftlichste Scheibendurchmesser d_k zu ermitteln und mit diesem die geeignete Riemenausführung und -größe (Riemendicke) aus derselben Tabelle. Danach kann die Riemengeschwindigkeit v errechnet werden.

Der Mindestachsabstand e_{min} ist abhängig von der Übersetzung i und dem Durchmesser d_g der großen Scheibe nach den Werten aus Tabelle 26.18 festzulegen.

Erforderliche Riemenbreite $$b_{erf} = \frac{P \cdot C_B \cdot C_\beta}{P_N} \tag{26.28}$$

P	in kW	zu übertragende Nennleistung,
P_N	in kW/cm	übertragbare Nennleistung eines 1 cm breiten Riemens bei $\beta = 180°$ nach Diagramm 26.1,
C_B		Betriebsfaktor (Belastungsfaktor) zur Berücksichtigung ungleichförmigen Betriebes nach Tabelle 26.15,
C_β		Umschlingungsfaktor (Winkelfaktor) zur Berücksichtigung des Umschlingungswinkels β nach Tabelle 26.11.

Auflegestreckung $$\Delta L = \varepsilon_0 \cdot L_i \approx \frac{C_1 + C_2}{100} L_i \tag{26.29}$$

ε_0		Auflegedehnung des Riemens,
C_1		Dehnungsfaktor nach Tabelle 26.16. Bei großer Feuchtigkeit sind die Tabellenwerte um 0,4 zu erhöhen,
C_2		Korrekturbeiwert nach Tabelle 26.16. Für die nicht aufgeführten Riemenausführungen ist $C_2 = 0$,
L_i	in cm	Riemenlänge (Betriebslänge).

Achskraft $$F_W = C_3 \cdot C_1 \cdot F_e \cdot b \tag{26.30}$$

C_1		Dehnungsfaktor wie in Formel 26.29,
C_3		Korrekturfaktor nach Tabelle 26.17,
F_e	in N/cm	Dehnkraft an der Welle für einen 1 cm breiten Riemen bei 1 % Riemendehnung nach Tabelle 26.17,
b	in cm	ausgeführte Riemenbreite.

Bei den Berechnungen der Habasit-Mehrschichtriemen braucht die Biegefrequenz nicht kontrolliert zu werden.

Spannrollentrieb

Die Riemenlänge ist so zu wählen, dass der Umschlingungswinkel β genügend groß wird (üblich $\beta \approx 180°$) und die Spannrolle genügend einschwingt (üblich $2\varphi \leq 120°$).

Spannrollenabstand $a_1 \geq 0{,}5(d_k + d_R)$ oder $a_2 \geq (d_k + d_R)$ und $\alpha_3 > \alpha_1$

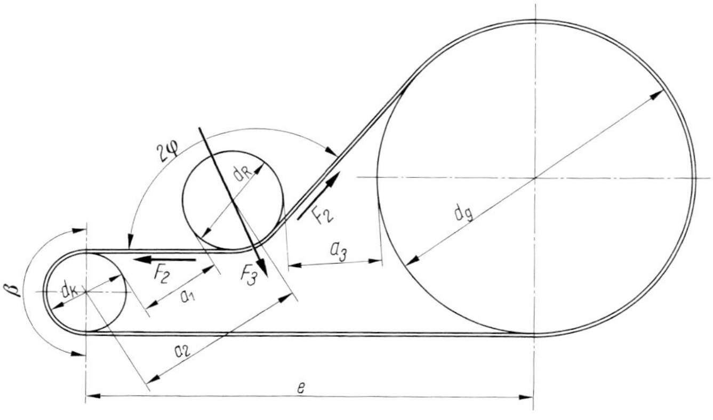

Bild 26.4
Schema eines Spannrollentriebes

26

Bei Scheiben bis etwa d_k = 500 mm geht man auf a_1 = 250...300 mm.

Leertrumkraft $$F_2 = \frac{P_n \cdot b}{(m-1)v}$$ (26.31)

P_n	in W/cm	spezifische Nennleistung nach Formel 26.21, bei Mehrschichtriemen = P_N/C_β,
b	in cm	ausgeführte Riemenbreite,
m		Trumkraftverhältnis nach Formel 26.2,
v	in m/s	Riemengeschwindigkeit nach Formel 26.16.

Rollendruckkraft $$F_3 = 2F_2 \cdot \cos\varphi$$ (26.32)

27 Keilriementriebe

Berechnung der Antriebe mit Keilriemen und Keilrippenriemen

Übersetzung $i = n_a / n_b \approx d_{wb} / d_{wa}$ (27.1)

n_a Drehzahl der treibenden Scheibe,
n_b Drehzahl der getriebenen Scheibe,
d_{wa} Wirkdurchmesser der treibenden Scheibe,
d_{wb} Wirkdurchmesser der getriebenen Scheibe.

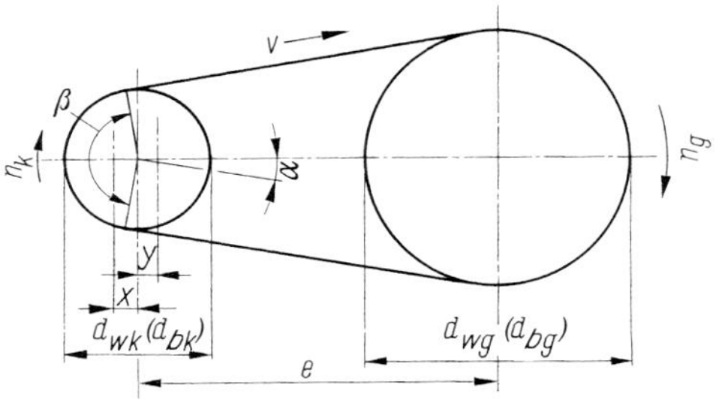

Bild 27.1
Prinzipdarstellung eines offenen Keilriementriebes (d_{bk} und d_{bg} gelten für Keilrippenriementriebe)

Bei Übersetzungen ins Langsame ist $i = d_{wb}/d_{wa} > 1$ und bei Übersetzungen ins Schnelle < 1. Zu genormten Scheibendurchmesser für Keilriemen siehe Tabelle 27.2. Die Übersetzung und die Riemengeschwindigkeit sind auch bei Keilrippenriemen mit den Wirkdurchmessern (siehe Tabelle 27.3) wie bei Keilriemen zu errechnen, während bei den übrigen Berechnungen die Bezugsdurchmesser d_{bk} und d_{bg} einzusetzen sind (Normdurchmesser für d_b wie d_w bei Keilriemen nach Tabelle 27.2). Es beträgt die

Riemengeschwindigkeit $v \approx d_{wk} \cdot \pi \cdot n_k \approx d_{wg} \cdot \pi \cdot n_g$ (27.2)

n_k, n_g in s^{-1} Drehzahlen der Scheiben,
d_{wk}, d_{wg} in m Wirkdurchmesser der Scheiben.

Für **offene Riementriebe** ohne Spannrolle (Bild 27.1) gelten sinngemäß wie bei Flachriementrieben

Trumneigungswinkel bei Keilriementrieben $\sin\alpha = \dfrac{d_{wg} - d_{wk}}{2e}$ (27.3)

Trumneigungswinkel bei Keilrippenriementrieben $\sin\alpha = \dfrac{d_{bg} - d_{bk}}{2e}$ (27.4)

Umschlingungswinkel $\beta = 180° - 2\alpha$ (27.5)

27

Wirklänge des Keilriemens $L_w = 2e \cdot \cos\alpha + \dfrac{\pi}{2}\left(d_{wk} + d_{wg}\right) + \hat{\alpha}\left(d_{wg} - d_{wk}\right)$ (27.6)

Bezugslänge des Keilrippenriemens $L_b = 2e \cdot \cos\alpha + \dfrac{\pi}{2}\left(d_{bk} + d_{bg}\right) + \hat{\alpha}\left(d_{bg} - d_{bk}\right)$ (27.7)

d_{wk}, d_{wg} in mm Wirkdurchmesser der Keilriemenscheiben,
d_{bk}, d_{bg} in mm Bezugsdurchmesser der Keilrippenscheiben,
e in mm Achsabstand,
$\alpha(\hat{\alpha})$ in ° (rad) Trumneigungswinkel.

Nach dem Ergebnis aus Formel 27.6 ist für Normalkeilriemen eine Wirklänge L_w nach Tabelle 27.8 und für Schmalkeilriemen nach Tabelle 27.9 zu wählen. Für Keilrippenriemen ist nach Formel 27.7 die Bezugslänge L_b nach Tabelle 27.10 festzulegen.

Erforderlicher Achsabstand $$e \approx f_1 + \sqrt{f_1^2 - f_2} \qquad (27.8)$$

mit $$f_1 = \frac{L_w}{4} - \frac{\pi}{8}\left(d_{wk} + d_{wg}\right) \text{ und } f_2 = \frac{\left(d_{wg} - d_{wk}\right)^2}{8} \text{ für Keilriementriebe,}$$

$$f_1 = \frac{L_b}{4} - \frac{\pi}{8}\left(d_{bk} + d_{bg}\right) \text{ und } f_2 = \frac{\left(d_{bg} - d_{bk}\right)^2}{8} \text{ für Keilrippenriementriebe.}$$

In den Normen wird als **Achsabstand e = 0,7...2 (d_{wk} + d_{wg})** für Keilriementriebe empfohlen. Für Keilrippenriementriebe kann e = 0,7...2 (d_{bk} + d_{bg}) angenommen werden.

In Diagramm 27.1 bis Diagramm 27.3 sind in Abhängigkeit von der Berechnungsleistung $P \cdot C_B$ und der Drehzahl n_k der kleinen Scheibe Richtlinien für die Wahl des Riemenprofils angegeben. Danach ist die erforderliche Anzahl der Keilriemen oder Keilrippen zu errechnen:

Erforderliche Anzahl der Keilriemen oder Keilrippen $$n_{erf} = \frac{P \cdot C_B}{P_N \cdot c_L \cdot c_\beta} \qquad (27.9)$$

P in kW zu übertragende Nennleistung,
C_B Belastungsfaktor (Betriebsfaktor) nach Tabelle 26.4,
P_N in kW Nennleistung, die von einem Keilriemen bzw. von einer Keilrippe bei β = 180° und einer bestimmten Länge übertragen werden kann (nach Tabelle 27.5 bis Tabelle 27.7),
c_L Längenfaktor, der den Einfluss der Riemenlänge berücksichtigt (nach Tabelle 27.8 bis Tabelle 27.10),
c_β Winkelfaktor (Umschlingungsfaktor), der den Umschlingungswinkel β berücksichtigt (nach Tabelle 27.11).

Bei der Auslegung nach Formel 27.9 erreichen die Riemen eine Lebensdauer von etwa 24 000 Betriebsstunden.

Biegefrequenz $$f_B = \frac{v \cdot Z}{L_w} \qquad (27.10)$$

$$f_B = \frac{v \cdot Z}{L_b + 2\pi \cdot h_b} \qquad (27.11)$$

v in m/s Riemengeschwindigkeit nach Formel 27.2,
Z Anzahl der Scheiben im Trieb (einschließlich Spannrollen),
L_w in m gewählte Wirklänge des Keilriemens,
L_b in m gewählte Bezugslänge des Keilrippenriemens,
h_b in m Bezugshöhe des Keilrippenriemens nach Tabelle 27.3.

Zulässige Biegefrequenzen für die verschiedenen Riemenarten sind in Tabelle 27.12 angegeben.

Achskraft $$F_W \approx 1{,}5 \ldots 2 P \cdot C_B / v \qquad (27.12)$$

mit P als zu übertragende Leistung, C_B als Belastungsfaktor und v als Riemengeschwindigkeit.

Erforderliche **Verstellbarkeit des Achsabstandes**: x = 0,03 L_w und y = 0,015 L_w

28 Synchron- oder Zahnriementriebe

Übersetzung und Geometrie der Synchronriementriebe

Übersetzung $i = n_a / n_b = z_b / z_a$ (28.1)

n_a Drehzahl der treibenden Scheibe,
n_b Drehzahl der getriebenen Scheibe,
z_a Zähnezahl der treibenden Scheibe,
z_b Zähnezahl der getriebenen Scheibe.

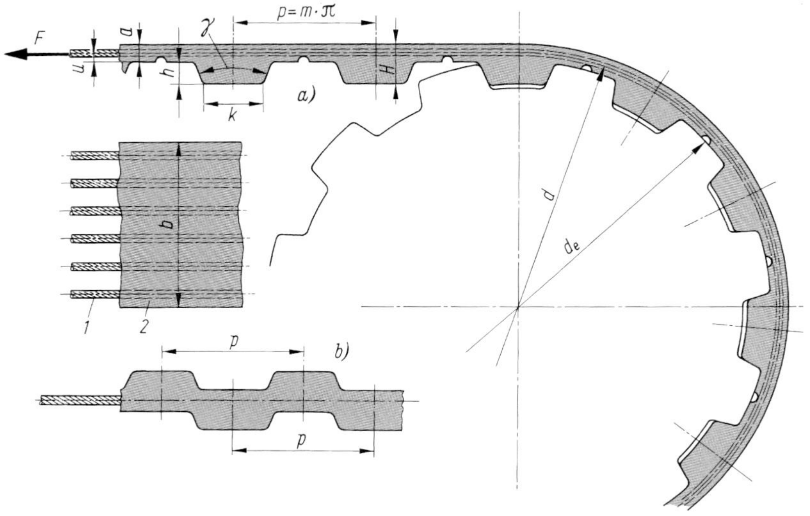

Bild 28.1 Synchronriemen und Synchronscheibe
a) Einfachriemen, b) Doppelriemen
1 Zuglitzen, 2 Kunststoffkörper

Bei Übersetzungen ins Langsame ist $i > 1$ und bei Übersetzungen ins Schnelle < 1. Üblicherweise wird etwa **bis *i* bzw. 1/*i* = 10** gegangen. Es beträgt die

Riemengeschwindigkeit $v = d_k \cdot \pi \cdot n_k = d_g \cdot \pi \cdot n_g$ (28.2)

d_k, d_g in m Teilkreisdurchmesser der Scheiben nach Formel 28.3,
n_k, n_g in s^{-1} Drehzahlen der Scheiben.

Für eine Zahnscheibe betragen

Teilkreisdurchmesser $d = \frac{p}{\pi} \cdot z = m \cdot z$ (28.3)

Kopfkreisdurchmesser $d_e = d - 2u$ (28.4)

28

p in mm Teilung (Tabelle 28.1 und Tabelle 28.2),
m in mm Modul der Verzahnung (in DIN 7721 nicht angegeben),
z Zähnezahl der betreffenden Scheibe,
u in mm Abstand vom Zahnkopfkreis der Scheibe bis zur Achse der Zuglitze (Tabelle 28.1 und Tabelle 28.2).

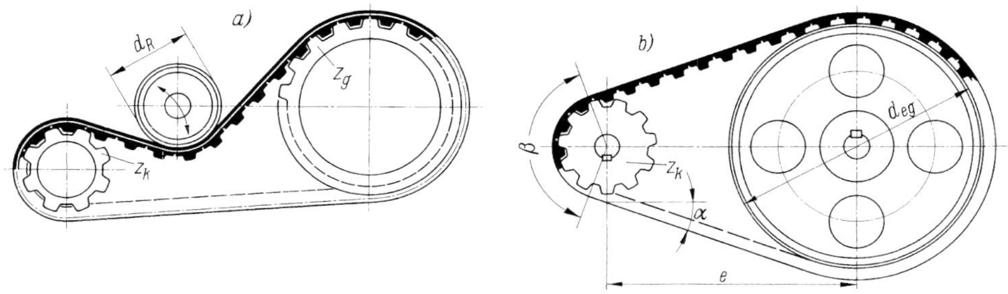

Bild 28.2 Synchron- oder Zahnriementriebe
a) mit Spannrolle, b) mit großer Flachscheibe

Bild 28.2a zeigt einen Spannrollentrieb. Der kleinstzulässige Spannrollendurchmesser d_R ist in Tabelle 28.1 angegeben. Wegen des großen Umschlingungswinkels auf der großen Scheibe bei Übersetzungen größer als 3,5 braucht diese Scheibe nicht verzahnt zu sein, d. h. es genügt eine zylindrische Scheibe. Für diese sind aber nur Zahnriemen mit Trapezzähnen geeignet.

Ungezahnte große Scheiben müssen einen Außendurchmesser $d_{eg} = d_g - 2(u + h)$ erhalten (siehe Bild 28.2b).

Für einen **offenen Trieb** ohne Spannrolle gilt (siehe Bild 28.2b):

Trumneigungswinkel $$\sin\alpha = \frac{d_g - d_k}{2e} \tag{28.5}$$

Umschlingungswinkel $$\beta = 180° - 2\alpha \tag{28.6}$$

Riemenlänge $$L = 2e\cdot\cos\alpha + \frac{\pi}{2}\left(d_k + d_g\right) + \hat{\alpha}\left(d_g - d_k\right) \tag{28.7}$$

d_k	in mm	Teilkreisdurchmesser der kleinen Scheibe nach Formel 28.3,
d_g	in mm	Teilkreisdurchmesser der großen Scheibe nach Formel 28.3,
e	in mm	vorgesehener oder vorläufiger Achsabstand,
α, $\hat{\alpha}$	in ° (rad)	Trumneigungswinkel.

Die Anzahl der Riemenzähne ergibt sich zu $X = L/p$ mit p als Teilung. Es ist möglichst eine Standardanzahl nach Tabelle 28.1 oder Tabelle 28.2 zu wählen. Für den Achsabstand gilt:

Achsabstand $$e \approx f_1 + \sqrt{f_1^2 - f_2} \tag{28.8}$$

$$\text{mit} \quad f_1 = \frac{X\cdot p}{4} - \frac{\pi}{8}\left(d_k + d_g\right) \quad \text{und} \quad f_2 = \frac{\left(d_g - d_k\right)^2}{8}$$

Wichtig ist die Anzahl der auf der kleinen Scheibe im Eingriff befindlichen Zähne - die Eingriffszähnezahl:

Eingriffszähnezahl $$z_e = z_k \frac{\beta}{360} \tag{28.9}$$

z_e ist stets nach unten auf eine ganze Zahl zu runden und bei Berechnungen der Antriebe nicht größer als 15 zu setzen.

Berechnung von Antrieben mit Synchron- oder Zahnriemen

1. Synchroflex-Zahnriemen

Nach der zu übertragenden Leistung P wird aus Tabelle 28.1 die geeignete Zahnriemengröße (Teilung) gewählt, und zwar nach $P \leq P_{max}$. Danach ist die Zähnezahl der kleinen Scheibe mit $z_k \geq z_{min}$ (Tabelle 28.1) festzulegen. Mit der gegebenen Übersetzung i ergibt sich die Zähnezahl der großen Scheibe z_g, und mit den Zähnezahlen die Teilkreisdurchmesser d_k und d_g nach Formel 28.3. Für den Achsabstand kann von $e \approx 1 \ldots 2\ (d_k + d_g)$ ausgegangen werden.

Erforderliche Riemenbreite $$b_{erf} = \frac{P \cdot C_B}{z_e \cdot P_N} \qquad (28.10)$$

P	in W	zu übertragende Nennleistung,
C_B		Belastungsfaktor (Anhaltswerte nach Tabelle 28.4),
z_e		Eingriffszähnezahl ≤ 15 nach Formel 28.9,
P_N	in W/cm	spezifische Nennleistung, die von einem Zahn eines 1 cm breiten Riemens übertragen werden kann (nach Tabelle 28.5).

Die errechnete Riemenbreite ist auf eine Standardbreite nach Tabelle 28.1 aufzurunden.

Zugkraft $$F = \frac{P}{v} \leq F_{zul} = \frac{F_N \cdot b}{C_B} \qquad (28.11)$$

P	in W	zu übertragende Nennleistung,
v	in m/s	Riemengeschwindigkeit nach Formel 28.2,
F_N	in N/cm	zulässige Zugkraft des Riemens je cm Riemenbreite nach Tabelle 28.1,
b	in cm	ausgeführte Riemenbreite,
C_B		Belastungsfaktor nach Tabelle 28.4.

Die **Achskraft** kann angenommen werden zu $F_W = C_B \cdot F \geq 1{,}5\ F$ mit F als Zugkraft nach Formel 28.11.

2. Power Grip HTD-Zahnriemen

Zunächst ist nach dem Verhältnis P/n_a die Riemengröße (Type) vorzuwählen. Hierbei bedeuten P die Nennleistung in kW und n_a die Drehzahl der treibenden Scheibe in $\min^{-1}$. Anhaltswerte sind in Tabelle 28.2 angegeben.

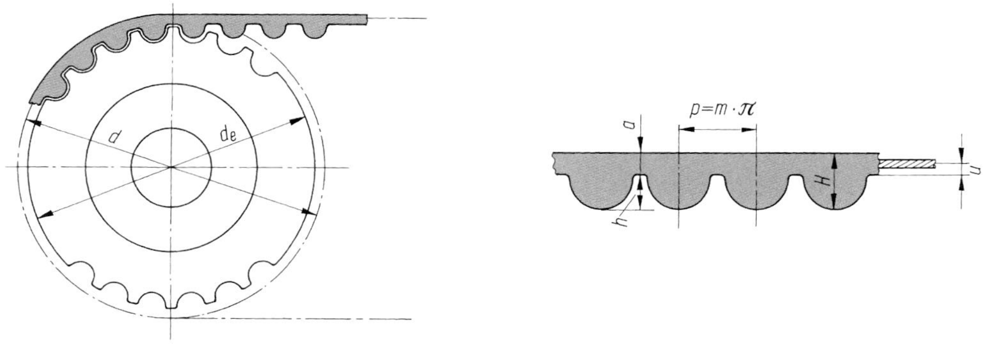

Bild 28.3 Form der Power Grip HTD-Zahnriemen und Zahnscheiben

Danach werden die Zähnezahlen der Scheiben festgelegt. Vorzugsweise wird $z_k \geq 30$ gewählt. Mit z_k und i ergibt sich z_g gemäß Formel 28.1.

$$\textit{Breitenkennwert} \quad b \cdot k = \frac{P \cdot C_L (C_B + C_i)}{P_N} \tag{28.12}$$

P in W zu übertragende Nennleistung,
C_L Riemenlängenfaktor nach Tabelle 28.3,
C_B Belastungsfaktor nach Tabelle 28.4, der bei Spannrollentrieben um 0,2 zu erhöhen ist,
C_i Übersetzungszuschlag bei Übersetzungen ins Schnelle nach Tabelle 28.3. Bei Übersetzungen ins Langsame ist $C_i = 0$,
P_N in W/cm spezifische Nennleistung, die von einem 1 cm breiten Riemen übertragen werden kann (nach Tabelle 28.6).

Aus dem Breitenkennwert ergibt sich die erforderliche Riemenbreite:

$$\textit{Riemenbreite} \quad b = \frac{(b \cdot k)}{k} \tag{28.13}$$

mit k als Breitenfaktor nach Tabelle 28.7. Hiernach ist eine Standardbreite aus Tabelle 28.2 zu wählen.

Wenn wiederkehrend dieselben Riemen- und Scheibenzähne in Eingriff kommen, soll die Eingriffszähnezahl nach Formel 28.9 mindestens $z_e = 12$ sein.

Die **Achskraft** kann zu $F_W = C_B \cdot F \geq 1{,}5\ F$ angenommen werden, wobei $F = P/v$ die Zugkraft darstellt.

29 Rohrleitungen

Temperaturbedingte Längenänderung

Bei einer Rohrstrecke der Länge l beträgt die durch Temperaturänderung hervorgerufene

Verlängerung $\Delta l = l \cdot \alpha \cdot \Delta\vartheta$ (29.1)

l	in mm	Rohrlänge,
α	in 1/K	Wärmedehnungsbeiwert (Längenausdehnungskoeffizient) = α_A nach Tabelle 9.2,
$\Delta\vartheta$	in K	Temperaturdifferenz nach Tabelle 29.8, abhängig von der Betriebstemperatur ϑ_B, der höchsten Umgebungstemperatur ϑ_U und der tiefsten ϑ_U.

Vorspannlänge $l_V = l \cdot \alpha \left(f_V \cdot \Delta\vartheta - \Delta\vartheta_V\right)$ (29.2)

f_V		Vorspannfaktor = 1 bei 100 %, = 0,5 bei 50 % und = 0 bei 0 % Vorspannung,
$\Delta\vartheta_V$	in K	Temperaturdifferenz zwischen Umgebungs- und Montagetemperatur ϑ_M nach Tabelle 29.8,
l, α, $\Delta\vartheta$		siehe Legende zu Formel 29.1.

Die Rohrleitung muss bei positiven l_V-Werten gezogen und bei negativen gedrückt werden.

Axiale Rohrkraft $F_a \approx E \cdot A \cdot \alpha \cdot \Delta\vartheta$ (29.3)

F_a	in N	auf die Festpunkte wirkende Rohrkraft,
E	in N/mm²	Elastizitätsmodul des Rohrwerkstoffs (Tabelle 9.2),
A	in mm²	Rohrwandquerschnittsfläche = $(d_a - s) \cdot \pi \cdot s$ mit Außendurchmesser d_a und Wanddicke s,
α, $\Delta\vartheta$		siehe Legende zu Formel 29.1.

Berechnung von Rohrleitungen

1. Rohrinnendurchmesser

Volumenstrom $\dot{V} = \frac{\dot{m}}{\varrho} = \frac{d_i^2 \cdot \pi}{4} w$ (29.4)

Rohrinnendurchmesser $d_i = \sqrt{\frac{4 \cdot \dot{V}}{\pi \cdot w}} = \sqrt{\frac{4 \cdot \dot{m}}{\pi \cdot \varrho \cdot w}}$ (29.5)

d_i	in m	Innendurchmesser des Rohres,
$\dot{V}$	in m³/s	Volumenstrom,
$\dot{m}$	in kg/s	Massenstrom,
w	in m/s	mittlere Strömungsgeschwindigkeit des Durchflussstoffes (Richtwerte nach Tabelle 29.9),
ϱ	in kg/m³	Dichte des Durchflussstoffes (Druck- und Temperaturabhängigkeit beachten (für Anhaltswerte siehe Tabelle 29.10).

Danach wird der vorläufige Rohrinnendurchmesser nach den Normen für Rohre bestimmt. Die endgültige Festlegung erfolgt unter Berücksichtigung der Rohrleitungsverluste.

2. Rohrleitungsverluste

In einer **geraden Rohrleitung** mit konstantem Innendurchmesser und inkompressiblem Durchflussstoff beträgt der

29

Druckverlust $\Delta p_R = \lambda \frac{l}{d_i} \cdot \frac{\varrho}{2} w^2$ (29.6)

Δp_R in Pa	Druckverlust in einer geraden kreisförmigen Rohrleitung ohne Einbauten (1 Pa = 1 N/m² = 1 kg · s⁻²/m, 10^5 Pa = 1 bar),
λ	Rohrreibungszahl (siehe nachfolgende Erläuterung),
l in m	Länge der Rohrleitung,
d_i in m	Rohrinnendurchmesser,
ϱ in kg/m³	Dichte des Durchflussstoffes (Tabelle 29.10),
w in m/s	Strömungsgeschwindigkeit.

Für die **Rohrreibungszahl λ** ist die Strömungsform maßgebend, die nach einer dimensionslosen Strömungskennzahl bestimmt wird, der

$$\textit{Reynolds-Zahl} \quad Re = \frac{d_i \cdot w \cdot \varrho}{\eta} = \frac{d_i \cdot w}{\nu} \tag{29.7}$$

d_i, w, ϱ		siehe Legende zu Formel 29.6,
η	in Pa · s	dynamische Viskosität (1 Pa · s = 1 kg · m⁻¹ · s⁻¹),
ν	in m²/s	kinematische Viskosität nach Tabelle 29.10.

Bis zur *kritischen Reynolds-Zahl* $Re_k \approx 2300$ tritt eine **laminare Rohrströmung** auf, wobei $\lambda = 64/Re$ beträgt.

In Rohrleitungsanlagen liegt fast immer **turbulente Rohrströmung** mit $Re > 2300$ vor. Die Rohrreibungszahl λ hängt bei dieser Strömungsform außer von Re wesentlich von der Rauigkeit der Rohrinnenwandfläche ab. Anhaltswerte für die **absolute Rauigkeit k** verschiedener Rohrarten enthält Tabelle 29.11. Aus einem **λ, Re-Diagramm** (Diagramm 29.1) kann λ in Abhängigkeit von Re und von der **relativen Rauigkeit k/d_i** entnommen werden.

Zusatzverluste durch Rohrleitungseinbauteile werden mit dem

$$\textit{Druckverlust} \quad \Delta p_E = \sum \zeta \cdot \frac{\varrho}{2} w^2 \tag{29.8}$$

erfasst.

Δp_E in Pa	Druckverlust durch Rohrleitungseinbauteile,
ζ	Verlustzahl,
ϱ, w	siehe Legende zu Formel 29.6.

Tabelle 29.13 enthält Anhaltswerte für die **Widerstandszahl** oder **Verlustzahl ζ** zur Erfassung der Verluste durch Einbauteile.

Mit Formel 29.8 werden nur die zusätzlichen Verluste durch die Einbauteile erfasst, nicht aber die Strömungsverluste nach Formel 29.6. In diese Gleichung ist deshalb die gesamte Rohrleitungslänge einschließlich der Längen von Armaturen, Krümmern usw. einzusetzen.

Die Summe aller einzelnen Druckverluste ergibt den *gesamten*

$$\textit{Druckverlust} \quad \Delta p = \left(\lambda \frac{l}{d_i} + \sum \zeta \right) \frac{\varrho}{2} w^2 \pm \Delta H \cdot \varrho \cdot g \tag{29.9}$$

λ	Rohrreibungszahl nach Diagramm 29.1,
l in mm	Rohrleitungslänge einschließlich Einbauten,
d_i in m	Rohrinnendurchmesser,
ζ	Verlustzahl (Tabelle 29.13),
ϱ in kg/m³	Dichte des Durchflussstoffes (Tabelle 29.10),
w in m/s	Strömungsgeschwindigkeit nach Tabelle 29.9 oder aus Formel 29.4,
ΔH in m	Höhenunterschied zwischen Anfang und Ende der Rohrleitung (bei waagerechter Leitung ist $\Delta H = 0$),
g in m/s²	Fallbeschleunigung = 9,81 m/s².

Das Plus-Zeichen vor ΔH gilt für ansteigende Rohrleitungen und das Minus-Zeichen für abfallende Rohrleitungen. Bei Anlagen mit unterschiedlichen Rohrdurchmessern sind die Verluste für jede Teilstrecke mit konstantem Durchmesser gesondert zu errechnen und zum Gesamtverlust zu addieren.

Verlustleistung $P_v = \dot{V} \times \Delta p$ (29.10)

P_v	in W	von Pumpe oder Verdichter aufzubringende Verlustleistung (1 W = 1 Nm/s),
$\dot{V}$	in m³/s	Volumenstrom nach Formel 29.4,
Δp	in Pa	Gesamtdruckverlust nach Formel 29.9.

Am Anfang einer Verlustberechnung ist erst die Reynolds-Zahl zu ermitteln, nach der sich die Strömungsform ergibt. Anschließend kann die Rohrreibungszahl λ Diagramm 29.1 entnommen werden, wozu bei $Re > 2300$ die relative Rauigkeit k/d_i bestimmt werden muss. Bei zu hoher Verlustleistung ist in der Regel ein größerer Rohrinnendurchmesser zu wählen.

3. Rohrwanddicke

Nach DIN 2413 beträgt für gerade **Stahlrohre unter Innendruck** die erforderliche

Wanddicke $s = s_v + c_1 + c_2 \leq s_e$ (29.11)

s	in mm	erforderliche Mindestwanddicke,
s_v	in mm	rechnerische Wanddicke nach Formel 29.13, Formel 29.14, Formel 29.15 oder Formel 29.16,
c_1	in mm	Zuschlag zur Berücksichtigung der zulässigen Wanddicken-Unterschreitung nach den technischen Lieferbedingungen für Rohre (siehe Tabelle 29.12),
c_2	in mm	Zuschlag zur Berücksichtigung von Korrosion bzw. Abnutzung; allgemein = 1 mm bei ferritischen Stählen; er kann bei austenitischen Stählen und bei Korrosionsschutz entfallen,
s_e	in mm	ausgeführte (effektive) Wanddicke.

Ist die zulässige Wanddicken-Unterschreitung mit c_1' wie bei nahtlosen Rohren (siehe Tabelle 29.12) in % angegeben, so beträgt die erforderliche

Wanddicke $s = (s_v + c_2)\dfrac{100}{100 - c_1'}$ (29.12)

In diese Gleichung wird c_1' nur mit dem Zahlenwert des Prozentsatzes eingesetzt.

In DIN 2413 sind Gleichungen für die **rechnerische Wanddicke** s_v angegeben, die für Rohre mit Kreisquerschnitt ohne Ausschnitte bis zu einem Durchmesserverhältnis $d_a/d_i = 2$ für folgende Bereiche gelten:

I. vorwiegend ruhende Beanspruchung bis 120 °C Berechnungstemperatur

II. vorwiegend ruhende Beanspruchung über 120 °C

III. schwellende Beanspruchung bis 120 °C

Für den *Geltungsbereich I* beträgt die *rechnerische Wanddicke*

$$s_v = \frac{d_a \cdot p}{2\sigma_{zul} \cdot v_N} = \frac{d_i}{\dfrac{2\sigma_{zul}}{p} \cdot v_N - 2} \qquad (29.13)$$

Für den *Geltungsbereich II* bei $d_a/d_i \leq 1{,}67$ beträgt sie

$$s_v = \frac{d_a}{\dfrac{2\sigma_{zul}}{p} \cdot v_N + 1} = \frac{d_i}{\dfrac{2\sigma_{zul}}{p} \cdot v_N - 1} \qquad (29.14)$$

29

und bei $1{,}67 < d_a/d_i \le 2$ ist sie

$$s_v = \frac{d_a}{\frac{3\sigma_{zul}}{p} \cdot v_N - 1} = \frac{d_i}{\frac{3\sigma_{zul}}{p} \cdot v_N - 3} \qquad (29.15)$$

Für den *Geltungsbereich III* bei konstantem Schwingbereich Δp_S der Druckschwankungen beträgt sie

$$s_v = \frac{d_a}{\frac{2\sigma_{zul}}{\Delta p_S} - 1} \qquad (29.16)$$

d_a, d_i	in mm	Außen- bzw. Innendurchmesser des Rohres,
p	in N/mm²	Berechnungsdruck als maximal möglicher innerer Überdruck (1 N/mm² = 1 MPa = 10 bar),
σ_{zul}	in N/mm²	zulässige Spannung = K/S, Festigkeitskennwert K und Sicherheitsbeiwert S nach Tabelle 29.14,
v_N		Wertigkeit der Schweißnaht für Längs- und Schraubenliniennaht nach den technischen Lieferbedingungen oder nach Vereinbarung = 1,0 für nahtlose Stahlrohre und für geschweiße Stahlrohre nach DIN 1628, = 0,9 für geschweißte Stahlrohre nach DIN 1626,
Δp_S	in N/mm²	gleich bleibende Druck-Schwingbreite = $p_{max} - p_{min}$ ($= \hat{p} - \check{p}$ in DIN 2413); bei unterschiedlichen Schwingbreiten siehe Norm.

Für den Geltungsbereich III ist s_v außer nach Formel 29.16 auch nach Formel 29.13 für den Bereich I gegen unzulässige Verformung zu berechnen. Die größere ermittelte Wanddicke ist maßgebend.